QH506 BEA
185088

100% 1re année Santé

AF864632
S100
NOR
QH4

BIOLOGIE MOLÉCULAIRE-UE1

1re ANNÉE SANTÉ

Simon Beaumont
Professeur au lycée Notre-Dame-de-la-Paix à Lille

3e édition

ANNULÉ
B.C.U. SANTÉ CLERMONT-FD

EdiScience

Le pictogramme qui figure ci-contre mérite une explication. Son objet est d'alerter le lecteur sur la menace que représente pour l'avenir de l'écrit, particulièrement dans le domaine de l'édition technique et universitaire, le développement massif du photocopillage.
Le Code de la propriété intellectuelle du 1er juillet 1992 interdit en effet expressément la photocopie à usage collectif sans autorisation des ayants droit. Or, cette pratique s'est généralisée dans les établissements d'enseignement supérieur, provoquant une baisse brutale des achats de livres et de revues, au point que la possibilité même pour les auteurs de créer des œuvres nouvelles et de les faire éditer correctement est aujourd'hui menacée.
Nous rappelons donc que toute reproduction, partielle ou totale, de la présente publication est interdite sans autorisation de l'auteur, de son éditeur ou du Centre français d'exploitation du droit de copie (CFC, 20, rue des Grands-Augustins, 75006 Paris).

DANGER
LE PHOTOCOPILLAGE TUE LE LIVRE

© Dunod, Paris, 2010
© Dunod, Paris, 2006 pour la 1re édition
ISBN 978-2-10-054503-2

Le Code de la propriété intellectuelle n'autorisant, aux termes de l'article L. 122-5, 2° et 3° a), d'une part, que les « copies ou reproductions strictement réservées à l'usage privé du copiste et non destinées à une utilisation collective » et, d'autre part, que les analyses et les courtes citations dans un but d'exemple et d'illustration, « toute représentation ou reproduction intégrale ou partielle faite sans le consentement de l'auteur ou de ses ayants droit ou ayants cause est illicite » (art. L. 122-4).
Cette représentation ou reproduction, par quelque procédé que ce soit, constituerait donc une contrefaçon sanctionnée par les articles L. 335-2 et suivants du Code de la propriété intellectuelle.

Avant-propos

La biologie moléculaire et la biochimie génétique abordent l'un des domaines les plus fascinant de la biologie : l'ADN, c'est-à-dire l'étude du support de l'information génétique et du patrimoine de chaque individu.

Cet ouvrage traite successivement l'ensemble des notions nécessaires à une étude exhaustive du sujet, allant de l'analyse moléculaire de l'ADN à sa traduction sous forme de protéines, en passant par sa réplication et sa transcription en ARN. De nombreuses figures et schémas pédagogiques ont été insérés pour faciliter la compréhension du sujet.

Enfin, plus de **200 QCM et exercices**, soit au total près de 1 000 questions, complètent l'ensemble des chapitres et constituent, en plus d'un entraînement aux différents concours et examens, un approfondissement indispensable des connaissances.

Cet ouvrage s'adresse donc avant tout aux étudiants en médecine, notamment ceux préparant le PCEM, mais aussi à ceux de pharmacie et plus généralement à tous ceux préparant les concours médicaux et paramédicaux.

La plupart des QCM sont issus des annales de faculté de médecine et sont corrigés de manière détaillée.

J'espère que cet ouvrage aidera tous les étudiants dans leurs différents concours et je leur souhaite bon courage.

Je remercie M. d'Engenières des éditions Dunod pour l'aide précieuse et les conseils qu'il m'a prodigués durant toute la réalisation de cet ouvrage.

Simon Beaumont

À Sophie, Valentin et Justine.

Pour bien utiliser

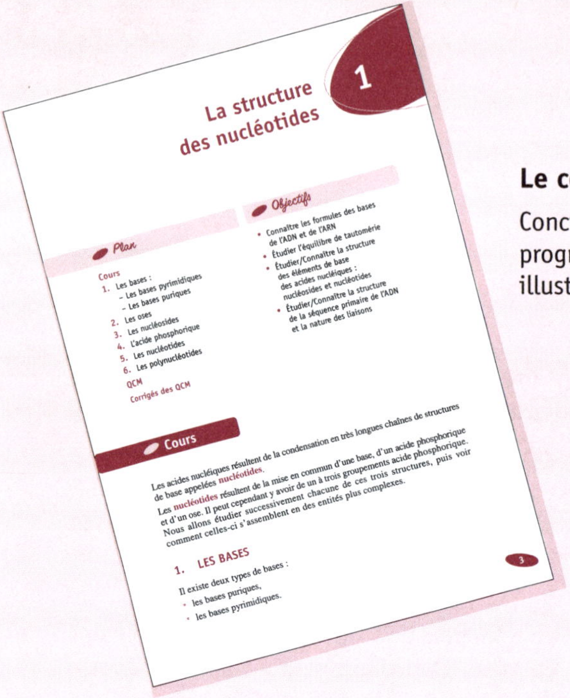

1

La structure des nucléotides

Plan

Cours
1. Les bases :
   – Les bases pyrimidiques
   – Les bases puriques
2. Les oses
3. Les nucléosides
4. L'acide phosphorique
5. Les nucléotides
6. Les polynucléotides

QCM

Corrigés des QCM

Objectifs

- Connaître les formules des bases de l'ADN et de l'ARN
- Étudier l'équilibre de tautomérie
- Étudier/Connaître la structure des éléments de base des acides nucléiques : nucléosides et nucléotides
- Étudier/Connaître la structure de la séquence primaire de l'ADN et la nature des liaisons

Cours

Les acides nucléiques résultent de la condensation en très longues chaînes de structures de base appelées **nucléotides**.

Les **nucléotides** résultent de la mise en commun d'une base, d'un acide phosphorique et d'un ose. Il peut cependant y avoir de un à trois groupements acide phosphorique. Nous allons étudier successivement chacune de ces trois structures, puis voir comment celles-ci s'assemblent en des entités plus complexes.

1. LES BASES

Il existe deux types de bases :
- les bases puriques,
- les bases pyrimidiques.

3

Le cours

Concis, il aborde toutes les notions du programme et est enrichi de nombreuses illustrations.

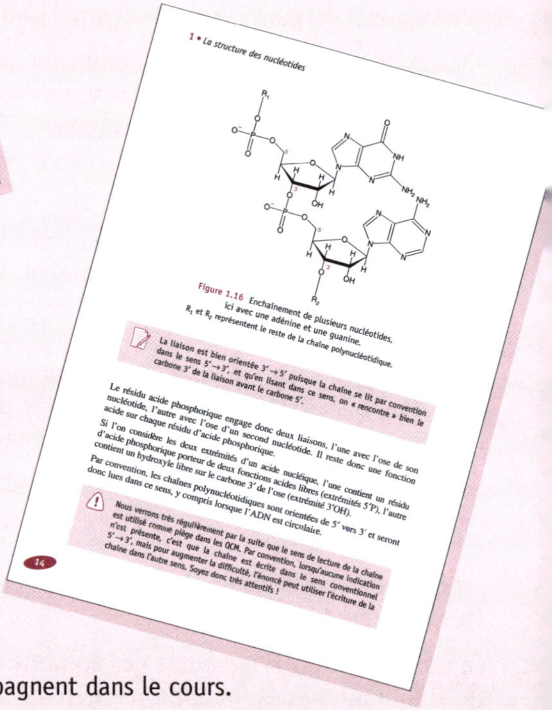

1 • La structure des nucléotides

Figure 1.16 Enchaînement de plusieurs nucléotides, ici avec une adénine et une guanine. R_1 et R_2 représentent le reste de la chaîne polynucléotidique.

La liaison est bien orientée 3′ → 5′ puisque la chaîne se lit par convention dans le sens 5′ → 3′, et qu'en lisant dans ce sens, on « rencontre » bien le carbone 3′ de la liaison avant le carbone 5′.

Le résidu acide phosphorique engage donc deux liaisons, l'une avec l'ose de son nucléotide, l'autre avec l'ose d'un second nucléotide. Il reste donc une fonction acide sur chaque résidu d'acide phosphorique.

Si l'on considère les deux extrémités d'un acide nucléique, l'une contient un résidu d'acide phosphorique porteur de deux fonctions acides libres (extrémités 5′P), l'autre contient un hydroxyle libre sur le carbone 3′ de l'ose (extrémité 3′OH).

Par convention, les chaînes polynucléotidiques sont orientées de 5′ vers 3′ et seront donc lues dans ce sens, y compris lorsque l'ADN est circulaire.

Nous verrons très régulièrement par la suite que le sens de lecture de la chaîne est utilisé comme piège dans les QCM. Par convention, lorsqu'aucune indication n'est présente, c'est que la chaîne est écrite dans le sens conventionnel 5′ → 3′, mais pour augmenter la difficulté, l'énoncé peut utiliser l'écriture de la chaîne dans l'autre sens. Soyez donc très attentifs !

14

Les pictogrammes

Des commentaires pédagogiques vous accompagnent dans le cours.
Ils sont identifiés par deux pictogrammes.

Commentaire sur une notion afin de vous aider à mieux la comprendre.

Notion essentielle à retenir ou erreur à éviter.

cet ouvrage

Le bloc synthèse

À la fin de chaque chapitre, il présente les définitions et notions à retenir ainsi que les savoir-faire à maîtriser.

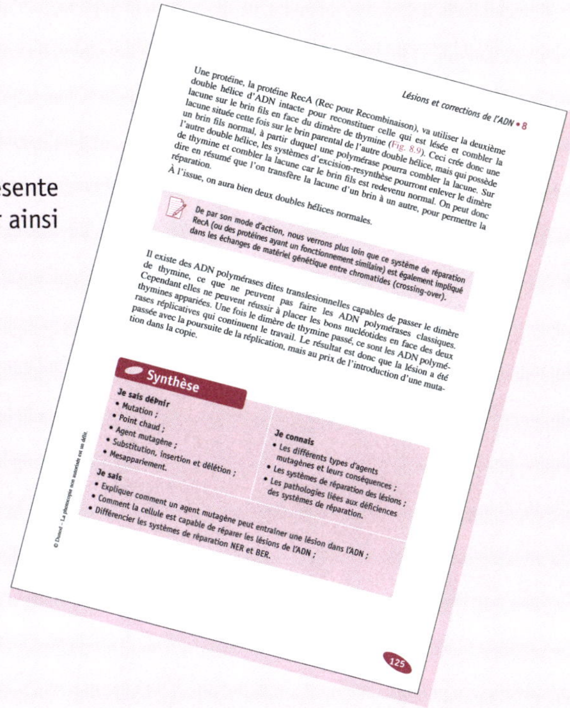

Lésions et corrections de l'ADN • 8

Une protéine, la protéine RecA (Rec pour Recombinaison), va utiliser la deuxième double hélice d'ADN intacte pour reconstituer celle qui est lésée et combler la lacune sur le brin fils en face du dimère de thymine (Fig. 8.9). Ceci crée donc une lacune située cette fois sur le brin parental de l'autre double hélice, mais qui possède un brin fils normal, à partir duquel une polymérase pourra combler la lacune. Sur l'autre double hélice, les systèmes d'excision-resynthèse pourront enlever le dimère de thymine et combler la lacune car le brin fils est redevenu normal. On peut donc dire en résumé que l'on transfère la lacune d'un brin à un autre, pour permettre la réparation.

À l'issue, on aura bien deux doubles hélices normales.

De par son mode d'action, nous verrons plus loin que ce système de réparation RecA (ou des protéines ayant un fonctionnement similaire) est également impliqué dans les échanges de matériel génétique entre chromatides (crossing-over).

Il existe des ADN polymérases dites translesionnelles capables de passer le dimère de thymine, ce que ne peuvent pas faire les ADN polymérases classiques. Cependant elles ne peuvent réussir à placer les bons nucléotides en face des deux thymines appariées. Une fois le dimère de thymine passé, ce sont les ADN polymérases réplicatives qui continuent le travail. Le résultat est donc que la lésion a été passée avec la poursuite de la réplication, mais au prix de l'introduction d'une mutation dans la copie.

Synthèse

Je sais définir
- Mutation ;
- Point chaud ;
- Agent mutagène ;
- Substitution, insertion et délétion ;
- Mesappariement.

Je connais
- Les différents types d'agents mutagènes et leurs conséquences ;
- Les systèmes de réparation des lésions ;
- Les pathologies liées aux déficiences des systèmes de réparation.

Je sais
- Expliquer comment un agent mutagène peut entraîner une lésion dans l'ADN ;
- Comment la cellule est capable de réparer les lésions de l'ADN ;
- Différencier les systèmes de réparation NER et BER.

© Dunod – La photocopie non autorisée est un délit.

125

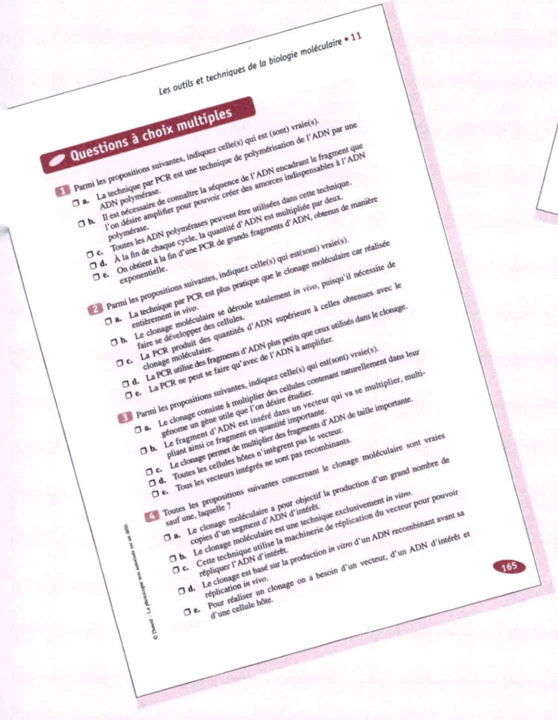

Les outils et techniques de la biologie moléculaire • 11

Questions à choix multiples

1 Parmi les propositions suivantes, indiquez celle(s) qui est (sont) vraie(s).
- ☐ a. La technique par PCR est une technique de polymérisation de l'ADN par une ADN polymérase.
- ☐ b. Il est nécessaire de connaître la séquence de l'ADN encadrant le fragment que l'on désire amplifier pour pouvoir créer des amorces indispensables à l'ADN polymérase.
- ☐ c. Toutes les ADN polymérases peuvent être utilisées dans cette technique.
- ☐ d. À la fin de chaque cycle, la quantité d'ADN est multipliée par deux.
- ☐ e. On obtient à la fin d'une PCR de grands fragments d'ADN, obtenus de manière exponentielle.

2 Parmi les propositions suivantes, indiquez celle(s) qui est(sont) vraie(s).
- ☐ a. La technique par PCR est plus pratique que le clonage moléculaire car réalisée entièrement *in vivo*.
- ☐ b. Le clonage moléculaire se déroule totalement *in vivo*, puisqu'il nécessite de faire se développer des cellules.
- ☐ c. La PCR produit des quantités d'ADN supérieure à celles obtenues avec le clonage moléculaire.
- ☐ d. La PCR utilise des fragments d'ADN plus petits que ceux utilisés dans le clonage.
- ☐ e. La PCR ne peut se faire qu'avec de l'ADN à amplifier.

3 Parmi les propositions suivantes, indiquez celle(s) qui est(sont) vraie(s).
- ☐ a. Le clonage consiste à multiplier des cellules contenant naturellement dans leur génome un gène utile que l'on désire étudier.
- ☐ b. Le fragment d'ADN est inséré dans un vecteur qui va se multiplier, multipliant ainsi ce fragment en quantité importante.
- ☐ c. Le clonage permet de multiplier des fragments d'ADN de taille importante.
- ☐ d. Toutes les cellules hôtes n'intègrent pas le vecteur.
- ☐ e. Tous les vecteurs intégrés ne sont pas recombinants.

4 Toutes les propositions suivantes concernant le clonage moléculaire sont vraies sauf une, laquelle ?
- ☐ a. Le clonage moléculaire a pour objectif la production d'un grand nombre de copies d'un segment d'ADN d'intérêt.
- ☐ b. Le clonage moléculaire est une technique exclusivement *in vitro*.
- ☐ c. Cette technique utilise la machinerie de réplication du vecteur pour pouvoir répliquer l'ADN d'intérêt.
- ☐ d. Le clonage est basé sur la production *in vitro* d'un ADN recombinant avant sa réplication *in vivo*.
- ☐ e. Pour réaliser un clonage on a besoin d'un vecteur, d'un ADN d'intérêt et d'une cellule hôte.

© Dunod – La photocopie non autorisée est un délit.

165

Les QCM et exercices

Chaque chapitre propose de nombreux QCM et exercices extraits d'annales pour vous autoévaluer et vous familiariser à ce type d'épreuve.

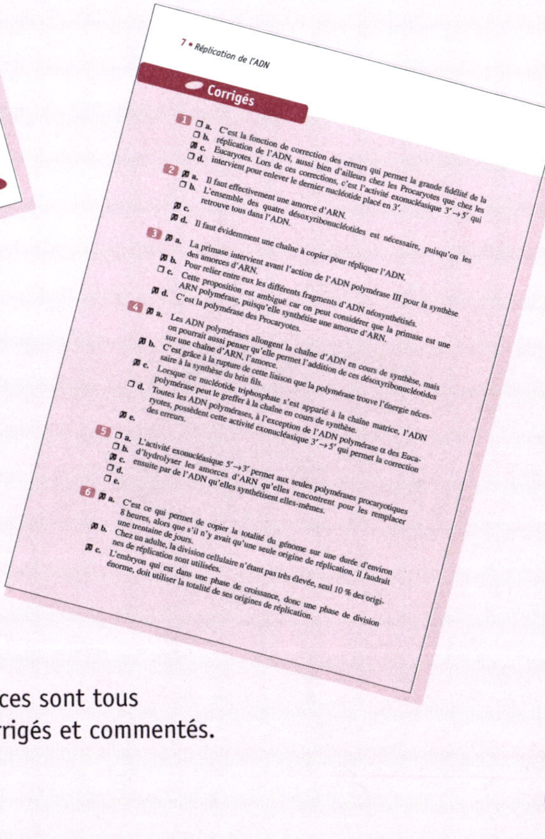

7 • Réplication de l'ADN

Corrigés

1
- ☐ a. C'est la fonction de correction des erreurs qui permet la grande fidélité de la réplication de l'ADN, aussi bien d'ailleurs chez les Procaryotes que chez les
- ☐ b. Eucaryotes. Lors de ces corrections, c'est l'activité exonucléasique 3' → 5' qui
- ☒ c. intervient pour enlever le dernier nucléotide placé en 3'.
- ☐ d.

2
- ☒ a. Il faut effectivement une amorce d'ARN.
- ☐ b. L'ensemble des quatre désoxyribonucléotides est nécessaire, puisqu'on les retrouve tous dans l'ADN.
- ☒ c.
- ☒ d. Il faut évidemment une chaîne à copier pour répliquer l'ADN.

3
- ☒ a. La primase intervient avant l'action de l'ADN polymérase III pour la synthèse des amorces d'ARN.
- ☒ b. Pour relier entre eux les différents fragments d'ADN néosynthétisés.
- ☐ c. Cette proposition est ambiguë car on peut considérer que la primase est une ARN polymérase, puisqu'elle synthétise une amorce d'ARN.
- ☒ d. C'est la polymérase des Procaryotes.

4
- ☒ a. Les ADN polymérases allongent la chaîne d'ADN en cours de synthèse, mais on pourrait aussi penser qu'elle permet l'addition de ces désoxyribonucléotides sur une chaîne d'ARN, l'amorce.
- ☒ b. C'est grâce à la rupture de cette liaison que la polymérase trouve l'énergie nécessaire à la synthèse du brin fils.
- ☒ c. Lorsque ce nucléotide triphosphate s'est apparié à la chaîne matrice, l'ADN polymérase peut le greffer à la chaîne en cours de synthèse.
- ☐ d. Toutes les ADN polymérases, à l'exception de l'ADN polymérase α des Eucaryotes, possèdent cette activité exonucléasique 3' → 5' qui permet la correction des erreurs.
- ☒ e.

5
- ☐ a. L'activité exonucléasique 5' → 3' permet aux seules polymérases procaryotiques
- ☐ b. d'hydrolyser les amorces d'ARN qu'elles rencontrent pour les remplacer
- ☒ c. ensuite par de l'ADN qu'elles synthétisent elles-mêmes.
- ☐ d.
- ☐ e.

6
- ☒ a. C'est ce qui permet de copier la totalité du génome sur une durée d'environ 8 heures, alors que s'il n'y avait qu'une seule origine de réplication, il faudrait une trentaine de jours.
- ☒ b. Chez un adulte, la division cellulaire n'étant pas très élevée, seul 10 % des origines de réplication sont utilisées.
- ☒ c. L'embryon qui est dans une phase de croissance, donc une phase de division énorme, doit utiliser la totalité de ses origines de réplication.

Les corrigés

Les QCM et exercices sont tous intégralement corrigés et commentés.

Table des matières

Partie 2. Le génome humain

Partie 3. Événements sur l'ADN

© Dunod – La photocopie non autorisée est un délit.

Annexes

© Dunod – La photocopie non autorisée est un délit.

Partie 1

Les acides nucléiques

La structure des nucléotides

1

Plan

Cours

1. Les bases :
   - Les bases pyrimidiques
   - Les bases puriques
2. Les oses
3. Les nucléosides
4. L'acide phosphorique
5. Les nucléotides
6. Les polynucléotides

Synthèse

QCM

Corrigés des QCM

Objectifs

- Connaître les formules des bases de l'ADN et de l'ARN
- Étudier l'équilibre de tautomérie
- Étudier/Connaître la structure des éléments de base des acides nucléiques : nucléosides et nucléotides
- Étudier/Connaître la structure de la séquence primaire de l'ADN et la nature des liaisons

Cours

Les acides nucléiques résultent de la condensation en très longues chaînes de structures de base appelées **nucléotides**.

Les **nucléotides** résultent de la mise en commun d'une base, d'un acide phosphorique et d'un ose. Il peut cependant y avoir de un à trois groupements acide phosphorique. Nous allons étudier successivement chacune de ces trois structures, puis voir comment celles-ci s'assemblent en des entités plus complexes.

1. LES BASES

Il existe deux types de bases :

- les bases puriques,
- les bases pyrimidiques.

Ces bases prennent leur nom de composés chimiques dont nous rappelons quelques formules (Fig. 1.1).

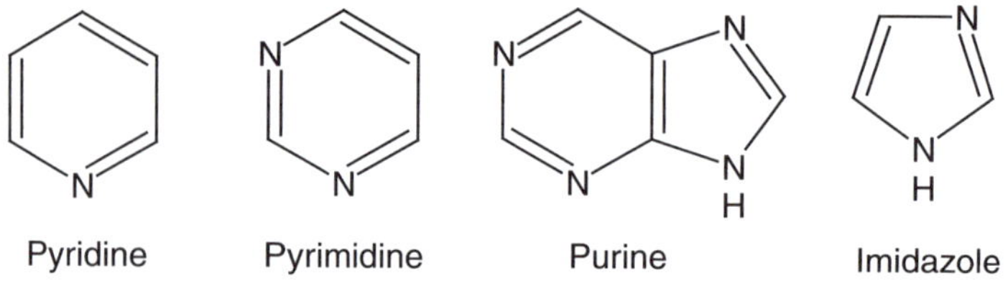

Figure 1.1 Formules de quelques cycles élémentaires.

1.1. Les bases pyrimidiques

Elles sont au nombre de trois : la **cytosine**, l'**uracile** et la **thymine** (Fig. 1.2).

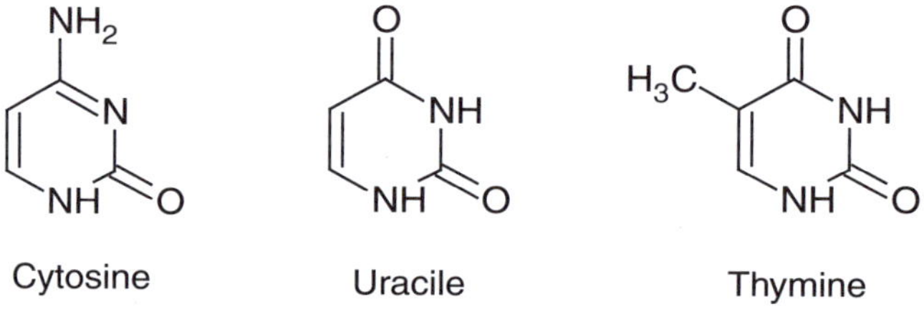

Figure 1.2 Structure des trois bases pyrimidiques.

Comme l'indique leur nom, elles sont toutes constituées d'un noyau de pyrimidine. Ce noyau possédant des doubles liaisons conjuguées, celles-ci absorberont vers 260 nm, ce qui peut permettre de les identifier et de les doser.

Les règles de numérotation impliquent que l'un des atomes d'azote porte l'indice 1 et l'autre l'indice 3 quelle que soit la façon de représenter la molécule (Fig. 1.3).

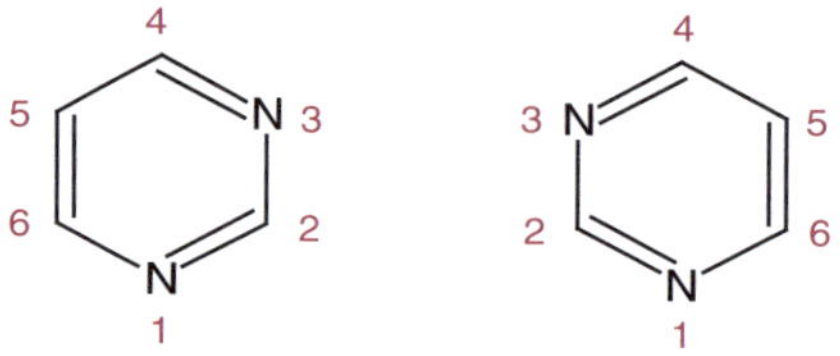

Figure 1.3 Règles de numérotation du cycle pyrimidique.

Soyez vigilant lors de l'examen : dans l'énoncé de la question, la formule peut être inversée, ce qui modifie la numérotation. C'est un piège classique à éviter.

Les formules écrites plus haut pour ces trois bases correspondent à la forme prépondérante au pH physiologique, mais il faut savoir qu'un équilibre, appelé *équilibre de tautomérie*[1], permet à la molécule de basculer sous d'autre(s) forme(s) ; ce sont des migrations de doublets et d'atomes d'hydrogènes qui engendrent l'existence de cet équilibre (Fig. 1.4).

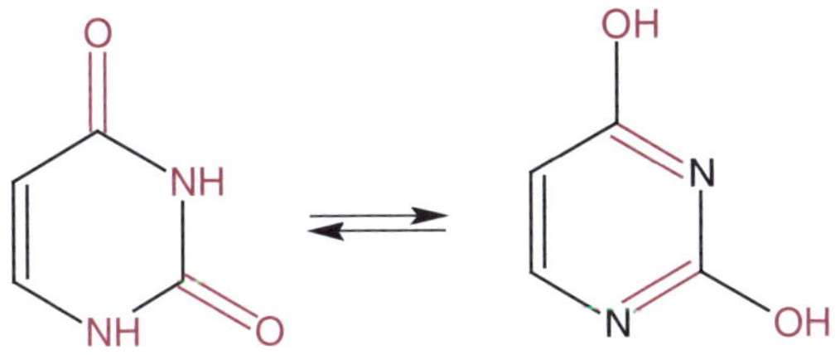

Figure 1.4 Exemple de l'équilibre de tautomérie sur la molécule d'uracile.
La forme de gauche domine d'un facteur 10^4 sur la forme de droite.

L'existence de cet équilibre complique encore les questions d'examen puisque l'énoncé de l'épreuve peut choisir indifféremment l'une ou l'autre des formes, sans que la molécule ne soit différente. Prenez l'habitude d'écrire les bases sous leurs différentes formes de tautomérie.

L'une des techniques pour vérifier sa connaissance des formules est d'écrire toutes les possibilités sur des fiches, puis de tirer au sort régulièrement ces fiches et de vérifier que vous êtes capable d'identifier la molécule qui s'y trouve écrite. Le travail inverse peut évidemment être fait, c'est-à-dire partir du nom pour retrouver la formule.

Cet équilibre correspond à l'équilibre entre la forme cétone et la forme énol (de *-ène* double liaison et *-ol* de la fonction alcool) et s'appelle donc *l'équilibre céto-énolique*.

On dit également, lorsque la base porte des fonctions cétones, qu'elle se trouve sous la forme lactame, et que lorsqu'elle porte des fonctions énols qu'elle se trouve sous la forme lactime.

1. Transposition au sein de la même molécule entraînant la transformation du composé chimique en un isomère différent du premier par l'emplacement d'un atome et par la disposition des liaisons. Cette transposition s'établit par un équilibre dynamique entre les deux formes isomères, c'est-à-dire qu'il y a constamment passage d'une forme à une autre, et inversement.

© Dunod – La photocopie non autorisée est un délit.

Si l'équilibre de tautomérie touche une fonction amine, comme avec la cytosine, on dit que l'équilibre s'établit entre la forme amino (NH_2) et la forme imino (=NH) (Fig. 1.5).

Il est évidemment tout à fait possible que ces deux équilibres de tautomérie touchent la même base, comme avec la cytosine. Il faut également comprendre que dans la même molécule chaque équilibre est indépendant de l'autre.

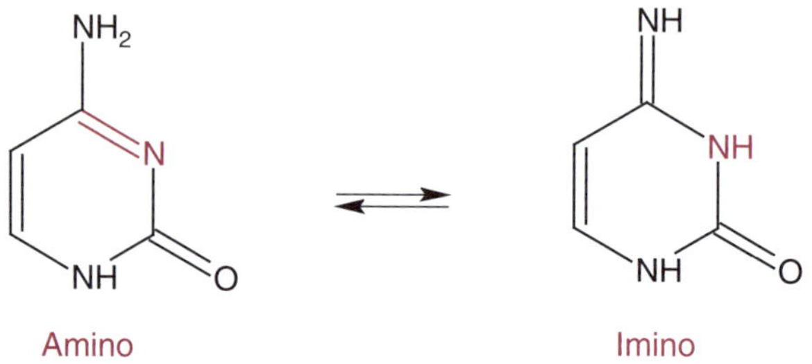

Figure 1.5 Équilibre de tautomérie de la cytosine entre la forme amino (à gauche) et la forme imino (à droite). C'est la forme amino qui domine sur la forme imino.

Erreurs d'appariement

On constate que si une base est sous sa forme lactame ou imino, il se produit des erreurs d'appariement ou de réplication.
Par exemple, la forme imino de la cytosine provoque un appariement avec l'adénine au lieu de la guanine. Ces erreurs seront cependant corrigées pendant la réplication, mais ne le seront pas lors de la transcription.

- L'uracile (ou 2,4-diooxopyrimidine en forme lactame, 2,4-dihydroxypyrimidine en forme lactime)

  Base présente uniquement dans l'ARN.

- La thymine (ou 2,4-dioxo 5-méthylpyrimidine en forme lactame, 2,4-dihydroxy 5-méthylpyrimidine, ou encore 5-méthyluracile).

  Présente dans l'ADN et dans les ARNt.

  On pense que le substituant méthyl sur le carbone 5 permet une protection de l'ADN quand il se produit des lésions.

- La cytosine (ou 2-oxo 4-aminopyrimidine en forme lactame et amino, 2-hydroxy 4-iminopyrimidine en forme lactime et imino, ou encore 2-oxo 4-aminopyrimidine).

  Présente dans l'ADN et l'ARN.

Il existe à côté de ces trois bases des bases dérivées qui sont présentes dans les ARN, et qui correspondent à des modifications post-transcriptionnelles ; ces bases particulières permettent à l'ARN d'adopter des conformations adaptées à la fonction de ces ARN (Fig. 1.6).

- La dihydro-uracile DHU

  La double liaison entre les carbones 4 et 5 a été réduite, ce qui entraîne une perte du système conjugué des doubles liaisons.

- 5-hydroxy méthyl cytosine

  Cette base porte une fonction alcool primaire.

- 5-méthyl cytosine

Figure 1.6 Structure des dérivées des bases pyrimidiques.

1.2. Les bases puriques

Il existe deux bases puriques, l'**adénine** et la **guanine** (Fig. 1.7).

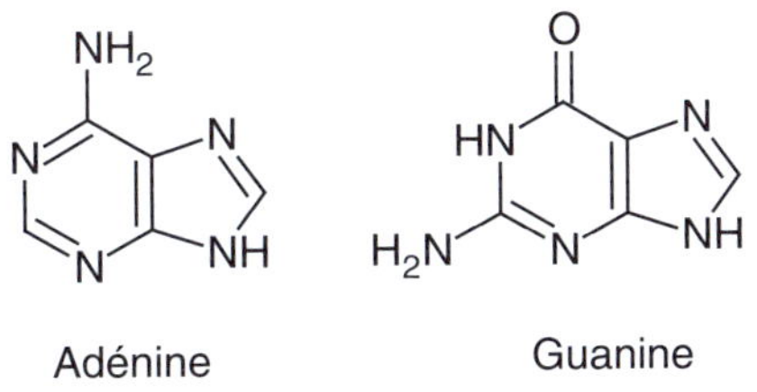

Figure 1.7 Structures de bases puriques.

Tout ce qui a été dit sur les équilibres de tautomérie concernant les bases pyrimidiques est valable pour les bases puriques, notamment la forme dominante qui reste la forme amino pour l'adénine, ou pour la guanine où ce sont les formes céto et amino qui dominent.

© Dunod – La photocopie non autorisée est un délit.

Étymologie et historique

Le terme de purine provient de « pus », puisque c'est dans ces cellules de pus (en fait des globules blancs) que furent découvertes ces bases vers 1870.
Le terme guanine provient lui de « guano », nom que l'on donne en Amérique du Sud aux excréments d'oiseaux qui sont naturellement riches en cette base.

Les règles de numérotation imposent de numéroter d'abord le noyau pyrimidique, puis le noyau imidazole (Fig. 1.8).

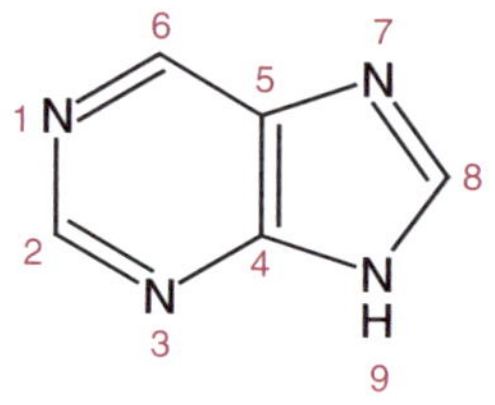

Purine

Figure 1.8 Règles de numérotation du noyau purique.

L'adénine correspond à la 6-amino purine et la guanine à la 2-amino 6-oxo purine (pour les formes majoritaires).

Comme pour les bases pyrimidiques, il existe des bases dérivées trouvées dans les ARNr et ARNt (Fig. 1.9).

- L'hypoxanthine (6-oxo purine ou acide inosinique)

  Elle correspond à une désamination hydrolytique de l'adénine.
- La 1-méthyl adénine
- La N-6 diméthyl adénine
- La 7-méthyl guanine

Exemple

On trouve chez certaines bactéries de la 7-méthyl guanine qui est la base dérivée possédant les mêmes fonctions biologiques que la 5-méthyl cytosine chez les Eucaryotes.

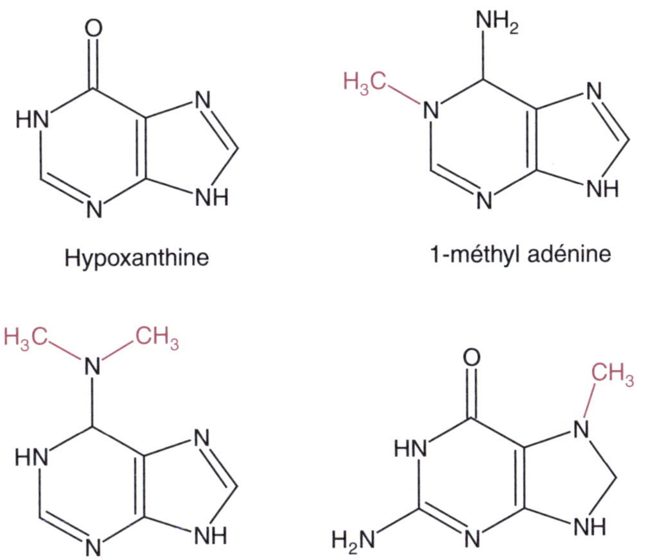

Hypoxanthine

1-méthyl adénine

N-6 diméthyl adénine

7-méthyl guanine

Figure 1.9 Bases dérivées des bases puriques.

2. LES OSES

Les deux sucres rencontrés sont le **ribose** dans l'ARN et le **désoxyribose** dans l'ADN.

Plus exactement pour le ribose, il s'agit du β-D-ribofuranose, et pour le désoxyribose du β-D-désoxyribofuranose (il dérive du précédent par réduction de la fonction alcool portée par le carbone 2) (Fig. 1.10).

Le désoxyribose est beaucoup plus stable que le ribose, ce qui est adapté à la conservation de l'information génétique. En effet, on considère que l'élimination de l'hydroxyle en 2′ du ribose diminue d'un facteur 100 la possibilité de l'hydrolyse de l'ADN par rapport à l'ARN.

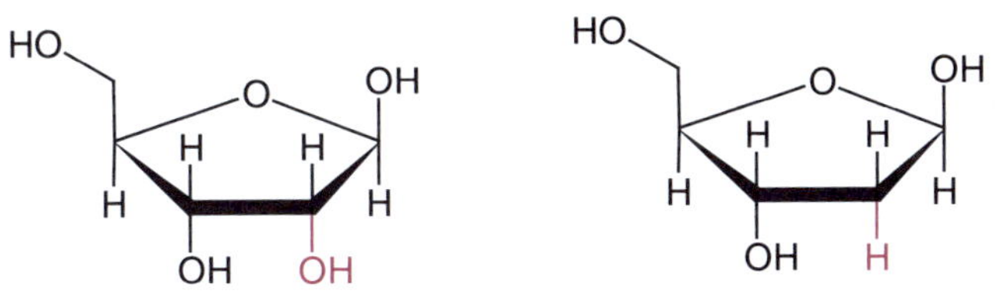

β-D-ribofuranose

β-D-désoxyribofuranose

Figure 1.10 Structure des oses présents dans les acides nucléiques.

© Dunod – La photocopie non autorisée est un délit.

> Remarque
>
> D'après la légende, le nom de ribose proviendrait des initiales de l'institut où il a été découvert, le « Rockefeller Institute of Biochemistry » de New York.

3. LES NUCLÉOSIDES

Ils correspondent à la liaison entre un ose et une base ; cette liaison est donc de type β-N-glycosidique, et forme soit des **ribonucléosides**, soit des **désoxyribonucléosides** (Tab. 1.1).

Avec une base purique, la liaison se fait entre le carbone 1′ de l'ose et l'azote 9 de la base (Fig. 1.11).

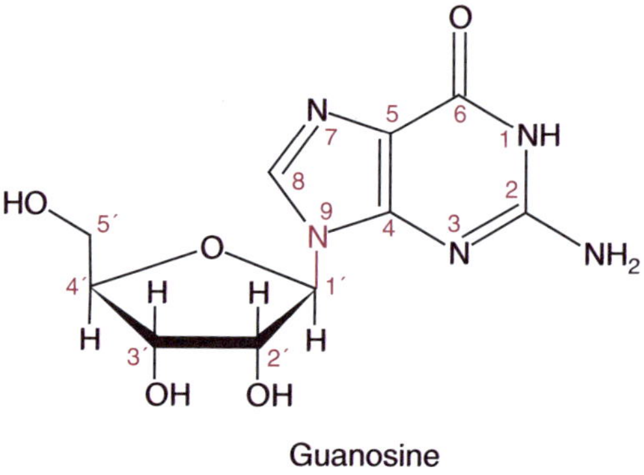

Figure 1.11 Structure de la guanosine.

Avec une base pyrimidique, la liaison se fait entre le carbone 1′ de l'ose et l'azote 1 de la base (Fig. 1.12).

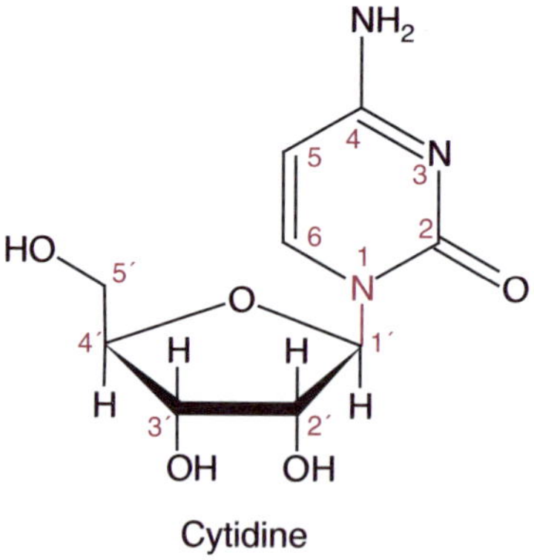

Figure 1.12 Structure de la cytidine.

Il faut remarquer que la liaison au sucre de certaines bases bloque la possibilité de basculer vers certaines formes tautomères. Par exemple, avec les bases pyrimidiques, la liaison entre le sucre et l'atome d'azote bloque la forme énol puisque l'atome d'azote engage déjà trois liaisons de covalence (deux dans le cycle et une avec le sucre).

> La numérotation des atomes de la base reste telle qu'elle était dans le nucléoside, mais celle du sucre prend des « ′ » pour la différencier.

Tableau 1.1 Nomenclature des nucléosides.

	Désoxyribonucléosides	**Ribonucléosides**
Bases	**Nucléosides**	
Thymine	Désoxythymidine ou thymidine[1]	—
Cytosine	Désoxycytidine	Cytidine
Adénine	Désoxyadénosine	Adénosine
Guanine	Désoxyguanosine	Guanosine
Uracile	—	Uridine
Hypoxanthine	—	Inosine

1 La désoxythymidine peut être simplement appelée thymidine puisque initialement, elle n'était présente que dans l'ADN ; mais on sait maintenant que des thymines sont trouvées dans des ARNt, provenant d'uracyles doublement méthylées. Il vaut donc mieux préciser le nom en désoxythymidine.

4. L'ACIDE PHOSPHORIQUE

La liaison entre l'acide phosphorique et l'ose se fera par une liaison ester suivant une réaction très classique[1].

Lorsqu'une deuxième, puis une troisième molécule d'acide phosphorique vont se greffer sur la première, la liaison est de type anhydride d'acide : on parle alors successivement de nucléotides mono-, di- et triphosphatés (Fig. 1.13).

On sait que cette liaison anhydride d'acide permet le stockage d'une quantité importante d'énergie qui pourra être libérée lors de l'hydrolyse (libération de 7 kcal/mol dans les conditions standards, et de 12 kcal/mol dans les conditions cellulaires).

1. La fonction acide réagit avec une fonction alcool pour former une liaison ester et de l'eau.

© Dunod – La photocopie non autorisée est un délit.

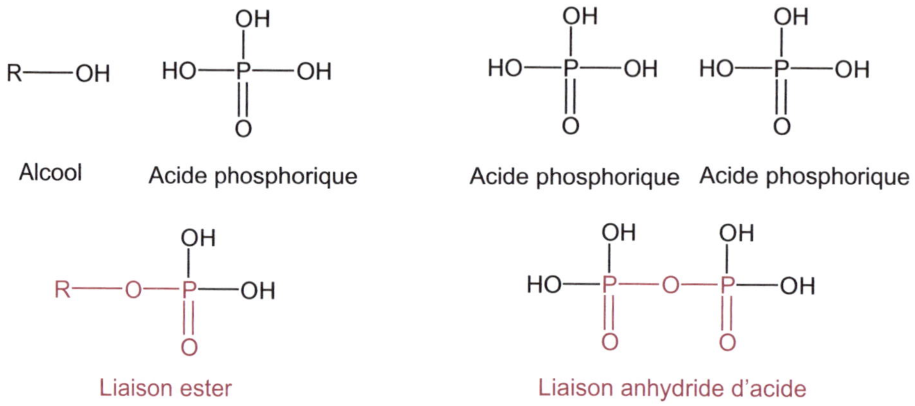

Figure 1.13 Structure des liaisons ester et anhydride d'acide.

> N'oubliez pas qu'à pH physiologique, le groupement phosphate porte des charges négatives ; cependant, il arrive parfois, comme c'est le cas ici, que par soucis de simplification, elles n'apparaissent pas.

Remarque

La valence du phosphore est de cinq dans les résidus d'acide phosphorique, car il y a une hybridation sp^3 des orbitales atomiques.

5. LES NUCLÉOTIDES

Ils résultent de la liaison entre une base, un ose et d'un à trois acides phosphoriques, suivant les règles et les modalités vues plus haut (Fig. 1.14).

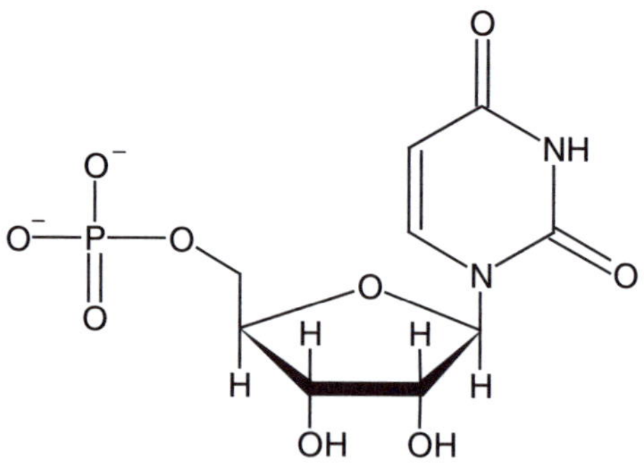

Figure 1.14 Structure de l'UMP formée d'une molécule d'uracile, d'un ribose et d'un acide phosphorique.

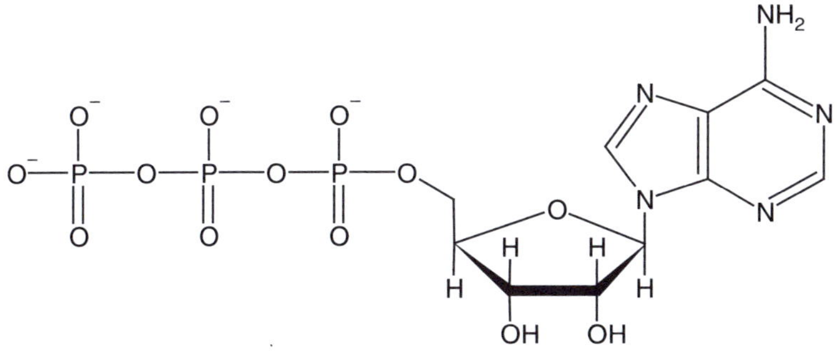

Figure 1.15 Structure de l'ATP.

Le nucléotide ATP (Fig. 1.15) présente des rôles bien particuliers : substrat des ARN polymérases, coenzyme transporteur d'énergie, réserve d'énergie…

Le tableau 1.2 reprend la nomenclature des nucléotides monophosphatés

Tableau 1.2 Nomenclature des dérivés monophosphatés.

	Désoxyribonucléosides monophosphatés	**Ribonucléosides monophosphatés**
Bases	**Nucléotides**	
Thymine	Acide désoxythymidilique dTMP	
Cytosine	Acide désoxycytidylique dCMP	Acide cytidylique CMP
Adénine	Acide désoxyadénylique dAMP	Acide adénylique AMP
Guanine	Acide désoxyguanylique dGMP	Acide guanylique GMP
Uracile	—	Acide uridylique UMP

6. LES POLYNUCLÉOTIDES

La liaison entre deux nucléotides se fait par la formation d'une liaison ester entre l'acide phosphorique d'un nucléotide et la fonction alcool portée par le carbone 3′ de l'ose de l'autre nucléotide : liaison 3′-5′ phosphodiester (Fig. 1.16).

© Dunod – La photocopie non autorisée est un délit.

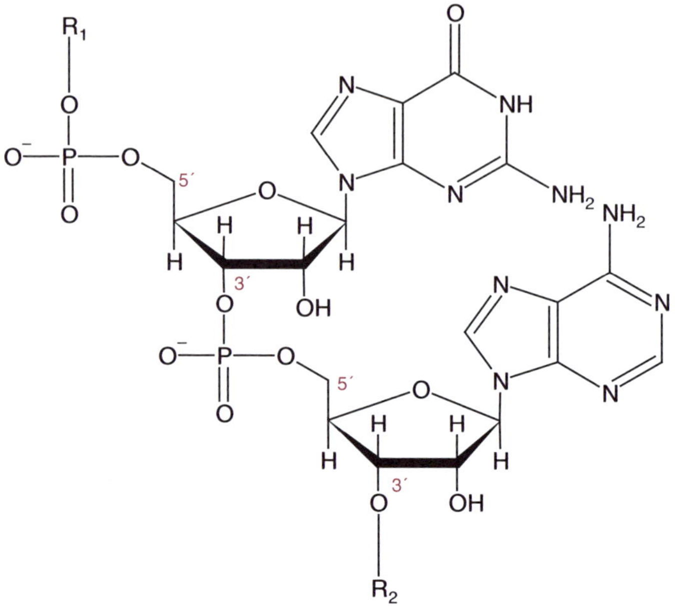

Figure 1.16 Enchaînement de plusieurs nucléotides, ici avec une adénine et une guanine.

R_1 et R_2 représentent le reste de la chaîne polynucléotidique.

La liaison est bien orientée 3′ → 5′ puisque la chaîne se lit par convention dans le sens 5′ → 3′, et qu'en lisant dans ce sens, on « rencontre » bien le carbone 3′ de la liaison avant le carbone 5′.

Le résidu acide phosphorique engage donc deux liaisons, l'une avec l'ose de son nucléotide, l'autre avec l'ose d'un second nucléotide. Il reste donc une fonction acide sur chaque résidu d'acide phosphorique.

Si l'on considère les deux extrémités d'un acide nucléique, l'une contient un résidu d'acide phosphorique porteur de deux fonctions acides libres (extrémités 5′P), l'autre contient un hydroxyle libre sur le carbone 3′ de l'ose (extrémité 3′OH).

Par convention, les chaînes polynucléotidiques sont orientées de 5′ vers 3′ et seront donc lues dans ce sens, y compris lorsque l'ADN est circulaire.

Nous verrons très régulièrement par la suite que le sens de lecture de la chaîne est utilisé comme piège dans les QCM. Par convention, lorsqu'aucune indication n'est présente, c'est que la chaîne est écrite dans le sens conventionnel 5′ → 3′, mais pour augmenter la difficulté, l'énoncé peut utiliser l'écriture de la chaîne dans l'autre sens. Soyez donc très attentifs !

Synthèse

Je sais définir
- Bases pyrimidiques et bases puriques ;
- Équilibre de tautomérie ;
- Nucléoside ;
- Nucléotide ;
- Polynucléotide.

Je connais
- La formule et la structure des bases azotées ;
- La structure des nucléosides et leurs noms ;
- La structure des nucléotides et leurs noms ;
- Les liaisons qui s'établissent entre la base, le sucre et le groupe phosphate.

Je sais
- Écrire la structure d'une chaîne polynucléotidique ;
- Donner la structure chimique de chaque base suivant ses deux formes tautomères.

Questions à choix multiples

1 Parmi les structures représentées ci-dessous, quelle(s) est (sont) celle(s) qui correspond(ent) à l'adénine ?

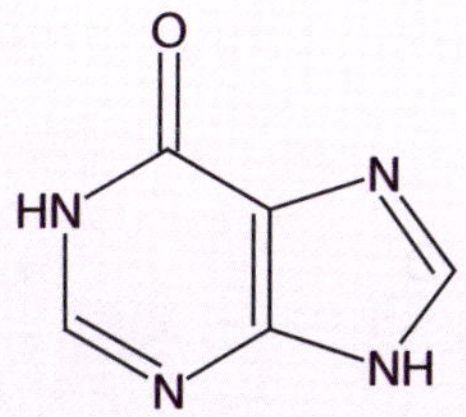

❒ **a.**

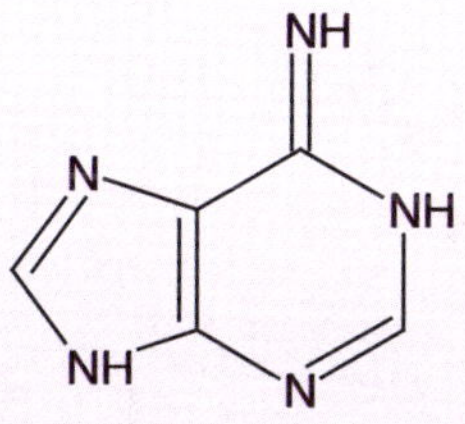

❒ **b.**

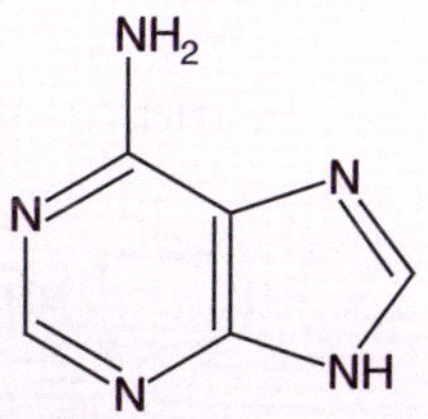

❒ **c.**

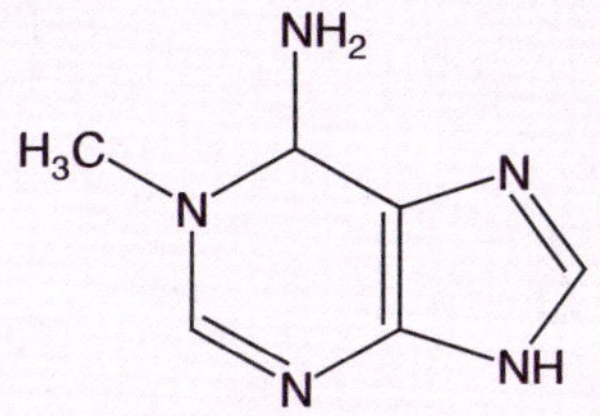

❒ **d.**

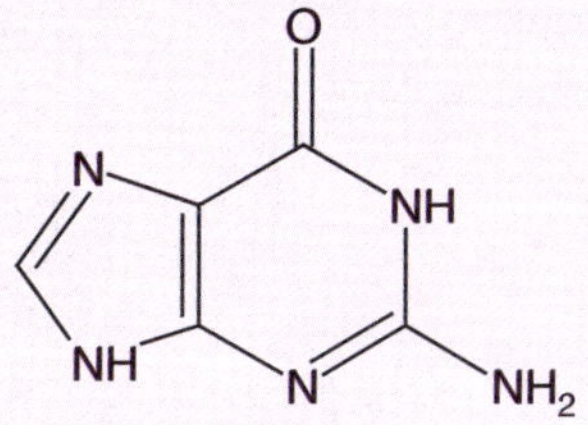

❒ **e.**

→

© Dunod – La photocopie non autorisée est un délit.

2 Parmi les structures représentées ci-dessous, quelle(s) est (sont) celle(s) qui correspond(ent) à la guanine ?

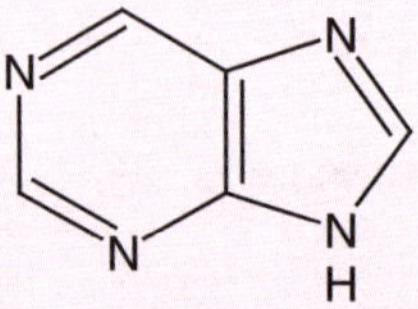

❒ **a.**

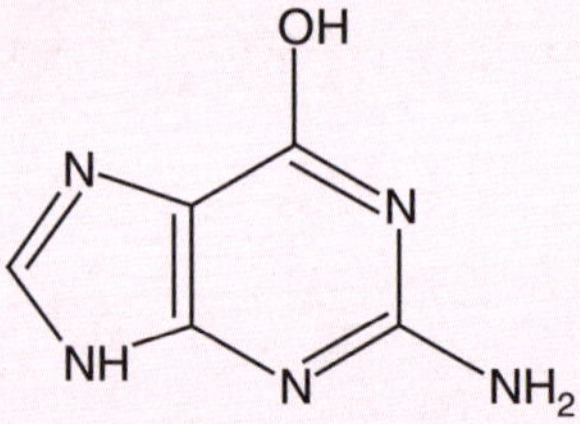

❒ **b.**

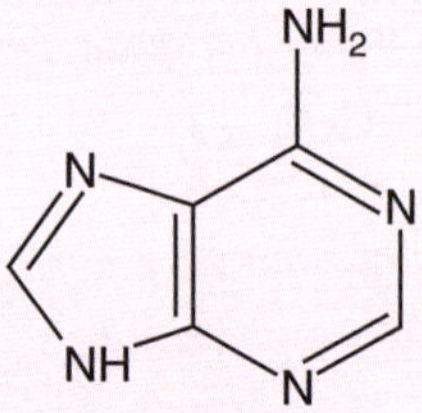

❒ **c.**

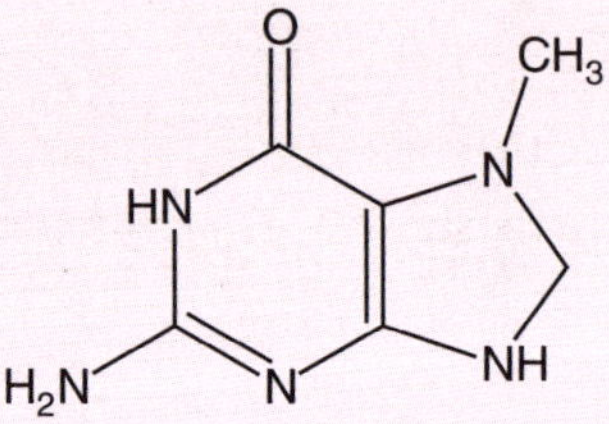

❒ **d.**

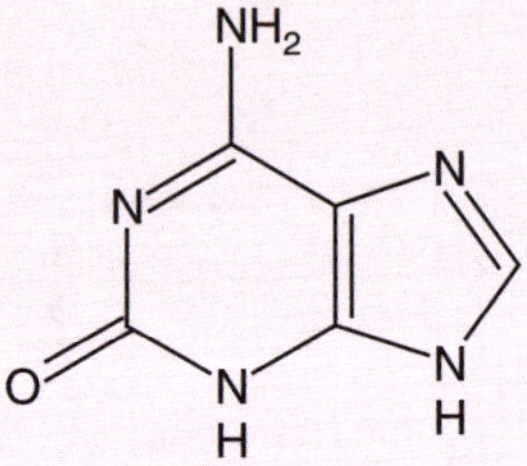

❒ **e.**

3 Parmi les structures représentées ci-dessous, quelle(s) est (sont) celle(s) qui correspond(ent) à la cytosine ?

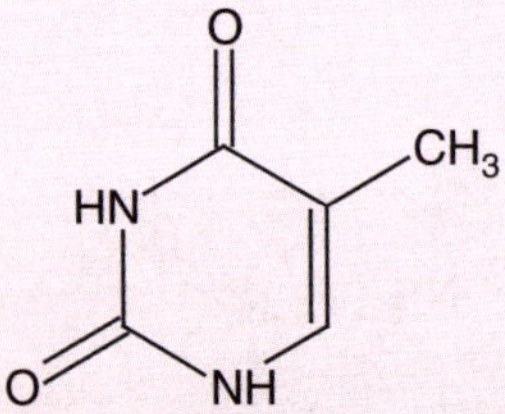

❒ **a.**

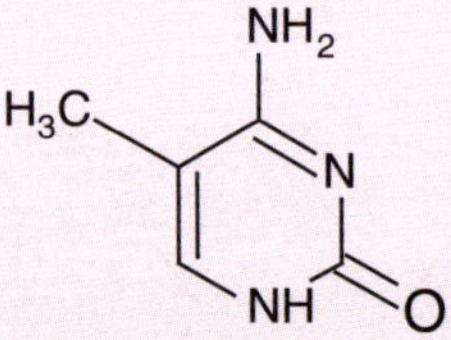

❒ **b.**

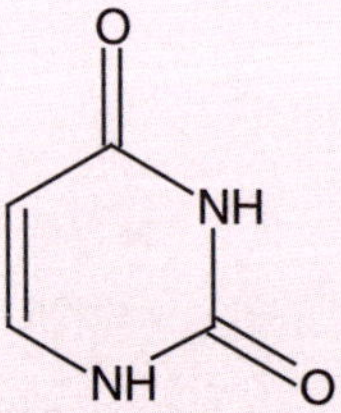

❒ **c.**

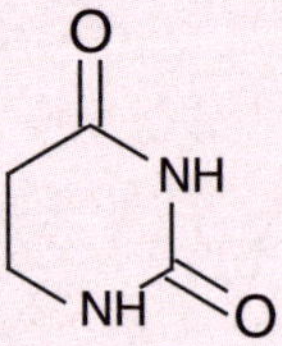

❒ **d.**

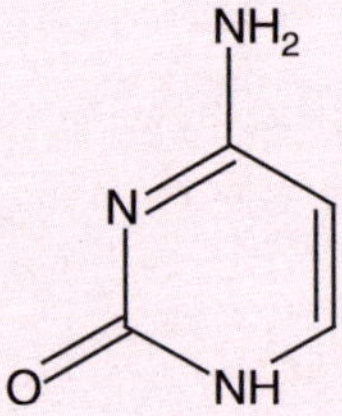

❒ **e.**

→

4 Quel est le nom de la base représentée ci-dessous ?

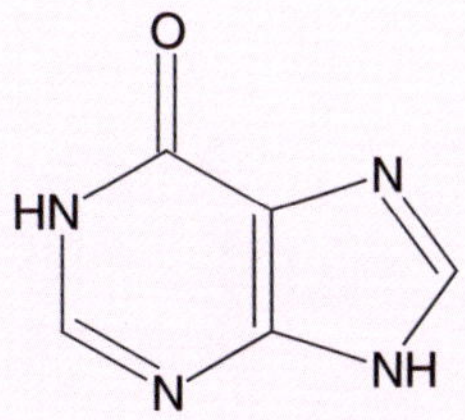

❒ **a.** Adénine.
❒ **b.** Guanine.
❒ **c.** Thymine.
❒ **d.** Cytosine.
❒ **e.** Hypoxanthine.

5 Quel est le nom de la molécule représentée ci-après ?

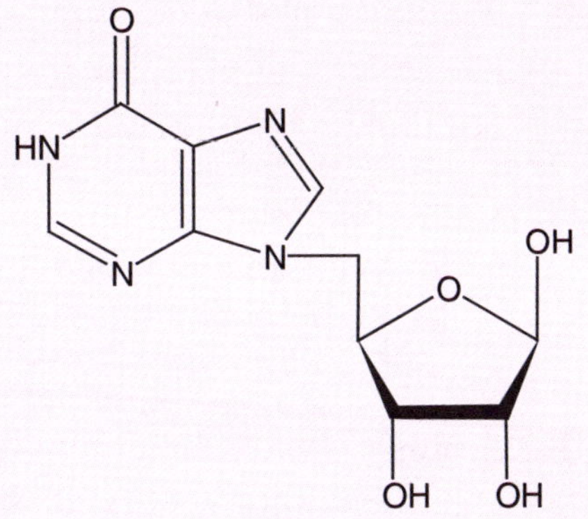

❒ **a.** Guanosine.
❒ **b.** Adénosine.
❒ **c.** Guanidine.
❒ **d.** Inosine.
❒ **e.** Autre.

6 Parmi les propositions concernant la molécule représentée ci-dessous, laquelle (lesquelles) est (sont) exacte(s) ?

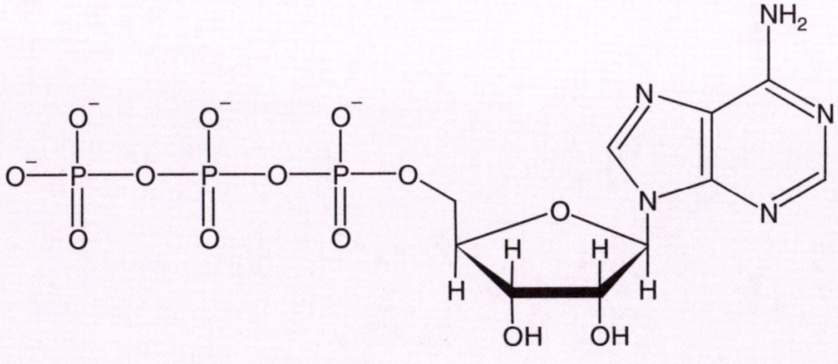

❒ **a.** GTP.
❒ **b.** ATP.
❒ **c.** Forme lactime.
❒ **d.** Présente dans l'ADN.
❒ **e.** Forme de stockage de l'énergie immédiatement utilisable par la cellule. →

© Dunod – La photocopie non autorisée est un délit.

7 Dans la formule de la guanosine, à quel niveau le ribose est-il uni à la guanine représentée ci-dessous ?

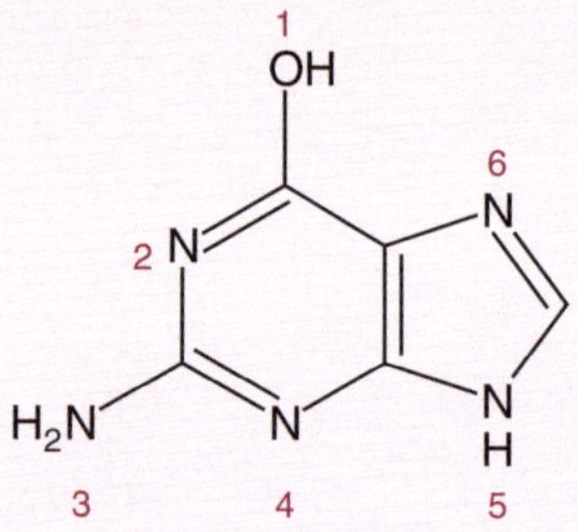

8 Concernant la structure des bases, indiquez les propositions vraies.

- ❒ **a.** Les bases pyrimidiques sont au nombre de trois, contenant chacune deux atomes d'azote.
- ❒ **b.** La thymine porte sur ses carbones 2 et 5 des fonctions cétone.
- ❒ **c.** La DHU, ou dihydro-uracile, est un dérivé de l'uracile.
- ❒ **d.** L'adénine est la seule base ne contenant pas d'atome d'oxygène.
- ❒ **e.** La tautomérie est une forme d'isomérie.

9 Retrouvez-la (les) proposition(s) exacte(s).

- ❒ **a.** L'adénine sous forme imino est stable.
- ❒ **b.** La guanine sous forme lactime peut s'apparier avec l'adénine.
- ❒ **c.** La dihydro-uracile est obtenue par réduction de l'uracile.
- ❒ **d.** Les bases pyrimidiques présentent toutes une fonction oxo sur le carbone 2 lorsqu'elles sont en liaison avec un pentose.
- ❒ **e.** Les nucléosides triphosphates possèdent trois liaisons ester phosphorique.

10 Dans une molécule d'ADN, par quel type de liaison est unie la base suivante au ribose :

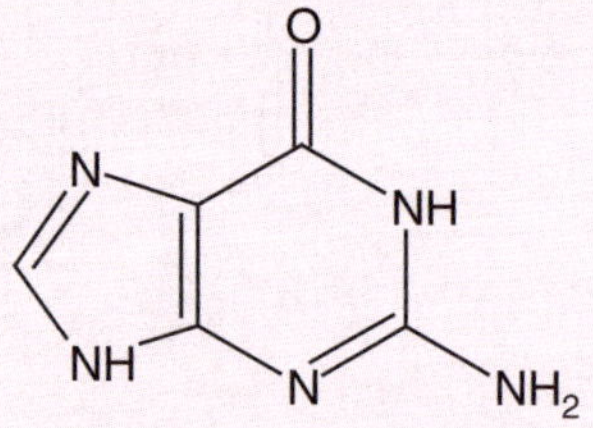

- ❒ **a.** β-osidique.
- ❒ **b.** Ester.
- ❒ **c.** Anhydride d'acide.
- ❒ **d.** Hydrogène.
- ❒ **e.** Aucune des propositions précédentes.

→

11 Parmi les propositions suivantes, indiquez lesquelles sont fausses.

- ❒ **a.** Un nucléoside est formé d'une base et d'un sucre.
- ❒ **b.** Les bases puriques sont composées d'un hétérocycle et les bases pyrimidiques de deux cycles juxtaposés.
- ❒ **c.** La base purique ou pyrimidique est liée au carbone 1′ du sucre.
- ❒ **d.** L'adénine et l'uracile sont des bases puriques.
- ❒ **e.** Un nucléoside triphosphate peut porter quatre charges négatives.

12 La transmission de l'information génétique utilise des étapes spécifiques. Parmi les affirmations suivantes, laquelle (ou lesquelles) est (ou sont) exacte(s) ?

- ❒ **a.** Les acides nucléiques sont riches en esters phosphate.
- ❒ **b.** Ils sont riches en charges électriques négatives.
- ❒ **c.** L'ADN est une macromolécule dont le monomère est un « nucléotide ».
- ❒ **d.** Ils contiennent tous du ribose.
- ❒ **e.** La thymine est retrouvée à la fois dans l'ADN et dans les ARN.

Corrigés

1
❒ **a.**
☒ **b.**
☒ **c.**
❒ **d.**
❒ **e.**

Les formes **a** et **c** correspondent à l'adénine, sous sa forme imino pour **b** et amino pour **c**.

La molécule **a** correspond à l'hypoxanthine, la molécule **d** à la 1-méthyl adénine et la molécule **e** à la guanine.

2
❒ **a.**
☒ **b.**
❒ **c.**
❒ **d.**
❒ **e.**

La forme **b** correspond à la guanine mais sous sa forme la moins stable, c'est-à-dire sous sa forme énol (ou sous sa forme lactime).

La molécule **a** correspond à la purine, **c** à l'adénine, **d** à la 7-méthyl guanine, et **e** à une forme « spéciale », la 2-oxo 6-amino purine.

> ⚠ On voit ici toute l'importance des formes de tautomérie pour les bases, puisque cela permet d'écrire des formules différentes des formules « classiques » des bases, et donc de compliquer les questions d'examen.

3
❒ **a.**
❒ **b.**
❒ **c.**
❒ **d.**
☒ **e.**

La molécule **e** correspond à la cytosine. La molécule **a** correspond à la thymine, **b** à la 5-méthyl cytosine, **c** à l'uracile et **d** à la dihydro-uracile.

4
❒ **a.**
❒ **b.**
❒ **c.**
❒ **d.**
☒ **e.**

La structure représente l'hypoxanthine.

5
❒ **a.**
❒ **b.**
❒ **c.**
❒ **d.**
☒ **e.**

La formule semble correspondre à un ribose lié à une molécule d'hypoxanthine, soit l'inosine, mais on remarque que la base est fixée sur le carbone 5′ du sucre, et non sur le carbone 1′. Il ne s'agit donc pas d'une structure connue, et il fallait donc répondre « Autre ».

> ⚠ Voici un exemple classique de QCM où si vous vous focalisez sur une difficulté (quelle est la base reliée au sucre ?), vous pouvez oublier de vérifier que la base est correctement liée à ce sucre. Le fameux arbre qui cache la forêt...

6
❒ **a.**
☒ **b.**

On reconnaît une base qu'est l'adénine liée à un ribose porteur de trois groupements acide phosphorique.

❐ **c.** On ne peut pas parler de forme lactime puisqu'il n'y a pas de fonction énol dans la base.
❐ **d.** On ne trouve que des nucléotides monophosphates dans les ADN.
☒ **e.** Ce sont les liaisons anhydrides d'acide qui sont très riches énergétiquement.

7 La liaison se fait au niveau de l'atome d'azote numéroté ici 5 (en réalité l'azote 9) avec la fonction hydroxyle portée par le carbone 1′.

> **!** Dans cette question, on choisit de numéroter les positions des atomes de manière totalement arbitraire par rapport à la numérotation officielle. Faites attention de ne pas mélanger les deux, ce qui est évidemment voulu ici.

8 ❐ **a.** La cytosine possède un troisième atome d'azote greffé sur le cycle.
❐ **b.** Les fonctions cétones sont sur les carbones 2 et 4.
☒ **c.**
☒ **d.**
☒ **e.**

9 ❐ **a.** L'adénine sous sa forme imino est instable. Seule sa forme amino est stable.
☒ **b.** La guanine sous forme lactime ressemble à la thymine et peut s'apparier à l'adénine, ce qui provoquera des mésappariements.
☒ **c.**
☒ **d.** La liaison avec le pentose bloque la possibilité de l'équilibre céto-énolique, ce qui oblige la fonction portée par le carbone 2 à être sous forme céto, appelée aussi oxo.
❐ **e.** Il y a une seule liaison ester phosphorique et deux liaisons anhydrides d'acide.

10 Il s'agit d'une question piège, car on penserait à une liaison β-osidique ; seulement, dans l'ADN, cette base ne peut être reliée à un ribose, mais à un désoxyribose. Il fallait donc répondre par la dernière proposition, la question n'ayant pas de « sens ».

> **!** N'oubliez jamais que l'ADN contient du désoxyribose et l'ARN du ribose.

11 ❐ **a.**
☒ **b.** C'est le contraire.
❐ **c.**
☒ **d.** Il s'agit de l'adénine et de la guanine.
❐ **e.** Une charge sur les deux résidus phosphates liés par une liaison anhydride d'acide, et deux charges sur le dernier résidu.

12 ❐ **a.**
☒ **b.**
☒ **c.**
☒ **d.** Les ADN contiennent du désoxyribose.
❐ **e.** La thymine ne se retrouve que dans les ARN.

© Dunod – La photocopie non autorisée est un délit.

2 Métabolisme des nucléotides

Plan

Cours

1. Biosynthèse des ribonucléotides puriques :
   - Biosynthèse *de novo*
   - Biosynthèse par voie de récupération
2. Biosynthèse des ribonucléotides pyrimidiques :
   - Biosynthèse *de novo*
   - Biosynthèse par voie de récupération
3. Biosynthèse des désoxyribonucléotides :
   - Bases puriques
   - Bases pyrimidiques
4. Catabolisme des nucléotides

Synthèse

QCM

Corrigés des QCM

Objectifs

- Étudier le catabolisme et l'anabolisme des bases puriques et pyrimidiques
- Différencier la synthèse *de novo* et la synthèse par récupération
- Étudier les voies de synthèse
- Connaître les étapes soumises à régulation

Cours

La biosynthèse des nucléotides se fait suivant deux voies :

- Synthèse *de novo*

  À partir de précurseurs et par une chaîne métabolique complexe très consommatrice d'énergie.

- Synthèse de récupération

  La cellule utilise des matériaux existants (bases ou nucléotides), qui peuvent provenir de la dégradation des acides nucléiques de l'alimentation ou du catabolisme intracellulaire. Cette voie représente une économie énergétique pour l'organisme.

Il faut noter que la cellule commence toujours la synthèse par les ribonucléotides, qui seront les précurseurs des désoxyribonucléotides.

1. BIOSYNTHÈSE DES RIBONUCLÉOTIDES PURIQUES

1.1. Biosynthèse *de novo*

Le précurseur important est le PRPP (le même que pour les bases pyrimidiques), dérivé du ribose-5-phosphate (Fig. 2.1). Ce PRPP sera transformé après plusieurs étapes en IMP (carrefour métabolique) qui permettra d'accéder à l'AMP et au GMP.

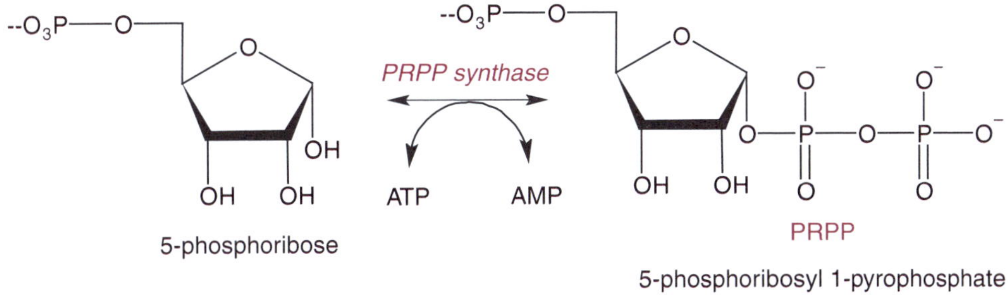

Figure 2.1 Action de la ribose phosphate pyrophosphatase ou PRPP synthase.

> Vous constaterez que le substrat de cette enzyme est bien l'anomère α du ribose et non comme on pourrait le penser l'anomère β.

Le PRPP est ensuite transformé en 5-phosphoribosylamine (Fig. 2.2).

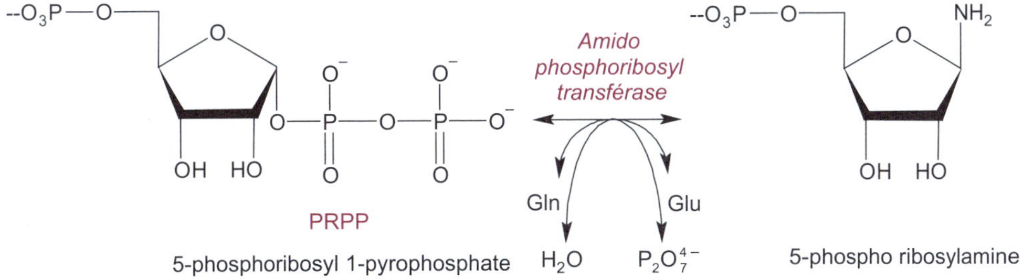

Figure 2.2 Action de l'amido phosphoribosyl transférase.

© Dunod – La photocopie non autorisée est un délit.

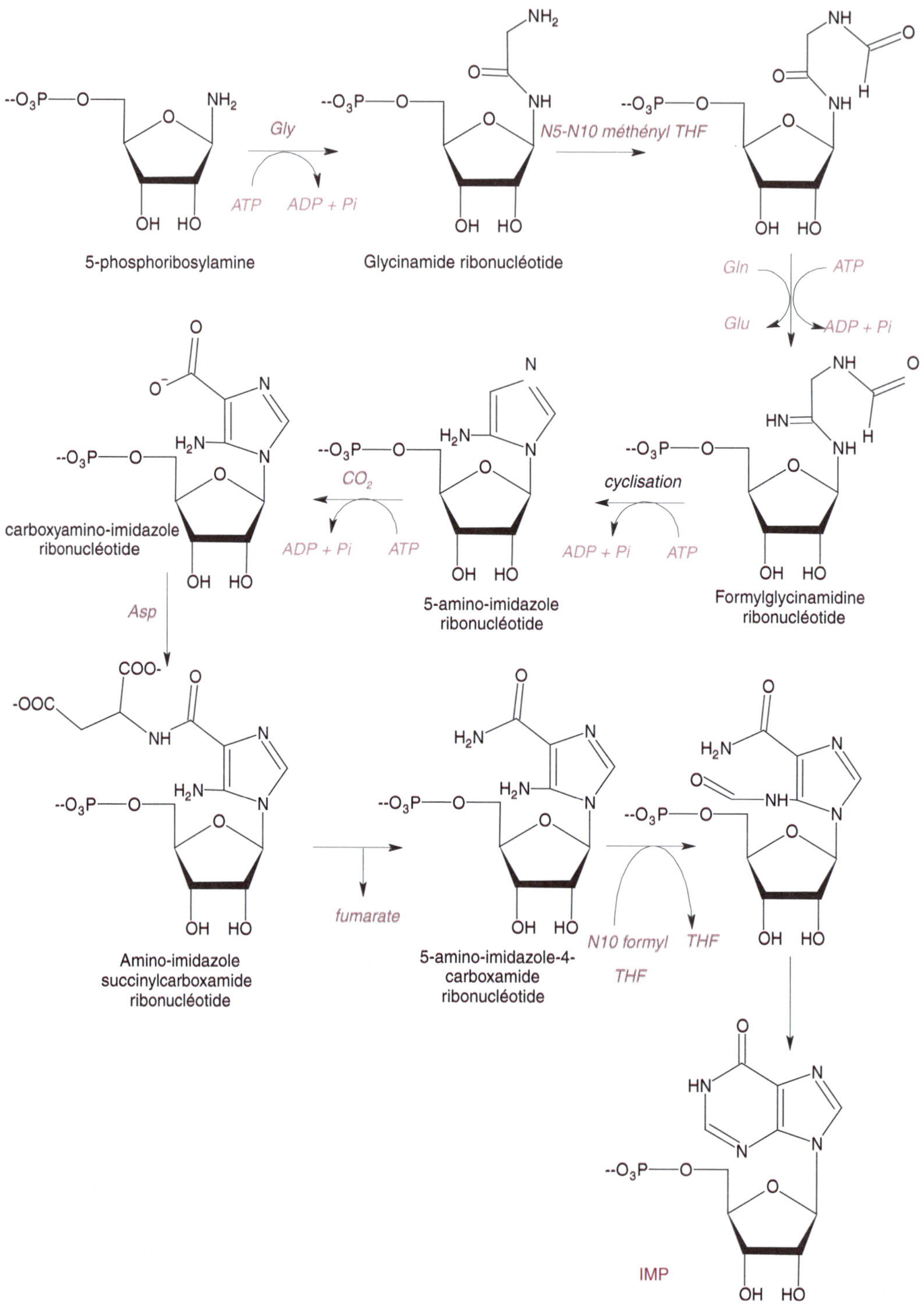

Figure 2.3 Transformation de la 5-phosphoribosylamine en IMP.

On constate que cette enzyme a notamment permis de basculer vers un anomère β.

Il va ensuite se produire une dizaine d'étapes qui formeront l'IMP (inosine monophosphate) (Fig. 2.3).

Toute une série de molécules vont intervenir pour former la structure de la base de l'IMP, à savoir l'hypoxanthine (Fig 2.4).

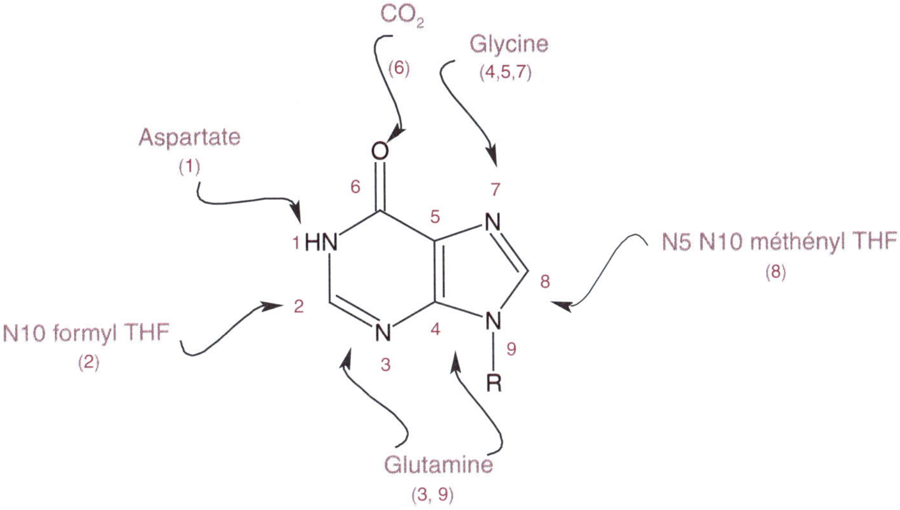

Figure 2.4 Résumé de l'intervention des différentes molécules dans la synthèse de l'hypoxanthine.

Les chiffres entre parenthèses symbolisent les numéros des atomes dans la base, R le reste de la structure de l'IMP.

L'IMP ayant été synthétisé, il va y avoir conversion en AMP (Fig. 2.5) et en GMP (Fig. 2.6), nucléotides précurseurs pour la synthèse de l'ARN.

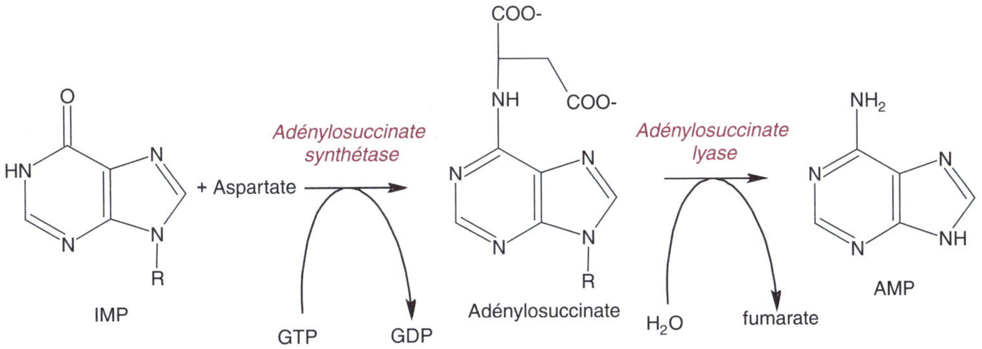

Figure 2.5 Synthèse de l'AMP à partir de l'IMP.

© Dunod – La photocopie non autorisée est un délit.

À moins que ce ne soit dit de manière explicite, il parait peu probable que vous deviez apprendre la totalité des chaînes métaboliques. Il faut surtout se focaliser sur les étapes régulées qui sont des carrefours importants, où sur celles pour lesquelles le professeur a été précis ou insistant. Se référer également aux annales pour détecter les étapes qui sont souvent demandées.

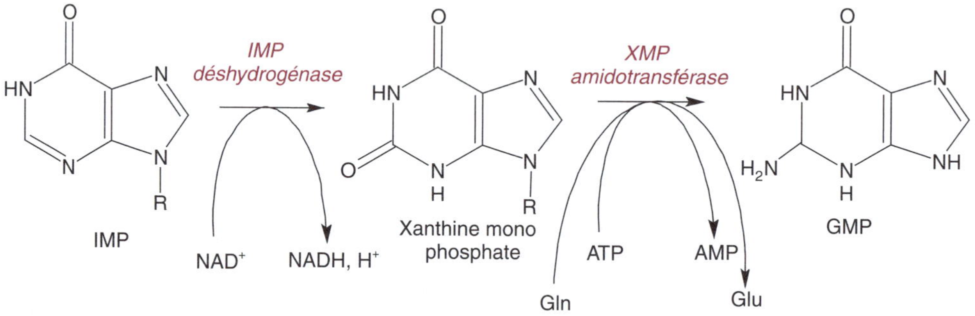

Figure 2.6 Synthèse du GMP à partir de l'IMP.

Ces différentes voies de synthèse sont régulées par les produits finaux de la synthèse, soit un rétrocontrôle négatif (Fig. 2.7).

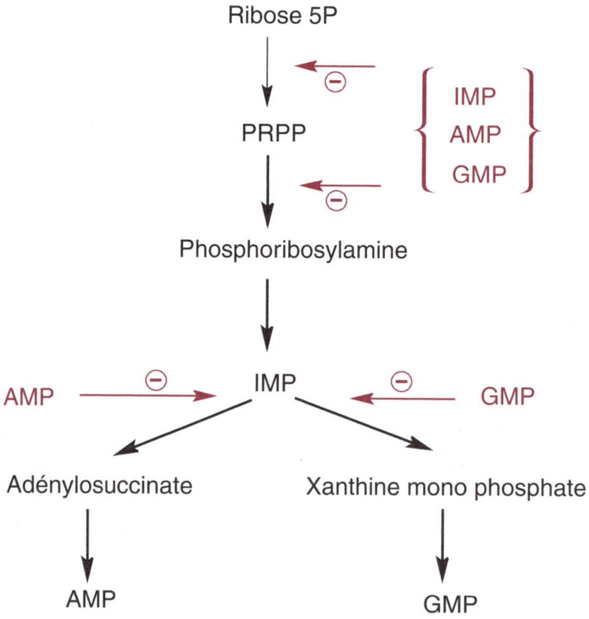

Figure 2.7 Contrôle des voies de synthèse de l'AMP et du GMP.

Les dérivés monophosphatés ayant été synthétisés, ils vont être transformés en dérivés di-, puis triphosphatés.

Pour la formation des dérivés diphosphatés, c'est l'ATP qui sera le donneur de phosphate grâce à l'action de deux kinases à spécificité étroite (AMP kinase et GMP kinase).

Pour la formation des dérivés triphosphatés, c'est une kinase à spécificité large qui intervient sur un dérivé diphosphaté en utilisant plusieurs donneurs différents.

1.2. Biosynthèse par voie de récupération

Cette voie utilise des acides nucléiques pour reformer des nucléotides par recyclage endogène chez l'Homme, ce qui constitue une économie énergétique. Cependant, une petite partie des bases libres peut être apportée par l'alimentation.

Le PRPP réagit avec l'adénine sous l'action de l'adénine phosphoribosyl transférase (APRT) pour donner l'AMP.

Ce même PRPP réagit également avec l'hypoxanthine pour former l'IMP, et avec la guanine pour former le GMP. Ces deux réactions sont catalysées par l'hypoxanthine-guanine phosphoribosyltransférase (HGPRT).

Maladie de Lesh Nyhan

Lorsque l'HGPRT est déficiente, ceci entraîne la maladie de Lesh Nyhan caractérisée par des troubles neurologiques et un comportement autodestructeur. Il y a en fait une production massive du dérivé de dégradation des bases puriques, l'acide urique, qui s'accumule dans le plasma et les urines.

2. BIOSYNTHÈSE DES RIBONUCLÉOTIDES PYRIMIDIQUES

2.1. Biosynthèse *de novo*

À la différence des bases puriques, le noyau pyrimidine est formé avant l'assemblage avec le PRPP. Les six étapes de la synthèse formeront l'UMP (Fig. 2.8).

Cet UMP sera ensuite transformé en UDP, puis en UTP. C'est cet UTP qui sera ensuite interconverti en CTP par le remplacement d'un groupe carbonyle par un groupe amine (Fig. 2.9).

© Dunod – La photocopie non autorisée est un délit.

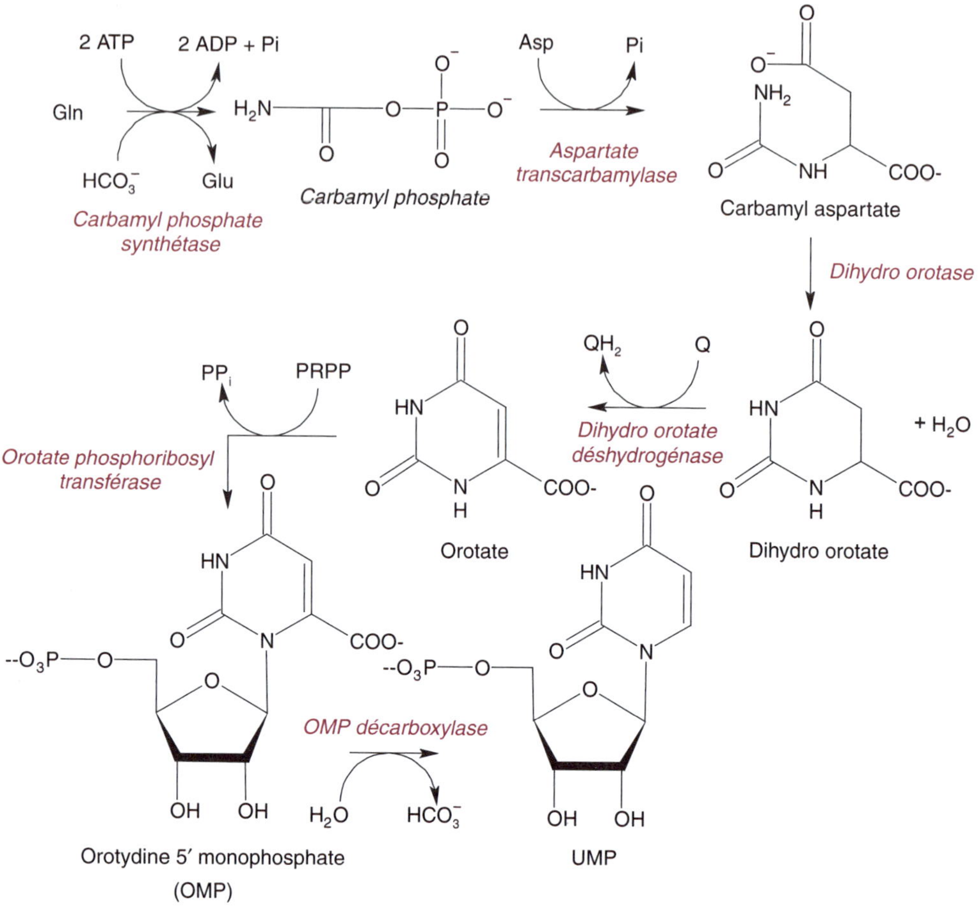

Figure 2.8 Formation *de novo* de l'UMP

Il n'y a dans cette synthèse que trois enzymes distinctes : la CAD (qui possède les activités carbamyl phosphate synthétase, aspartate transcarbamylase et dihydro orotase) la dihydro orotate déshydrogénase et une troisième qui possède les activités orotate phosphori bosyl transférase et OMP décarboxylase.

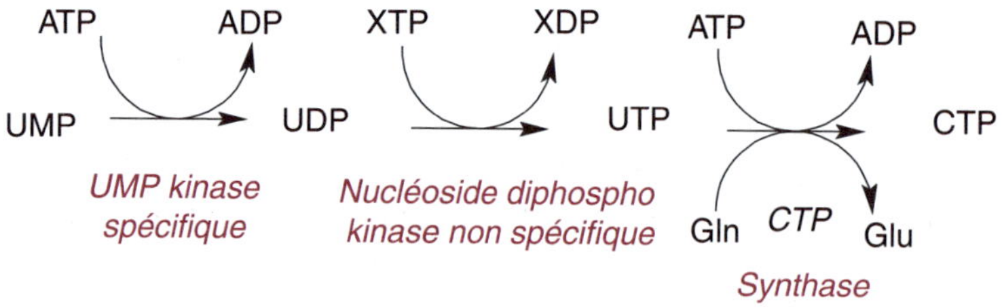

Figure 2.9 Synthèse du CTP à partir de l'UMP.

Le CTP donnera enduite le CDP, puis le CMP.

La régulation de cette synthèse se fait sur les deux premières étapes :

- La carbamyl synthétase est inhibée par le produit final, l'UMP (rétrocontrôle) ;
- L'aspartate transcarbamylase est une enzyme allostérique dont les sous-unités peuvent fixer deux effecteurs : l'ATP qui agit comme un activateur allostérique, le CTP qui agit comme un inhibiteur allostérique.

  On pense que cette régulation permet d'équilibrer les deux voies de synthèse des nucléotides pyrimidiques et puriques.

2.2. Biosynthèse par voie de récupération

Les enzymes ont une action semblable à celles qui existent pour les bases puriques, comme l'uridine-cytidine (ou pyrimidine) kinase (encore appelée phosphoribosyl-transférase), qui forme l'UMP à partir de l'uridine, et le CMP à partir de la cytidine.

3. BIOSYNTHÈSE DES DÉSOXYRIBONUCLÉOTIDES

Elle se fait à partir des ribonucléotides diphosphates, sous l'action de la ribonucléotide réductase. On forme alors des désoxyribonucléotides diphosphates (dADP, dGDP, dUDP, dCDP) qui pourront être convertis par la nucléotide diphosphate kinase en désoxyribonucléotides triphosphates (dATP, etc.).

- Pour le dUDP, il faudra le retransformer car il n'y en a pas dans l'ADN.
- Pour le dTTP, le problème est qu'il n'y a pas de ribonucléotide avec une thymine : c'est le dUMP qui subira une méthylation ce qui le transforme en dTMP (un dérivé de l'acide folique, vitamine B9, apporte ce groupe méthyle).

La ribonucléotide réductase possède quatre sous-unités : deux sous-unités régulatrices et deux sous-unités catalytiques. Elle nécessite pour fonctionner quatre protéines dont la thiorédoxine et la thiorédoxine réductase (Fig. 2.10).

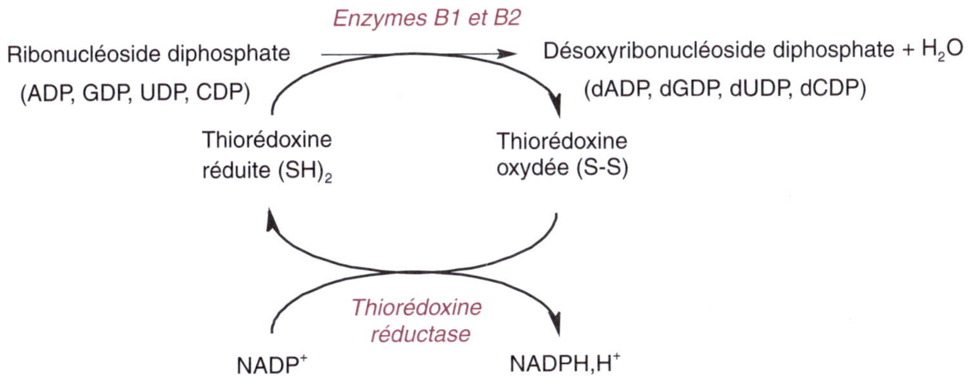

Figure 2.10 Réduction des ribonucléosides 5′ diphosphates en désoxyribonucléosides 5′ diphosphates.

© Dunod – La photocopie non autorisée est un délit.

Lutte contre le cancer

Des médicaments anticancéreux vont agir sur le cycle de l'acide folique pour empêcher la méthylation et la synthèse du dTMP, ou vont agir à d'autres endroits de la synthèse des désoxyribonucléotides pour empêcher la multiplication de l'ADN.

4. CATABOLISME DES NUCLÉOTIDES

Il faut tout d'abord que les nucléotides soient transformés en nucléosides en libérant de l'acide phosphorique, grâce à des 5′ nucléosidases.

Puis des nucléosides phosphorylases libèrent du ribose-1-phosphate (ou du désoxyribose-1-phosphate) et une base.

Remarque

Les sucres-1′-P peuvent être transformés en sucres-5′-P pour pouvoir être réintégrés dans les voies de biosynthèse.

4.1. Catabolisme des bases puriques

Que ce soit la guanine ou l'adénine, leur catabolisme finit par former de la xanthine qui se transforme elle-même en acide urique (Fig. 2.11).

Excès d'acide urique ou 2,6,8-trioxo-purine.

Bien que l'acide urique soit utile dans l'organisme comme piégeur de radicaux libres grâce à son caractère acide partiel (donc avec un rôle d'antioxydant), son excès dans l'organisme est problématique.

Si la concentration de l'acide urique dépasse les 70 $mg{\cdot}L^{-1}$ au lieu des 25 à 50 $mg{\cdot}L^{-1}$ habituels dans le sang, celui-ci étant peu soluble dans l'eau, il cristallise à basse température. On le retrouve alors au niveau des articulations des zones froides du corps, soit les mains et les pieds ; l'acide urique réagit alors avec les plaquettes, ce qui crée des crises dites crises inflammatoires de « goutte » très douloureuses.

La cristallisation peut aussi se produire dans les urines si celles-ci sont trop acides, ce qui provoque des coliques néphrétiques.

Cet excès peut être provoqué par une alimentation trop riche (crustacés, abats…) qui de plus acidifie les urines, mais également par des déficits enzymatiques (telle la maladie de Lesh Nyhan), ou encore des maladies qui entraînent des renouvellements cellulaires importants (tel le cancer).

Certains médicaments permettant de lutter contre cette « goutte » sont en fait des inhibiteurs de la xanthine oxydase (l'**allopurinol**).

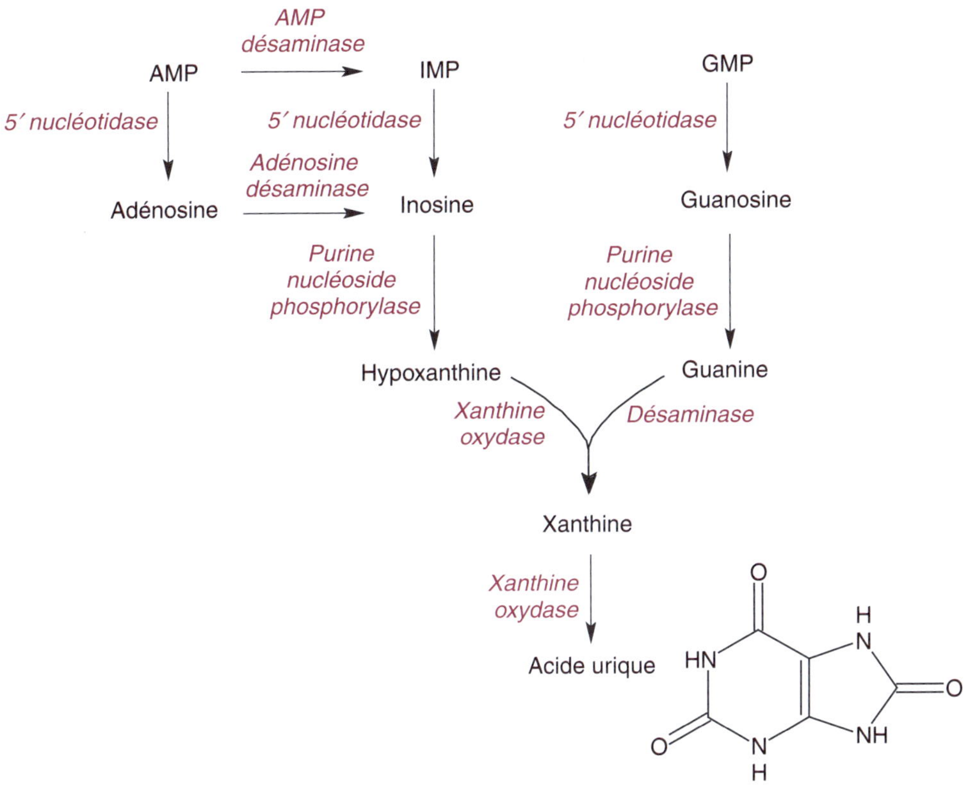

Figure 2.11 Voies de dégradation de l'AMP et du GMP en acide urique.

4.2. Catabolisme des bases pyrimidiques

Au terme de la dégradation de ces bases, on obtient des produits finaux presque communs à toutes les bases (Fig. 2.12).

Uracile ⟶ $NH_3 + CO_2 + \beta$-alanine

Cytosine ⟶ $2\ NH_3 + CO_2 + \beta$-alanine

Thymine ⟶ $NH_3 + CO_2$ + acide-β-amino isobutyrique

Figure 2.12 Produits finaux de la dégradation des bases pyrimidiques.

L'ammoniaque sera éliminée dans les urines (ion ammonium) ou ira dans le foie (urée).

Le dioxyde de carbone sera expiré lors de la respiration.

Les différents dérivés aminés seront éliminés dans les urines, ou transformés en acétyl-CoA ou en succinyl-CoA.

© Dunod – La photocopie non autorisée est un délit.

Synthèse

Je sais définir
- La voie *de novo* ;
- La voie de récupération ;
- Carrefour métabolique ;
- Catabolisme ;
- Anabolisme.

Je connais
- La différence entre voie *de novo* et voie de récupération ;
- Les différentes étapes et le nom des enzymes du métabolisme des bases puriques et pyrimidiques ;
- Les différences entre le métabolisme des bases puriques et pyrimidiques ;
- Les pathologies liées à l'excès d'acide urique.

Je sais
- Écrire la formule des composés intermédiaires dans les différentes voies de synthèse et de dégradation des nucléotides puriques et pyrimidiques ;
- Expliquer le rôle des différents niveaux de régulation des voies de synthèse ;
- Expliquer les raisons des pathologies liées à l'excès d'acide urique.

Questions à choix multiples

1 Concernant la biosynthèse du noyau pyrimidique, quelle(s) est (sont) la (les) proposition(s) vraie(s) ?

❒ **a.** Les atomes 1, 5 et 6 dérivent de la glycine.
❒ **b.** Les atomes 1, 4, 5 et 6 dérivent de la glutamine.
❒ **c.** Les atomes 1, 2 et 3 dérivent de l'urée.
❒ **d.** Les atomes 1 et 3 dérivent de la glutamine.
❒ **e.** Les atomes 2 et 3 dérivent du carbamyl phosphate.

2 Quelle(s) est (sont) la (les) molécule(s) nécessaire(s) à la biosynthèse des ribonucléotides pyrimidiques ?

❒ **a.** Carbamyl phosphate.
❒ **b.** Glycine.
❒ **c.** Acide aspartique.
❒ **d.** N 10 Formyl TH.
❒ **e.** PRPP.

→

3 Dans la biosynthèse des nucléotides puriques, l'enzyme clé est l'amido phosphoribosyl transférase. Par quel(s) nucléotide(s) l'activité de cette enzyme est-elle inhibée ?

❒ **a.** AMP.
❒ **b.** ADP.
❒ **c.** ATP.
❒ **d.** GMP.
❒ **e.** GDP.
❒ **f.** GTP.
❒ **g.** IMP.

4 Quelle est l'enzyme catalysant dans la cellule, la transformation de la guanine en acide guanylique ou GMP ?

❒ **a.** Hypoxanthine-guanine phosphoribosyl transférase.
❒ **b.** Guanylate synthétase.
❒ **c.** Xanthine-ADN glycosylase.
❒ **d.** Amido-phosphoribosyl transférase.
❒ **e.** Guanylate kinase.

5 Dans la biosynthèse des ribonucléotides, quelle est la molécule dont l'activité enzymatique est contrôlée à la fois par le CTP et l'ATP ?

❒ **a.** Amido-phosphoribosyl transférase.
❒ **b.** PRPP synthétase.
❒ **c.** Carbamyl phosphate synthétase cytosolique.
❒ **d.** Aspartate transcarbamylase.
❒ **e.** Ribonucléotide réductase.

6 Dans la biosynthèse des nucléotides nécessaires à la synthèse d'ADN, quel est le précurseur immédiat de la thymidine monophosphate ou dTMP ?

❒ **a.** Thymidine diphosphate ou dTDP.
❒ **b.** Désoxyuridine diphosphate ou dUDP.
❒ **c.** Uridine monophosphate ou UMP.
❒ **d.** Désoxyuridine monophosphate ou dUMP.
❒ **e.** Désoxycytidine monophosphate ou dCMP.

7 L'aspartate transcarbamylase est une enzyme intervenant dans la biosynthèse des ribonucléotides pyrimidiques. Quel(s) est (sont) l'(les) effecteur(s) allostérique(s) qui module(nt) l'activité de cette enzyme ?

❒ **a.** ATP.
❒ **b.** GTP.
❒ **c.** UTP.

→

© Dunod – La photocopie non autorisée est un délit.

❒ **d.** CTP.
❒ **e.** TTP.

8 Parmi les molécules suivantes, quelle(s) est (sont) celle(s) qui peut(vent) se fixer au site de contrôle d'activité globale de la ribonucléotide réductase ?

❒ **a.** ATP.
❒ **b.** GTP.
❒ **c.** CTP.
❒ **d.** UTP.
❒ **e.** dATP.
❒ **f.** dGTP.
❒ **g.** dCTP.
❒ **h.** dTTP.

9 Quel est le produit final du catabolisme de la guanine chez l'Homme ?

❒ **a.** Xanthine.
❒ **b.** Acide urique.
❒ **c.** Hypoxanthine.
❒ **d.** Allantoïne.
❒ **e.** Acide bêta-amino-isobutyrique.

10 Parmi les 5 composés ci-dessous, lequel est un produit du catabolisme des pyrimidines chez l'Homme ?

❒ **a.** Acide urique.
❒ **b.** Bêta-alanine.
❒ **c.** Allantoïne.
❒ **d.** Inosine.
❒ **e.** Acide formique.

11 Quelle(s) est (sont), parmi les molécules indiquées ci-dessous, celle(s) qui est (sont) le(s) produit(s) final(aux) du catabolisme de la thymine chez l'Homme ?

❒ **a.** Ammoniac.
❒ **b.** Acide urique.
❒ **c.** Allantoïne.
❒ **d.** Gaz carbonique.
❒ **e.** Bêta-alanine.
❒ **f.** Acide bêta-amino-isobutyrique.

→

12 Concernant la biosynthèse *de novo* des bases puriques, indiquez les propositions vraies.

❒ **a.** Le précurseur est le ribose 5 phosphate.

❒ **b.** Le carrefour de cette synthèse est l'IMP.

❒ **c.** L'AMP et le GMP synthétisés sont susceptibles de donner soit les ribonucléotides diphosphatés, soit les désoxyribonucléotides diphosphatés.

❒ **d.** Les produits monophosphatés sont susceptibles de rétrocontrôler négativement leur propre synthèse.

❒ **e.** C'est l'ATP qui apporte le phosphate supplémentaire qui permet de passer du GMP et de l'AMP, au GDP et à l'ADP.

13 Laquelle (ou lesquelles) des affirmations suivantes est (ou sont) exacte(s) ?

❒ **a.** La carbamyl-phosphate synthétase catalyse la première étape de la biosynthèse *de novo* de l'uridylate.

❒ **b.** Les désoxyribonucléotides sont formés par réduction enzymatique des ribonucléotides.

❒ **c.** Les nucléosides-phosphorylases sont indispensables à la biosynthèse des nucléotides.

❒ **d.** La synthèse de dTMP utilise comme substrat le dUMP.

❒ **e.** Les dérivés des folates sont indispensables à la synthèse *de novo* des pyrimidines.

14 Parmi les propositions suivantes relatives à l'acide urique, laquelle (ou lesquelles) est (ou sont) exacte(s) ?

❒ **a.** L'acide urique est un catabolite des bases puriques.

❒ **b.** C'est un acide faible.

❒ **c.** L'augmentation de son taux dans le plasma peut être responsable du dépôt extracellulaire de cristaux insolubles.

❒ **d.** Il est formé par l'action de la xanthine décarboxylase.

❒ **e.** C'est un nucléoside.

15 Parmi les propositions suivantes, laquelle (ou lesquelles) est (sont) exacte(s) ?

❒ **a.** La voie de récupération des bases consomme plus d'énergie que la synthèse *de novo*.

❒ **b.** L'acide urique est un nucléotide précurseur des purines.

❒ **c.** Le PRPP est la molécule qui permet la synthèse de toutes les bases, puriques comme pyrimidiques.

❒ **d.** La maladie de Lesh Nyhan est due à une déficience enzymatique dans la synthèse par récupération des bases pyrimidiques

❒ **e.** La synthèse *de novo* des bases puriques comporte plus d'étapes que celle des bases pyrimidiques

→

© Dunod – La photocopie non autorisée est un délit.

Corrigés

1 ❒ **a.** ❒ **b.** ❒ **c.** ❒ **d.** ☒ **e.**

Pour la synthèse des bases pyrimidiques, les atomes 2 et 3 dérivent du carbamyl phosphate, alors que les atomes 1,4,5 et 6 dérivent de l'aspartate.
Les quatre premières propositions sont donc fausses ; seule la dernière est vraie.

2 ☒ **a.**
❒ **b.** Pour les bases puriques.
☒ **c.**
❒ **d.** Pour les bases puriques.
☒ **e.**

3 ☒ **a.** ☒ **b.** ☒ **c.** ☒ **d.** ❒ **e.** ❒ **f.** ☒ **g.**

Cette enzyme est inhibée par les produits finaux de la synthèse des bases puriques.

4 Cette question traite de la synthèse *de novo* des bases puriques, avec la transformation de la guanine en GMP.
☒ **a.** C'est cette enzyme, l'HGPRT, qui catalyse cette transformation.
❒ **b.** Cette enzyme intervient dans la synthèse *de novo* pour former le GMP à partir de l'IMP.
❒ **c.** Enzyme intervenant dans le métabolisme des bases puriques.
❒ **d.** Enzyme intervenant dans le recyclage de l'adénine.
❒ **e.** Enzyme permettant la synthèse du GDP à partir du GMP.

5 ❒ **a.** ❒ **b.** ❒ **c.** ☒ **d.** ❒ **e.**

Les deux premières enzymes sont impliquées dans la biosynthèse du PRPP, et sont rétrocontrôlées par l'IMP, le GMP et l'AMP.
La troisième enzyme est inhibée par l'UMP, et la cinquième enzyme qui permet la synthèse des désoxyribonucléotides est activée par l'ATP et inhibée par le dATP.
Seule l'aspartate transcarbamylase est inhibée par le CTP et activée par l'ATP.

6 ❒ **a.** ❒ **b.** ❒ **c.** ☒ **d.** ❒ **e.**

On sait que le problème de la formation de dTMP est qu'il n'y a pas de ribonucléotide à thymine. L'organisme utilise donc du dUMP pour le transformer en dTMP.

7 ☒ **a.** ❒ **b.** ❒ **c.** ☒ **d.** ❒ **e.**

Cette enzyme allostérique est régulée par deux effecteurs : un activateur qu'est l'ATP et un inhibiteur qu'est le CTP.

8 ☒ **a.** ☒ **e.**
❐ **b.** ❐ **f.** Au niveau des deux sous-unités régulatrices, seul le dATP
❐ **c.** ❐ **g.** agit comme inhibiteur et l'ATP comme activateur.
❐ **d.** ❐ **h.**

9 ❐ **a.** La xanthine est bien obtenue, mais se transforme ensuite en acide urique.
☒ **b.**
❐ **c.** L'hypoxanthine provient de la dégradation de l'IMP ou de l'AMP.
❐ **d.**
❐ **e.** C'est le produit final de la dégradation de la thymine.

10 ❐ **a.** Le seul composé de la liste qui correspond au catabolisme des bases pyrimidiques est la bêta alanine.
☒ **b.**
❐ **c.**
❐ **d.**
❐ **e.**

11 ☒ **a.** ☒ **d.** La thymine est une base pyrimidique qui produit finalement
❐ **b.** ❐ **e.** lors de son catabolisme de l'ammoniaque, du gaz carbonique
❐ **c.** ☒ **f.** (ou dioxyde de carbone) et de l'acide bêta amino-isobutyrique.

12 ☒ **a.**
☒ **b.**
❐ **c.** Seuls les nucléotides diphosphatés peuvent évoluer vers les désoxyribonucléotides diphosphatés. Le passage direct est impossible.
☒ **d.**
☒ **e.**

13 ☒ **a.** Cette enzyme, rétrocontrôlée par l'UMP, catalyse bien la première étape de la synthèse *de novo* de cet UMP, qui porte le nom d'acide uridylique ou uridylate.
☒ **b.** C'est la ribonucléotide réductase qui effectue cette opération qui est donc bien une réduction.
❐ **c.** Les voies de synthèse permettent d'obtenir au final les nucléotides mono phosphate, le groupement phosphate provenant du PRPP. Il n'a donc pas fallu l'intervention de nucléosides-phosphorylases.
☒ **d.** Une méthylation du dUMP le transformera en dTMP.
☒ **e.** Il s'agit de la vitamine B9.

14 ☒ **a.**
☒ **b.**
☒ **c.**
❐ **d.** Il est formé par l'action de la xanthine oxydase.
❐ **e.** Il faudrait pour cela qu'il soit lié à un ose.

15 ❐ **a.** C'est le contraire.
❐ **b.** Il est le produit final du catabolisme des purines.
☒ **c.**
❐ **d.** L'enzyme déficiente, l'HGPRT, intervient dans la synthèse des bases puriques.
☒ **e.** Puisque le noyau est plus complexe à synthétiser.

© Dunod – La photocopie non autorisée est un délit.

3 Structures de l'ADN

Plan

Cours

1. Structure primaire
2. Structure secondaire :
   - Chaînes complémentaires
   - Chaînes antiparallèles
   - Chaînes hélicoïdales
3. Différences entre ADN et ARN
4. Dénaturation de l'ADN
5. Dosage et étude de l'ADN

Synthèse

QCM et exercices

Corrigés des QCM et exercices

Objectifs

- Étudier la liaison des nucléotides et leur agencement dans la molécule d'ADN
- Comprendre la structure tridimensionnelle de l'ADN
- Connaître les trois grandes formes de l'ADN
- Analyser la dénaturation thermique de l'ADN

Cours

1. STRUCTURE PRIMAIRE

Comme nous l'avons déjà vu, la chaîne polypeptidique est formée de la condensation de nucléotides par des liaisons phosphodiester entre le carbone 3′ d'un premier nucléotide et le résidu phosphoryle porté par le carbone 5′ du nucléotide suivant (Fig. 3.1).

$$\text{n (dATP + dGTP + dTTP + dCTP)} \xrightarrow{\textit{ADN polymérase}} \text{ADN + n (PP) + } H_2O$$

Figure 3.1 Bilan de l'action de l'ADN polymérase.

Les substrats de cette enzyme sont des nucléotides triphosphatés car la rupture de la liaison apporte l'énergie nécessaire pour sa réalisation.

Les chaînes sont donc orientées par convention dans le sens 5′ → 3′, et lorsque l'on représente les bases par des lettres, la première base écrite à gauche représente l'extrémité 5′.

Il ne faut cependant pas se tromper quant à la signification de la structure primaire de la chaîne d'ADN. En effet, on représente le plus souvent, et le plus simplement, la structure primaire par la juxtaposition des lettres représentant les bases ; cependant, ces lettres ne symbolisent pas seulement les bases, mais les nucléotides (ou désoxyribonucléotides) au complet.

Il est à noter que dans l'ADN, on ne trouve jamais d'uracile, présente cependant dans les ARN à la place de la thymine.

2. STRUCTURE SECONDAIRE

Une expérience maintenant célèbre réalisée par Rosalind Franklin en 1950 a permis de comprendre la structure de l'ADN : la diffraction des rayons X dont la photographie est reproduite ci-dessous. Il s'agit de faire passer un faisceau de rayons X à travers une solution d'ADN, puis d'observer le résultat sur une plaque photographique. On y distingue alors nettement une forme en croix qui est caractéristique d'une structure hélicoïdale (Fig. 3.2).

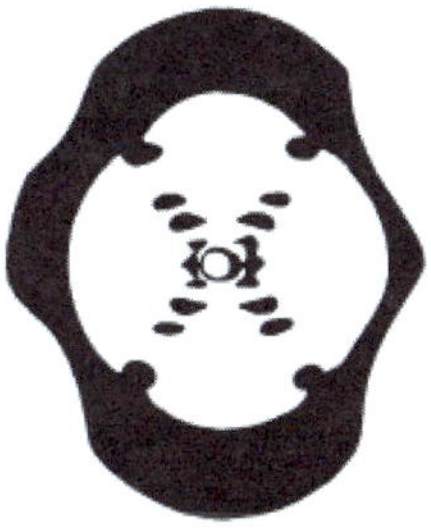

Figure 3.2 Spectre de diffraction aux rayons X de la molécule d'ADN.
Simplifié et stylisé, d'après Rosalind Franklin (1920-1958)

Les deux chaînes d'ADN possèdent plusieurs caractéristiques ; elles sont :

- complémentaires,
- antiparallèles,
- hélicoïdales.

2.1. Chaînes complémentaires

Les règles de complémentarité universelles entre les bases sont les suivantes :

© Dunod – La photocopie non autorisée est un délit.

En face de A on trouve T.
En face de C on trouve G.

Remarque

On trouve en effet expérimentalement, et quelle que soit l'espèce étudiée, un rapport constant entre A/T et G/C.

Pour que tous les nucléotides puissent s'hybrider, il faut donc qu'un brin soit complémentaire de l'autre ; le brin $5' \rightarrow 3'$ est donc complémentaire du brin $3' \rightarrow 5'$.

Cette complémentarité est due à la conjonction de deux phénomènes :

- Des contraintes stériques :

  En face d'une purine (constituée de deux cycles), on trouve une pyrimidine (formée d'un seul cycle). La complémentarité purine-pyrimidine fait que chaque paire de base ayant la même dimension, la structure de l'hélice d'ADN est très régulière (Fig. 3.3). Deux bases puriques prendraient trop de place, deux bases pyrimidiques seraient trop éloignées pour créer une structure stable.

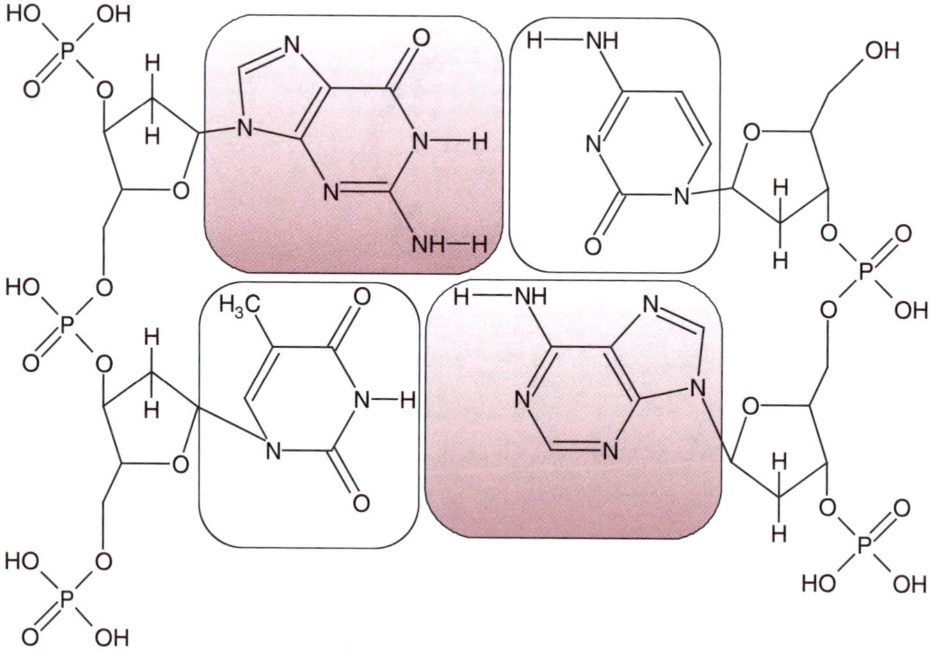

Figure 3.3 Schéma de l'encombrement des différentes bases (matérialisé par les rectangles) où l'on constate la longueur constante de l'appariement.

- La création de liaisons hydrogènes :

  Les deux bases s'apparient grâce à des liaisons hydrogènes qui s'établissent vers le centre de l'hélice d'après les règles de complémentarité déjà énoncées (Fig. 3.4).

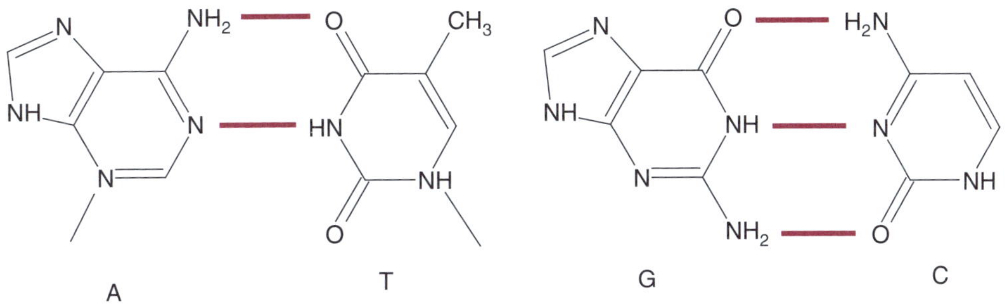

Figure 3.4 Établissement des liaisons hydrogènes entre bases complémentaires dans la double hélice d'ADN.
Les bases ont été orientées de telle manière que les liaisons hydrogènes soient plus faciles à représenter.

Le nombre de liaisons hydrogènes influe directement sur la stabilité de l'appariement, puisque pour rompre l'appariement A-T il faut une énergie de 21 kJ, alors qu'il faut 63 kJ pour rompre l'appariement G-C.

Dans la structure en double hélice, ces appariements vont constituer les barreaux de « l'échelle » d'ADN, alors que les montants seront constitués par le désoxyribose et l'acide phosphorique.

En fait, il existe deux conformations pour la liaison C-N reliant la base au désoxyribose, *syn* ou *anti* (Fig. 3.5). La conformation *anti* se rencontre dans l'ADN-A ou l'ADN-B pour la totalité des bases puriques ou pyrimidiques, la conformation *syn* se rencontre dans l'ADN-Z pour la guanine et *anti* pour la cytosine, avec une alternance *syn-anti*.

© Dunod – La photocopie non autorisée est un délit.

Liaisons entre les deux chaînes d'ADN

Les liaisons hydrogènes ne sont pas les seules présentes entre les bases ; on compte également des interactions de Van der Waals entre les cycles des deux bases appariées. Ceci se traduit par l'exposition des groupes les plus polaires chargés négativement vers l'extérieur de la double hélice (groupes phosphates, hydroxyles en 5′ et 3′ des désoxyriboses).

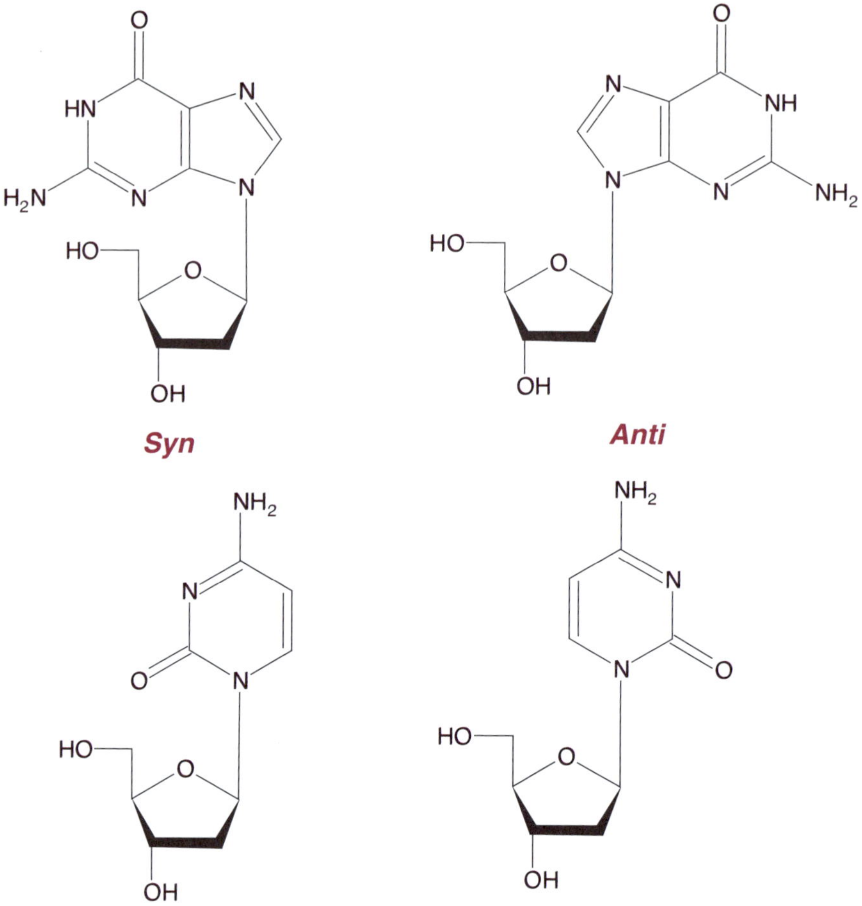

Figure 3.5 Conformations *syn* et *anti* avec comme exemple une base purique (guanine), puis une base pyrimidique (cytosine).

2.2. Chaînes antiparallèles

Les deux brins d'ADN sont parallèles, mais de sens opposés. L'un des brins est dans le sens $5' \rightarrow 3'$, l'autre dans le sens $3' \rightarrow 5'$ (Fig. 3.6). Nous verrons à de nombreuses reprises dans les chapitres suivants les conséquences qu'aura cet antiparallélisme des deux chaînes d'ADN sur les différents « processus » que subit l'ADN.

2.3. Chaînes hélicoïdales

L'ADN s'enroule suivant une double hélice droite (pas à droite) sous les formes A et B, et sous la forme d'une double hélice gauche pour l'ADN-Z.

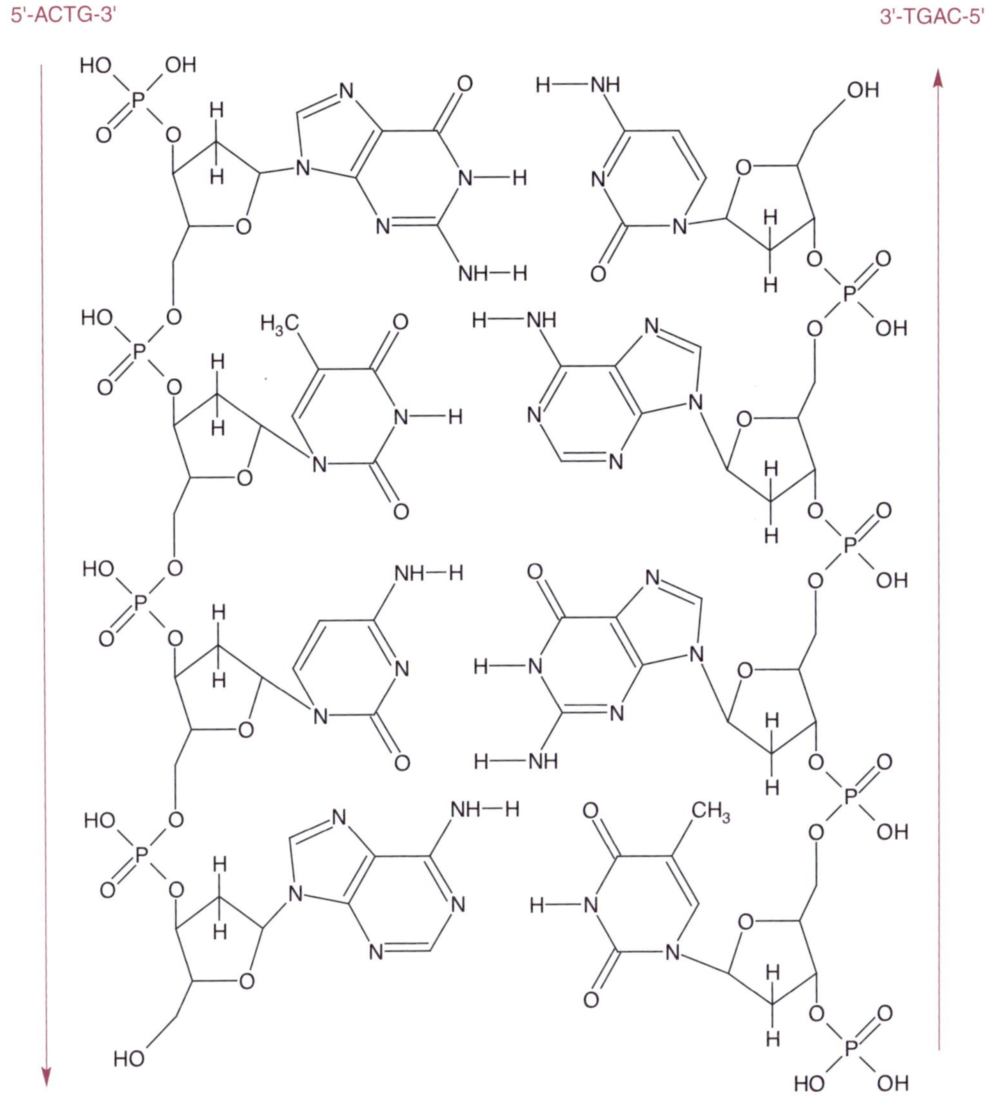

Figure 3.6 Représentation des deux chaînes antiparallèles de l'ADN pour une séquence de quatre paires de bases.

Cette dernière forme, découverte dans les années 1980, nécessite l'alternance régulière d'une base pyrimidique avec une base purique, alternance que l'on rencontre rarement *in vivo*, mais qui existe dans l'ADN humain. Cette conformation particulière de l'ADN semble cependant nettement favorisée si, en plus de l'alternance dont nous venons de parler, il existe des cytosines méthylées. Sachant que la méthylation des bases de l'ADN est un facteur régulateur de l'expression de ces gènes, on est en droit de penser que la forme en ADN-Z serait impliquée dans les processus de régulation (*cf. chap. 13, Régulation de la transcription*).

© Dunod – La photocopie non autorisée est un délit.

> **L'escalier du château de Chambord**
>
> On peut observer, notamment dans le domaine architectural, des formes en double hélice, comme celle de l'escalier du château de Chambord, qui permettent de mieux appréhender cette structure particulière. Cet escalier, conçu par Léonard de Vinci au XVIe siècle à la demande de François Ier, possède deux rampes qui semblent pourtant n'en former qu'une seule, et permet à deux personnes de l'emprunter en s'observant tout en ne se croisant jamais. On pense que cette conception permettait d'accueillir plus de courtisans dans le même espace.

La **forme B** de l'ADN est la plus fréquente, avec des petites modifications structurales pour les autres **formes A** et **Z**. Le tableau 3.1 fournit les principales données sur ces formes d'ADN.

Tableau 3.1 Comparaison des différentes formes d'ADN.

	ADN B	ADN A	ADN Z (zigzag)
Orientation	Droite	Droite	Gauche
Diamètre	20 Å	25,5 Å	18 Å
Distance entre les bases	3,4 Å	2,3 Å	3,8 Å
Pas	10 pb (34 Å)	11 pb (25 Å)	12 pb (46 Å)
Sillons	Un grand et un petit	Un grand sillon peu accessible et un petit large et peu profond	Un grand sillon très large, et un petit très étroit
Liaisons base/sucre	*Anti*	*Anti*	Puriques en *syn* Pyrimidiques en *anti* Alternance des deux conformations
Remarque	*In vivo*	*In vitro*	Rare *In vivo*

Remarque

On considère que pour un génome haploïde humain, l'ensemble des molécules d'ADN nucléaires a une longueur de l'ordre d'un mètre, soit environ 3 milliards de paires de base, réparties dans les 46 chromosomes.

La structure en double hélice permet de ménager deux sillons dans la double hélice d'ADN, un grand et un petit (Fig. 3.7) Le grand sillon permettra la fixation de facteurs régulateurs de transcription, tandis que le petit sillon permettra la liaison aux histones. L'ADN présentant vers l'extérieur des groupements chargés négativement, les interactions avec ces différentes molécules seront d'ordre électrostatique (attraction de charges de signes opposés). Nous verrons que ces différentes molécules pouvant se lier à l'ADN, vont en fait permettre la régulation de l'expression des gènes.

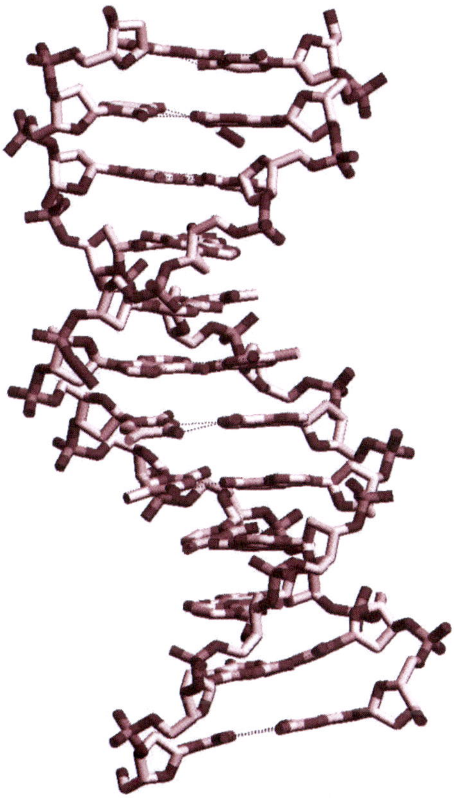

Figure 3.7 Modèle moléculaire de la double hélice d'ADN.
Apparaissent en position quasi horizontale les différentes bases appariées, et en beaucoup plus clair les deux chaînes polynucléotidiques.

© Dunod – La photocopie non autorisée est un délit.

Découverte de la structure de l'ADN

C'est en 1953 que Watson et Crick, alors chercheurs à l'université de Cambridge, publièrent dans la célèbre revue *Nature* leur découverte de la structure de l'ADN, ce qui leur valut le prix Nobel de médecine et de physiologie en 1962.

3. DIFFÉRENCES ENTRE ADN ET ARN

La plus grande différence entre ces molécules vient de la présence dans l'ARN de ribose et non de désoxyribose comme dans l'ADN. Il semblerait que ce choix soit dû à une plus grande stabilité chimique du désoxyribose par rapport au ribose, ce qui est primordial compte tenu de la plus grande importance de l'ADN par rapport à l'ARN (qui n'est qu'une copie en un grand nombre d'exemplaires de l'ADN).

On peut aussi se demander pourquoi l'ADN existe sous la forme d'une double hélice, alors que l'ARN correspond à une hélice simple.

On pense que cela permet une sauvegarde de l'information, car en cas de détérioration ou de mutation sur une chaîne, l'information est conservée sur l'autre. Quant à l'ARN, il est présent en un très grand nombre de copies, et une détérioration de ce dernier n'aura donc pas de conséquences pour l'organisme.

4. DÉNATURATION DE L'ADN

Comme nous l'avons déjà dit, les deux brins de l'hélice d'ADN sont reliés par des liaisons hydrogènes. Ces dernières, de faible énergie (quelques dizaines de kJ/mol), sont susceptibles d'être rompues par une simple élévation de la température du milieu extérieur. En effet, lorsque la température atteint environ 90-95 °C, les deux brins de l'ADN se séparent et on parle alors de **dénaturation de l'ADN**. À ces températures, les molécules du milieu possèdent une énergie d'agitation (en fait une énergie cinétique microscopique) qui leur permet la rupture des liaisons hydrogènes entre les deux brins d'ADN. Il faut cependant noter que cette dénaturation ne détruit absolument pas l'ADN, et donc l'information génétique qu'il contient. Il suffit de baisser la température pour que les brins séparés se réassocient et se lient de nouveau par complémentarité.

La température pour laquelle la moitié de l'ADN est dénaturé est appelée la **température critique *T*m**. On peut considérer en première approximation qu'elle est caractéristique d'un ADN, puisqu'elle va notamment dépendre du rapport d'appariements A-T et G-C. Étant donné que ces derniers sont plus énergétiques, ils augmenteront la valeur de *T*m. Cette valeur dépend de même de la longueur de l'ADN, de sa compaction…

> Certains auteurs parlent pour la température *T*m de température de fusion, ce qui est un terme impropre puisque l'ADN ne passe pas réellement de l'état solide à l'état liquide, même si sa dénaturation modifie quelque peu ses constantes physico-chimiques.

Il est possible d'évaluer la valeur de *T*m grâce à l'application d'une formule qui dépend de la taille du fragment d'ADN étudié :

- Fragment de taille inférieure à 15 nucléotides

$$Tm = (nA + nT) \times 2 + (nG + nC) \times 4$$

  où nA, nT, nG et nC représentent respectivement les nombres d'adénine, de thymine, de guanine et de cytosine.

- Fragment de taille supérieure

$$Tm = 81{,}5 + 16{,}6\ (\log 10[Na^+]) + 0{,}41\ [(G + C) / N] - (600 / N)$$

  où N est le nombre total de nucléotides et $[Na^+]$ la concentration en sodium.

Cette dénaturation n'est pas problématique car elle ne peut pas se produire *in vivo* dans la cellule, où les températures *T*m sont impossibles à atteindre dans la quasi-totalité des cas. Par contre, *in vitro*, cette dénaturation sera très utile pour différentes techniques telles que l'appariement avec des sondes dans le but du séquençage ou de l'amplification d'ADN (*cf. chap. 10, Techniques de la biologie moléculaire*). On ne peut en effet copier de l'ADN, aussi bien *in vitro* que *in vivo*, que si cet ADN est monocaténaire.

> ⚠ Il ne faut pas confondre la dénaturation de l'ADN, qui ne fait que séparer les deux brins de manière temporaire, et la dénaturation des protéines, qui détruit la chaîne peptidique de manière irréversible. Il suffira en effet pour l'ADN de diminuer la température pour que l'appariement se fasse de nouveau.

5. DOSAGE ET ÉTUDE DE L'ADN

Tout comme la plupart des molécules comportant un ou plusieurs noyaux aromatiques, l'ADN absorbe dans le domaine des ultraviolets. Cette propriété permet une étude de l'ADN en étudiant son absorbance à 260 nm.

Il est ainsi possible de connaître le degré de pureté de l'ADN, d'effectuer un dosage ou de déterminer le *T*m d'un fragment. En effet, lorsque l'ADN se dénature, il y a une augmentation de l'absorbance qui permet de déterminer le *T*m du fragment étudié.

Synthèse

Je sais définir

- Séquence de nucléotides ;
- Chaînes complémentaires ;
- Chaînes antiparallèles ;
- Conformations *syn* et *anti* ;
- Dénaturation de l'ADN ;
- La température critique Tm.

Je connais

- La complémentarité des bases entre elles et leur mode d'appariement ;
- Les conformations *syn* et *anti* des bases lors de leur liaison au sucre ;
- Les trois conformations spatiales des hélices de l'ADN ;
- L'intérêt et le principe de la dénaturation de l'ADN.

Je sais

- Expliquer les caractéristiques de la double hélice d'ADN ;
- Donner les principales différences entre les trois conformations A, B et Z de l'ADN.

Questions à choix multiples

1 Dans la double hélice d'ADN, la guanine est appariée à la cytosine. Parmi les groupes chimiques ou atomes suivants, quels sont ceux, provenant de la guanine, qui sont impliqués dans l'appariement avec la cytosine?

❒ **a.** NH_2 lié au carbone en 2.
❒ **b.** N en 3.
❒ **c.** NH en 1.
❒ **d.** C=O en 6.
❒ **e.** N en 7.

2 Parmi les propositions suivantes concernant la structure des acides nucléiques, laquelle (lesquelles) est (sont) vraie(s) ?

❒ **a.** Les acides nucléiques sont des chaînes polynucléotidiques orientées dans le sens $5' \rightarrow 3'$.
❒ **b.** Dans les acides nucléiques, les nucléotides sont unis entre eux par liaison phosphodiester entre l'hydroxyle en 3′ de l'ose du nucléotide n et l'hydroxyle en 2′ de l'ose du nucléotide n + 1.
❒ **c.** L'extrémité 5′ d'une chaîne polynucléotidique est terminée par un groupement phosphate.
❒ **d.** Chaque chaîne polynucléotidique est caractérisée par sa séquence primaire.
❒ **e.** Deux chaînes polynucléotidiques d'une molécule d'ADN sont associées de manière antiparallèle.

→

3 Écrire dans le sens 5′ → 3′, la séquence d'ADN complémentaire de la séquence suivante : GCGCTATAAT.

- ❒ **a.** ATTATAGCGC.
- ❒ **b.** ATTCTCGCGC.
- ❒ **c.** CGCGATATTA.
- ❒ **d.** TATAGCGCCG.
- ❒ **e.** GCCGCGATAT.

4 Parmi les caractéristiques suivantes de l'ADN B, relever la (les) proposition(s) exacte(s).

- ❒ **a.** Le pas de l'hélice est droit.
- ❒ **b.** L'ADN B est formé de 2 chaînes antiparallèles, chaque chaîne étant constituée d'un enchaînement de désoxyribonucléotides.
- ❒ **c.** Il y a 10 paires de bases par tour d'hélice.
- ❒ **d.** L'hélice se répète tous les 24 Å.
- ❒ **e.** Les bases puriques et pyrimidiques sont parallèles à l'axe de l'hélice.

5 Relever la (ou les) proposition(s) exacte(s) concernant l'ADN-B.

- ❒ **a.** Le petit sillon de l'ADN est reconnu préférentiellement par les protéines de régulation génique.
- ❒ **b.** L'hélice se répète toutes les 12 paires de bases, soit environ 34 Å.
- ❒ **c.** L'hélice se forme grâce à un appariement spécifique adénine-thymine ou guanine-cytosine.
- ❒ **d.** C'est la forme prépondérante de l'ADN dans les cellules.
- ❒ **e.** Une cellule humaine contient une seule molécule d'ADN.

6 Parmi les caractéristiques de l'ADN Z, laquelle (ou lesquelles) est (sont) exacte(s) ?

- ❒ **a.** La liaison glycosidique entre le désoxyribose et la base purique est en configuration *syn*.
- ❒ **b.** La guanine est appariée à la cytosine par trois liaisons hydrogènes.
- ❒ **c.** Le pas de l'hélice est gauche.
- ❒ **d.** Il y a 10 paires de bases par tour d'hélice.
- ❒ **e.** Une hélice Z peut se former quand la séquence nucléotidique alterne purine et pyrimidine.

7 Parmi les séquences suivantes, quelle est celle qui, appariée avec son brin complémentaire, peut former une structure en hélice Z ?

- ❒ **a.** GGCCGGGCCAAGTC.
- ❒ **b.** TATAATCACTACTA.
- ❒ **c.** TGAAGTATGTAACT.
- ❒ **d.** GCATGCGAATCGAC.
- ❒ **e.** TTTAAACCCGGGAA.
- ❒ **f.** GCGCGTGCACATAC.

→

© Dunod – La photocopie non autorisée est un délit.

8 Écrire dans le sens standard 5′→3′ la séquence d'ADN complémentaire de la séquence suivante : CGATCATATAAAGA.

- ❒ **a.** ATCGACGCGCCCTC.
- ❒ **b.** TCTTTATATCATGC.
- ❒ **c.** GCTAGTATATTTCT.
- ❒ **d.** CTCCCGCGCAGCTA.
- ❒ **e.** TCTTTATATGATCG.

9 Parmi les propositions suivantes relatives à la structure de l'ADN, laquelle (ou lesquelles) est (sont) exacte(s) ?

- ❒ **a.** L'ADN adopte une structure en double hélice pouvant exister sous trois variétés conformationnelles.
- ❒ **b.** Le diamètre de l'hélice B est d'environ 34 nm.
- ❒ **c.** L'ADN génomique est constitué de l'assemblage de deux chaînes polydésoxyribonucléiques antiparallèles.
- ❒ **d.** La liaison entre l'acide phosphorique et une base azotée (purine ou pyrimidine) crée un nucléoside.
- ❒ **e.** L'ADN contient de nombreuses charges positives.

10 Parmi les propositions suivantes, laquelle (ou lesquelles) est (sont) exacte(s) ?

- ❒ **a.** Dans l'ADN, il existe toujours autant d'adénine que de guanine.
- ❒ **b.** La dénaturation de l'ADN est réversible.
- ❒ **c.** Les zones riches en appariements AT permettent d'ouvrir plus facilement la double hélice d'ADN.
- ❒ **d.** Les groupes phosphates de l'ADN constituent la partie polaire, donc hydrophile, de la molécule.
- ❒ **e.** La forme A de l'ADN est plus courte et plus ramassée que l'ADN B.

Exercices

1 Dans la double hélice d'ADN, la guanine est appariée à la cytosine. Associez deux à deux les fonctions reliées entre elles par des liaisons hydrogènes.

Guanine :	(1) NH en 1	(2) NH_2 en 2	(3) CO en 6
Cytosine :	(a) CO en 2	(b) N en 3	(c) NH_2 en 4

2 Dans la double hélice d'ADN, l'adénine est appariée à la thymine. Associez deux à deux les fonctions reliées entre elles par des liaisons hydrogènes.

Adénine :	(1) azote en 1	(2) azote en 3	(3)NH_2 lié au carbone en 6
Thymine :	(a) C=O en 2	(b) NH en 3	(c) C=O en 4

→

3 Dans la double hélice d'ADN, la cytosine est appariée à sa base complémentaire par des liaisons hydrogènes. Localisez-les sur le schéma suivant :

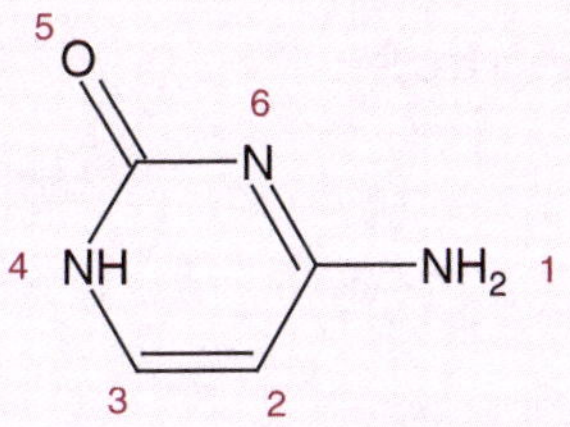

4 L'appariement représenté ci-contre est :
Adénine – Thymine.
Guanine – Cytosine.
Adénine – Pseudo-uridine.
Adénine (imine) – Cytosine.
Guanine - Thymine (forme énol).

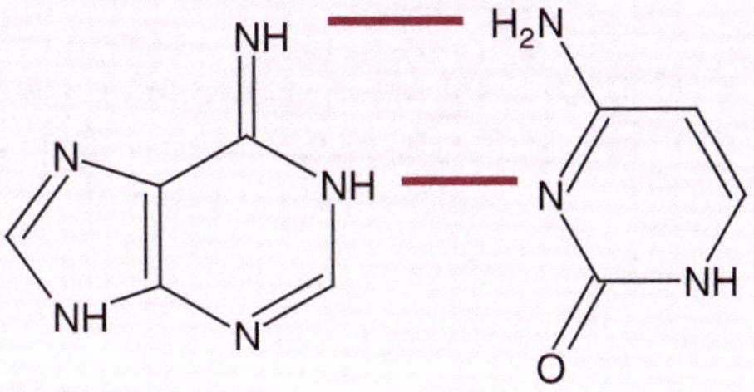

5 Dans la structure de la base présentée ci-dessous, précisez quels sont les atomes ou fonctions chimiques (indiqués par les numéros 1 à 6) impliqués dans son appariement avec sa base complémentaire dans l'ADN.

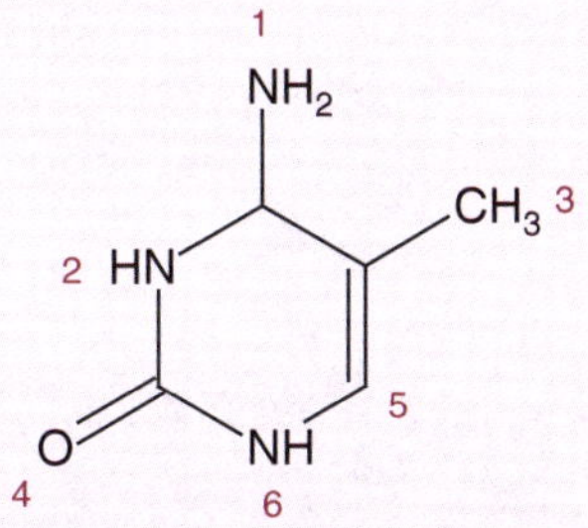

6 Parmi les atomes (ou fonctions chimiques) indiqués par des numéros de 1 à 6, quels sont ceux (ou celles) qui sont impliqués dans l'appariement de la base présentée ci-dessous avec sa base complémentaire dans l'ADN ?

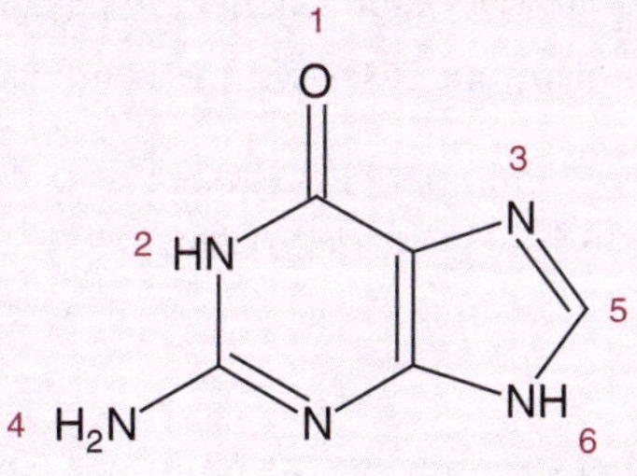

→

© Dunod – La photocopie non autorisée est un délit.

Corrigés

Questions à choix multiples

1 ☒ **a.**
☐ **b.**
☒ **c.**
☒ **d.**
☐ **e.**

2 ☒ **a.** Il s'agit du sens conventionnel de lecture des chaînes polypeptidiques.
☐ **b.** La liaison phosphodiester s'établit entre la fonction hydroxyle du carbone 3′ du nucléotide n et le résidu phosphorique du carbone 5′ du nucléotide n + 1.
☒ **c.**
☒ **d.** Il s'agit de l'agencement des différents nucléotides liés les uns aux autres.
☒ **e.** L'une dans le sens 5′ → 3′, et l'autre dans le sens 3′ → 5′.

3 ☒ **a.**
☐ **b.**
☐ **c.**
☐ **d.**
☐ **e.**

Ce type de question est classique et doit toujours se faire en prenant garde à écrire le brin complémentaire dans le sens 5′ → 3′, alors que l'on va d'abord le trouver dans le sens contraire. On écrit la séquence proposée dans la question qui est donc dans le sens conventionnel 5′ → 3′, puis on place en vis à vis la séquence complémentaire qui est donc écrite dans le sens 3′ → 5′. Il ne reste plus qu'à inverser cette chaîne complémentaire dans le sens 5′ → 3′.

La séquence complémentaire est donc ici la première proposée, soit ATTA-TAGCGC.

> ⚠ Nous avons déjà dit que le sens de l'écriture d'une chaîne nucléotidique est l'un des pièges les plus classiques de la biologie moléculaire. En voici ici un exemple flagrant.

4 ☒ **a.**
☒ **b.** Cette proposition est d'ailleurs vraie pour tous les types d'ADN.
☒ **c.**
☐ **d.** 24 Å correspond au diamètre de l'hélice, le pas étant lui de 34 Å.
☐ **e.** Dans les ADN, les plans des bases sont perpendiculaires à l'axe de l'hélice.

5 ☐ **a.** Le petit sillon est reconnu par les histones.
☐ **b.** La répétition est bien de 34 Å, mais pour 10 pb.
☒ **c.**
☒ **d.**
☐ **e.** Il ne faut pas oublier que chaque chromosome représente une molécule d'ADN.

6 ☒ **a.** Alors que dans les autres formes d'ADN, cette liaison est en *anti*.
☒ **b.**
☒ **c.** C'est la seule forme de l'ADN avec une hélice à pas gauche.
❒ **d.** C'est 12 pb et non 10 pb par tour d'hélice.
☒ **e.** Cette alternance permet également l'alternance de conformation *anti* et *syn*, ce qui donne à cette forme d'ADN une structure en zigzag, d'où son nom d'ADN-Z.

7 ❒ **a.** ❒ **d.**
❒ **b.** ❒ **e.**
❒ **c.** ☒ **f.**
Il faut donc trouver une séquence qui alterne régulièrement bases puriques et pyrimidiques. La dernière proposition correspond à ce type de structure.

8 ❒ **a.** Nous avons déjà rappelé la méthode de traitement de ce type de question ; la
❒ **b.** séquence complémentaire de celle annoncée est donc la dernière.
❒ **c.**
❒ **d.**
☒ **e.**

9 ☒ **a.** Il s'agit des ADN-A, ADN-B et ADN-Z.
❒ **b.** La distance entre les bases est d'environ 34 Å, mais le diamètre de l'hélice est de l'ordre de 20 Å, de plus, l'unité n'est pas bonne.
☒ **c.**
❒ **d.** Un nucléoside correspond à la liaison entre une base azotée et un sucre.
❒ **e.** La présence des groupements phosphates apporte au contraire de nombreuses charges négatives.

10 ❒ **a.** Ce sont les rapports A/T et G/C qui valent 1.
☒ **b.** Il suffit de refroidir l'ADN pour que les deux brins s'apparient de nouveau.
☒ **c.** Puisque cet appariement est moins énergétique.
☒ **d.** Les bases constituant la partie centrale étant la zone hydrophobe de la molécule d'ADN.
☒ **e.**

Exercices

1 Les règles d'appariement donnent les combinaisons suivantes 1b ; 2a ; 3c.

2 Les règles d'appariement permettent là encore de trouver les bonnes combinaisons : 1b et 3c.

3 Ce sont les positions 1, 5 et 6 qui sont impliquées dans la création des trois liaisons hydrogène avec la guanine.

4 On remarque dans cette structure de l'adénine sous forme imino, et de la cytosine sous forme amino (4e proposition). Cette question est donc problématique car cet

© Dunod – La photocopie non autorisée est un délit.

appariement, correct d'un point de vue structurel, est totalement incorrect d'un point de vue physiologique car ces deux bases ne peuvent s'apparier dans la cellule.

> Si l'intitulé de la question avait demandé d'étudier cet appariement au sein de l'ADN, la réponse aurait été évidemment fausse, puisque cet appariement n'y existe pas.

5 Cette base correspond à une base pyrimidique et les fonctions impliquées dans l'appariement portent ici les numéros 1, 2 et 4 qui évidemment ne correspondent pas forcément à la numérotation internationale du cycle.

6 Il s'agit cette fois d'une base purique, qui lors de ses appariements, engage les atomes annotés ici 1, 2 et 4.

Partie 2

Le génome humain

Organisation du génome

4

Plan

Cours

1. L'ADN des différents êtres vivants
2. L'ADN procaryotique
3. Le génome humain :
   - L'ADN mitochondrial ou ADNm
   - L'ADN nucléaire
   - Les éléments génétiques mobiles
   - Les séquences répétitives dispersées

Synthèse

QCM et exercice

Corrigés des QCM et de l'exercice

Objectifs

- Savoir qu'il existe de grandes différences, mais également des similitudes, entre ADN d'espèces différentes
- Différencier les deux types d'ADN humain : nucléaire et mitochondrial
- Connaître les différentes séquences répétitives et mobiles du génome humain

Cours

L'ADN s'organise dans le noyau des Eucaryotes avec des protéines (histoniques ou non histoniques) pour former la **chromatine**, substance chimique qui constitue les chromosomes, alors que ces protéines n'existent pas chez les Procaryotes.

> ⚠ N'oubliez pas qu'il n'y a pas d'histones dans l'ADN des Procaryotes.

Cette complexité de l'organisation répond à différents critères, tant organisationnels que fonctionnels, et ce quelle que soit l'espèce :

- L'ADN doit être compacté, puisqu'il s'agit chez l'Homme de faire tenir une fibre d'environ un mètre de longueur dans un noyau d'environ 6 µm de diamètre.
- L'ADN doit être protégé de l'attaque de certaines enzymes.
- L'ADN doit être conservé, c'est-à-dire être copié avec un minimum d'erreurs d'une cellule mère à une cellule fille.

Avant d'étudier la structure fine de la chromatine chez les Eucaryotes, nous étudierons les différents ADN existants (notamment procaryotiques) et quelques séquences d'ADN particulières.

1. L'ADN DES DIFFÉRENTS ÊTRES VIVANTS

Il ne faudrait pas croire que l'Homme possède l'ADN le plus long, ou celui possédant le plus de gènes du vivant. On connaît ainsi des espèces végétales possédant près du double de gènes d'un être humain, ou d'autres possédant près de trente fois plus d'ADN que l'Homme.

On constate donc qu'il ne peut y avoir de rapport entre la taille de l'ADN et la complexité de l'organisme qui le contient.

Les différences d'une espèce à l'autre sont les suivantes :

- Le nombre de molécules : un Procaryote ne contient qu'une seule molécule d'ADN, alors qu'il y en a plusieurs chez les Eucaryotes (une molécule par chromosome, soit 46 chez l'Homme).
- La forme : circulaire ou linéaire.
- La taille : de quelques milliers de paires de bases (pb) chez les virus à plusieurs milliards chez l'Homme.
- La localisation : l'ADN peut être séparé du cytoplasme par une membrane ou non, être nucléaire ou extra-nucléaire. L'Homme possède ainsi deux génomes, l'un nucléaire d'environ 3 milliards de pb et 25 000 gènes, l'autre mitochondrial d'environ 16 000 pb et 37 gènes ; l'autre particularité de cet ADN est d'être circulaire.
- La séquence des bases : ce sont ces séquences qui vont jouer un rôle biologique majeur, puisqu'elles induiront des messages différents.

Les tableaux 4.1 et 4.2 donnent pour différentes espèces la taille de leur ADN, ainsi que le nombre de gènes.

> ⚠ Il semble peu probable que le professeur vous demande de connaître la totalité des génomes des différentes espèces, mais il peut vous orienter vers les points qui lui paraissent importants, donc ceux susceptibles de questions lors de l'examen.

Tableau 4.1 Caractéristiques des ADN de différentes espèces animales et végétales.

Espèce	Taille en mégabase	Nombre de gènes
Bactérie – *Escherichia coli*	4,6	4 500
Champignon – *Saccharomyces*	16	6 200
Insecte – *Drosophile*	170	15 000
Plante – *Arabidopsis*	140	25 000
Souris – *Mus musculus*	2 500	30 000
Homme	3 000	25 000 à 30 000

Tableau 4.2 Diagramme représentant la variation des tailles des génomes des êtres vivants. (Échelle donnée en paires de bases.)
Avec l'aimable autorisation de J.-C. Callen, « Biologie cellulaire », Dunod, 2005.

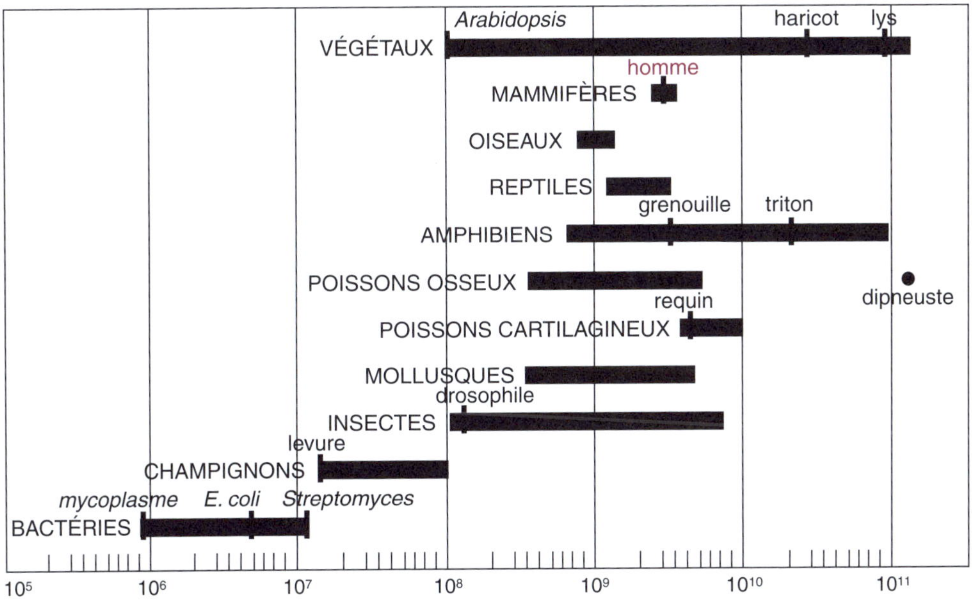

2. L'ADN PROCARYOTIQUE

L'ADN des Procaryotes est circulaire (c'est-à-dire sans extrémité 5′ ni 3′), en un seul exemplaire, ce qui signifie donc qu'il n'y a qu'un seul chromosome, et sa localisation est cytoplasmique.

On trouve cependant, en plus de cet ADN, des structures particulières appelées plasmides qui ont la faculté de se répliquer indépendamment du chromosome

© Dunod – La photocopie non autorisée est un délit.

principal. Nous verrons leur rôle très important dans le clonage cellulaire *(cf. chap. 10, Techniques de la biologie moléculaire)*.

3. LE GÉNOME HUMAIN

3.1. L'ADN mitochondrial ou ADNm

Les mitochondries sont des organites du cytoplasme contenant les protéines de la chaîne respiratoire impliquées lors de la synthèse de l'ATP.

Ces mitochondries possèdent leur propre génome, ainsi que leur propre machinerie pour synthétiser des protéines.

Leur ADN possède les particularités suivantes :

- double brin ;
- circulaire ;
- 16 569 pb et 37 gènes ;
- le code génétique de cet ADN est légèrement différent de celui de l'ADN nucléaire ;
- l'ADNm provient uniquement de l'ADNm de la mère, puisque son origine est cytoplasmique. Il existe ainsi des maladies d'origine mitochondriales transmises uniquement par la mère.

Origine du génome mitochondrial

L'une des causes les plus communément admise pour expliquer la présence de ce génome humain mitochondrial serait l'incorporation, il y a très longtemps, d'un ADN procaryotique (bactérie ou autre) par un ancêtre de nos cellules. Celui-ci aurait alors subi au cours du temps des évolutions lui donnant sa structure actuelle.

N'oubliez pas les particularités de cet ADN lors des questions sur l'ADN humain. Si la question parle de l'ADN nucléaire, n'incluez pas cet ADN mitochondrial ; si au contraire la question parle de l'ADN humain en général, faites intervenir cet ADN mitochondrial.

3.2. L'ADN nucléaire

Cet ADN est donc réparti en 46 chromosomes, contenant au total 3 000 Mb (de 280 Mb pour le chromosome 1 à 45 Mb pour les chromosomes 21-22), linéaire, et associé à des protéines pour former la chromatine (Fig. 4.1). Cette chromatine peut être dans deux états :

- Euchromatine : chromatine relâchée, donc accessible et donc fonctionnelle (environ 2 800 Mb, soit 93 % du génome).

- Hétérochromatine : chromatine condensée, donc inaccessible et inactive (environ 200 Mb, soit 7 % du génome).

Taille des gènes

La taille des gènes est très variable, d'une longueur moyenne de 30 kb.

On considère que le plus petit gène humain (gène codant les ARNt) est de l'ordre de 100 pb, alors que le plus grand est celui de la dystrophine de l'ordre de 2 400 kb.

Il faut toutefois remarquer qu'il n'y a pas de corrélation entre la taille du gène et la taille de la protéine qu'il code. La titine est ainsi la plus grande protéine humaine (plus de 38 000 AA), et le gène qui la code a une taille d'environ 280 kb.

L'une des causes de ce phénomène est liée à l'organisation des gènes en mosaïque. Les gènes sont en effet formés de séquences contenant un message génétique (les exons) et de séquences non codantes (les introns). Le nombre et la taille des introns sont très souvent majoritaires par rapport aux exons, ce qui explique que la taille totale du gène ne soit pas liée à la quantité de message génétique qu'il contient.

30 % du génome correspond à des gènes (d'une longueur moyenne de 30 kb), 50 % à des séquences intergéniques qui sont des séquences répétitives non codantes et/ou mobiles, le reste se répartissant notamment en zones de régulation.

Sur l'ensemble des gènes, 90 % codent pour des protéines et 10 % pour des ARN.

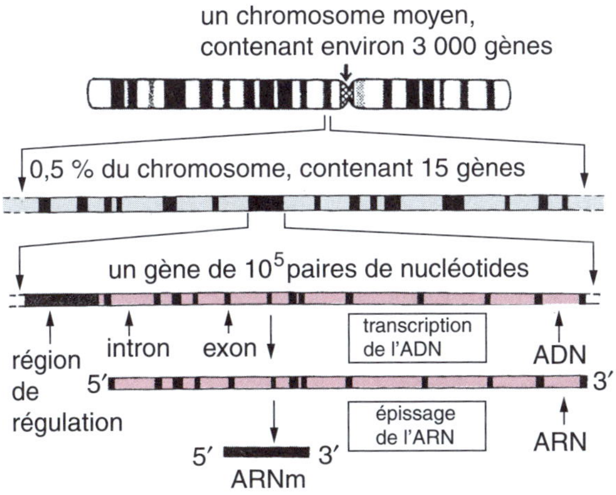

Figure 4.1 Organisation d'un segment de chromosome eucaryotique typique.

Cette figure montre que la quantité d'ADN informatif est, en raison de la longueur des séquences intergéniques et des introns, très peu importante par rapport à sa longueur totale.

L'exemple choisi est celui du chromosome X humain, dont la taille représente environ $1,5 \cdot 10^8$ paires de nucléotides ; les 15 gènes représentés et leur organisation sont théoriques.

Avec l'aimable autorisation de J.-C. Callen, « Biologie cellulaire », Dunod, 2005.

© Dunod – La photocopie non autorisée est un délit.

Remarque

Sachant que seulement 5 % de la séquence d'un gène est codante, notamment à cause du phénomène de maturation des gènes, on constate que seul 1,5 % du génome humain est traduit en polypeptide.

Ces différents pourcentages sont des sources d'erreurs, donc de pièges très fréquents. Il suffit en effet de mélanger les différentes données pour modifier les pourcentages, ou d'utiliser des pourcentages « connus » mais pour des aspects qui ne sont pas les mêmes.

On pourra par exemple dire que 30 % du génome est codant (ce qui est faux), ou encore que 1,5 % des gènes sont codant (ce qui est encore faux).

3.3. Éléments génétiques mobiles

Ils représentent environ 35 % du génome, principalement sous forme de rétroposons.

Les transposons

Il s'agit de séquences répétitives d'ADN qui peuvent se déplacer d'un site à l'autre de l'ADN.

Ces séquences s'insèrent par une excision de l'ADN cible, puis les trous restants sont comblés par une DNA polymérase + ligase. Cette insertion peut évidemment se faire dans un gène, ce qui inactive ce gène, ou au contraire atterrir sur une zone régulatrice de ce gène et l'activer.

Remarque

Ces éléments mobiles ont été mis en évidence dès les années 1940 par Barbara McClintock. On a ensuite découvert qu'ils étaient non seulement capables de se déplacer sur un même chromosome, mais également de « sauter » d'un chromosome à un autre.

Des exemples de transposons sont connus sous les noms des familles ERV ou MER.

Les rétroposons (ou rétrotransposons)

Ces insertions d'ADN se font par le passage intermédiaire sous forme ARN (étapes de transcription et de rétrotranscription) grâce à une transcriptase inverse. Nous verrons plus loin que deux types de séquences (SINE et LINE) les constituent. On pense que certaines de ces séquences proviennent de rétrovirus (virus à ARN) qui auraient infecté des cellules, et intégré une partie de leur patrimoine génétique dans celui de la cellule « hôte ».

Toutes les séquences rétroposons contiennent une petite séquence appelée ORF *(Open Reading Frame)* qui code une transcriptase inverse indispensable au déplacement de ce rétroposon.

Le rôle de toutes ces séquences n'est pas connu malgré leur très grand nombre (plusieurs milliers de sites concernés), mais on pense qu'elles ont joué un rôle important dans l'évolution des gènes en permettant d'acquérir de nouvelles séquences ou en réarrangeant des séquences existantes.

> Une erreur classique est de penser que les rétroposons sont des séquences d'ARN, ce qui est impossible, puisque cela reviendrait à dire que l'ADN contiendrait des séquences d'ARN.

- Séquences SINE et LINE

  Ce sont des séquences dispersées et moyennement répétitives. On distingue les séquences LINE *(Long Interspersed Elements)* qui sont des longues séquences intercalées de 5 000 à 7 000 pb, et les séquences SINE *(Short Interspersed Elements)* qui sont des courtes séquences intercalées de 100 à 300 pb.

  Ces séquences dérivent pour les LINE de l'ARN polymérase II, et pour les SINE de l'ARN polymérase III. On peut donc considérer que ces séquences font partie des rétroposons.

  Pour les séquences LINE, on connaît bien les séquences L1 (apparentées à l'élément L1 des primates) ou KpnI, et pour les séquences SINE, il s'agit surtout des séquences Alu des primates (ainsi nommées car elles possèdent souvent un site de restriction pour l'enzyme *AluI*) ou MIR.

3.4. Séquences répétitives dispersées

Ces séquences se trouvent dispersées dans le génome humain, mais toujours positionnées aux mêmes endroits du génome, et ne sont pas des répétitions exactes. Il en existe plusieurs classes.

- ADNs ou satellite

  Ce sont des séquences hautement répétitives (répétition de 5 à 200 pb) qui forment des blocs de 100 à 5 000 kpb, situées dans la région des **centromères** (régions formées d'hétérochromatine condensée). Ces séquences sont groupées et se suivent en tandem, c'est-à-dire que l'extrémité 3′ d'une séquence et suivie par l'extrémité 5′ d'une même autre séquence, ce qui permet leur alignement sur un même brin.

  Leur rôle est de permettre la fixation de très nombreuses protéines nécessaires à la phase de mitose.

> Remarque
>
> On connaît différentes formes d'ADN satellite : α, β, 1, 2 ou 3.

© Dunod – La photocopie non autorisée est un délit.

- ADN minisatellite ou VNTR (*Variable Number of Tandem Repeats*).

  Ces courtes séquences (répétition de 6 à 64 pb) sont hautement répétitives (de 100 à 20 000 pb au total), et se trouvent situées sur les extrémités des chromosomes, les **télomères,** ou à proximité. Elles sont également groupées en tandem.

Police scientifique

La très grande variabilité de certaines de ces séquences, d'un individu à l'autre, explique leur utilisation pour réaliser des empreintes d'ADN spécifiques des individus, comme c'est le cas pour la police scientifique. La probabilité pour que deux individus différents possèdent les mêmes séquences est, en effet, si faible qu'elle est reconnue comme preuve par la justice.

On distingue notamment dans ces séquences VNTR une répétition de six pb (TTAGGG chez l'Homme) qui protègent les extrémités des chromosomes (riches en gènes) des dégradations ou des pertes. L'ADN télomérique est ainsi protégé des attaques des nucléases. C'est une enzyme spécifique, la télomérase, qui ajoute ces séquences à l'extrémité des chromosomes (*cf. chap. 7, La réplication de l'ADN*).

Vieillissement

On constate que la taille de ces alignements télomériques diminue avec le vieillissement cellulaire au fur et à mesure des divisions, ce qui contribuerait au mécanisme moléculaire de vieillissement des espèces. En effet, les zones télomériques protégeant l'ADN, une diminution de la taille de ces zones rend l'ADN plus sensible aux attaques enzymatiques.

- ADN microsatellite ou SSR *(Simple Sequence Repeats)*

  Il s'agit de blocs très courts (2 à 6 nucléotides) répétés de 5 à 50 fois, le plus souvent des dinucléotides CA et AT. Leur rôle physiologique n'est pas encore connu, bien qu'elles représentent près de 1 % du génome humain. On les trouve surtout dans les régions intergéniques.

⚠ Il faut que vous soyez capables de donner trois grandes caractéristiques des différents types d'éléments mobiles : la taille de l'élément répété, le nombre de répétitions et enfin la taille globale représentée par l'ensemble des répétitions.

Synthèse

Je sais définir
- Génome ;
- Transposons et rétrotransposons ;
- Euchromatine et hétérochromatine ;
- ADN satellite, minisatellite et microsatellite ;
- Centromères et télomères.

Je connais
- Les caractéristiques générales du génome humain ;
- Les différences entre l'ADN mitochondrial et l'ADN nucléaire ;
- Les différentes séquences répétées mobiles de l'ADN ;
- Les différentes séquences répétées et dispersées.

Je sais
- Comparer les caractéristiques du génome de différentes espèces avec celui de l'homme ;
- Identifier les ADN satellites, ministallites et microsatellites.

Questions à choix multiples

1 La chromatine du noyau de la cellule eucaryote contient de l'ADN sous forme :

- ❒ **a.** Linéaire, bicaténaire de forme Z.
- ❒ **b.** Circulaire, bicaténaire.
- ❒ **c.** Linéaire, monocaténaire.
- ❒ **d.** Linéaire, bicaténaire, superenroulé.
- ❒ **e.** Linéaire, bicaténaire associé à des histones en nucléosomes.

2 Concernant le génome humain, indiquez les propositions vraies :

- ❒ **a.** Le génome humain est double, ce qui explique la présence de paires de chromosomes.
- ❒ **b.** Une partie du génome est sous forme circulaire.
- ❒ **c.** Sa taille est la plus grande parmi toutes les espèces.
- ❒ **d.** 1 à 2 % du génome correspond à des gènes.
- ❒ **e.** La plus grande partie correspond à des séquences répétitives.

3 Concernant les séquences répétitives, indiquez la (les) proposition(s) exacte(s).

- ❒ **a.** Une séquence d'environ 100 pb répétée et dispersée dans le génome peut correspondre à une séquence de type Alu.
- ❒ **b.** Une séquence de 20 pb répétée en tandem plus de 200 fois peut être trouvée près des télomères.

→

© Dunod – La photocopie non autorisée est un délit.

❒ **c.** La séquence précédente peut être utilisée pour l'identification génétique d'un individu.

❒ **d.** Les séquences TTAGGG sont des séquences répétées, groupées en tandem, et protégeant les centromères des attaques enzymatiques.

❒ **e.** Les séquences SINE et LINE peuvent être considérées comme des rétroposons.

4 Parmi les propositions suivantes, indiquez celle(s) qui est (sont) vraie(s) :

❒ **a.** Le génome humain contient 16 600 millions de paires de bases pour 25 000 gènes.

❒ **b.** Les gènes représentent une longueur totale de plus de 1 400 millions de paires de bases, soit 50 % du génome.

❒ **c.** Un gène a une longueur moyenne de 27 000 paires de bases.

❒ **d.** Tous les gènes codent des polypeptides.

❒ **e.** Le génome humain n'est constitué que d'ADN répétitif formé de séquences fixes.

5 Parmi les propositions suivantes, indiquez celle(s) qui est (sont) vraie(s) :

❒ **a.** L'ADN répétitif non codant correspond à des séquences en tandem sur les deux brins d'ADN.

❒ **b.** L'ADN satellite représente environ 10 % du génome. Il est localisé essentiellement au niveau des centromères.

❒ **c.** L'ADN satellite est transcrit.

❒ **d.** L'ADN satellite se trouve souvent sous forme d'hétérochromatine.

❒ **e.** L'ADN satellite joue un rôle dans la fixation des protéines impliquées dans la mitose.

6 Parmi les propositions suivantes, indiquez celle(s) qui est (sont) vraie(s).

❒ **a.** L'ADN satellite est formé de séquences de 5 à 200 pb réparties sur une longueur de 100 à 5 000 kpb.

❒ **b.** L'ADN minisatellite est localisé près des centromères.

❒ **c.** L'ADN minisatellite télomérique est formé de blocs de 6 nucléotides ajoutés à l'extrémité des chromosomes par la centromérase.

❒ **d.** L'ADN microsatellite représente environ 1 % du génome.

❒ **e.** L'ADN microsatellite est formé de motifs de 2 à 6 kpb répétés de 5 à 50 fois.

7 Parmi les propositions suivantes, indiquez celle(s) qui est (sont) vraie(s).

❒ **a.** L'ADN microsatellite est formé de blocs de répétition (CA)n ou (AT)n.

❒ **b.** Les éléments répétés mobiles constituent environ 35 % du génome humain.

❒ **c.** Des éléments dispersés ont la faculté de se déplacer dans le génome.

❒ **d.** Les rétroposons sont des séquences d'ARN insérées dans tout le génome.

❒ **e.** La famille SINE possède quelques centaines de pb (100 à 300).

→

8 Parmi les propositions suivantes, indiquez celle(s) qui est (sont) vraie(s).

❒ **a.** La séquence Alu est une séquence SINE de 300 pb.
❒ **b.** L'insertion d'une séquence LINE dans un gène codant peut inactiver ce gène.
❒ **c.** Les transposons sont des séquences capables de migrer dans le génome grâce à un mécanisme d'excision-réinsertion.
❒ **d.** Les familles ERV et MER sont des transposons.
❒ **e.** Les séquences LINE représentent environ 18 % du génome.

9 Parmi les propositions suivantes concernant le génome humain, laquelle (lesquelles) est (sont) exacte(s) ?

❒ **a.** L'ADN du génome humain est constitué d'une partie fonctionnelle, l'hétérochromatine, et d'une partie inactive, l'euchromatine.
❒ **b.** Les gènes représentent environ 1,5 % du génome.
❒ **c.** La densité en gènes du génome humain est inférieure à celle du génome d'*E. coli*.
❒ **d.** La taille moyenne d'un gène humain nucléaire est de l'ordre de 30 mégabases.
❒ **e.** Le génome humain nucléaire contient environ 25 000 gènes, alors que le génome humain mitochondrial contient 370 gènes.

10 À propos de l'ADN non génique humain, laquelle (lesquelles) de ces propositions est (sont) exacte(s) ?

❒ **a.** L'ADN microsatellite est surtout réparti dans les régions intergéniques.
❒ **b.** L'ADN minisatellite hypervariable est localisé le plus souvent près des télomères.
❒ **c.** L'ADN satellite est surtout localisé au niveau de l'hétérochromatine centromérique.
❒ **d.** Les séquences SINE et LINE appartiennent à la famille des rétroposons.
❒ **e.** Les ADN-transposons proviennent de séquences d'ADNc dispersées dans le génome humain.

11 Parmi les propositions suivantes relatives au génome humain, laquelle (ou lesquelles) est (sont) exacte(s) ?

❒ **a.** Il contient plus d'un million de gènes.
❒ **b.** Tous les gènes humains codent des protéines.
❒ **c.** L'ADN intergénique représente moins de 10 % du génome.
❒ **d.** L'exon représente une partie de la séquence d'un gène qui ne sera pas transcrite ni traduite.
❒ **e.** Le génome nucléaire est porté par la molécule d'ADN.

12 Parmi les propositions suivantes relatives à l'organisation d'un gène humain, laquelle (ou lesquelles) est (sont) exacte(s) ?

❒ **a.** Il est organisé en mosaïque.
❒ **b.** Il contient des introns du côté 5′.
❒ **c.** Leurs introns ont une taille toujours plus courte que celle des exons.
❒ **d.** Leur taille moyenne est d'environ 10 Mégabase.
❒ **e.** Leur nombre est identique à celui des protéines.

→

13 Parmi les propositions suivantes, laquelle (ou lesquelles) est (sont) exacte(s) ?

- ❒ **a.** L'ADN génomique humain est triploïde.
- ❒ **B.** L'ADN mitochondrial contient 16 600 gènes.
- ❒ **c.** Les rétrotransposons utilisent un mécanisme de recopiage nécessitant un intermédiaire « ARN ».
- ❒ **d.** Le centromère contient de l'ADN satellite.
- ❒ **e.** La taille de tous les gènes humains est identique.

Exercice

1 Citer le nom d'une séquence répétitive trouvée dans le génome humain.

Corrigés

Questions à choix multiples

1
- ❒ **a.**
- ❒ **b.**
- ❒ **c.**
- ☒ **d.**
- ☒ **e.**

Cet ADN est linéaire (celui des mitochondries est circulaire), bicaténaire (deux chaînes antiparallèles), superenroulé (nucléosome, fibre de 30 nm…), associé à des histones pour former le premier degré de compaction de l'ADN. Les deux dernières propositions sont donc exactes.

> ⚠ La question était sans ambiguïté puisque l'énoncé demandait de ne s'intéresser qu'à l'ADN nucléaire.

2
- ❒ **a.** Si le génome humain est double, c'est parce qu'il y a un génome nucléaire et un autre mitochondrial.

> ⚠ On pourrait également penser que le terme de « double » s'applique aux chromatides… mais il n'y a pas moyen de le savoir exactement à la lecture de l'énoncé.

- ☒ **b.** L'ADN nucléaire est linéaire, mais le mitochondrial est circulaire.
- ❒ **c.**
- ❒ **d.** Environ 30 % du génome correspond à des gènes, mais seul 1 à 2 % du génome sont traduits en polypeptides.
- ☒ **e.**

3 ☒ **a.** Une séquence SINE est une courte séquence moyennement répétitive et dispersée dans le génome.

☒ **b.** Il s'agit d'un ADN minisatellite.

☒ **c.** Ces séquences étant extrêmement variables d'un individu à l'autre peuvent servir de marquage.

❒ **d.** Toute la proposition est correcte sauf que cette protection se fait aux extrémités des chromosomes, c'est-à-dire des télomères.

☒ **e.**

4 ❒ **a.** Le génome humain contient bien environ 25 000 gènes, mais 3 000 millions de paires de bases ; il y a amalgame avec les 16 600 paires de bases de l'ADN mitochondrial humain.

❒ **b.** Les gènes ne représentent que 30 % du génome humain.

☒ **c.**

❒ **d.** Certains gènes ne codent pas de peptides, comme par exemple ceux codant pour les différents ARN.

❒ **e.** Les séquences répétitives représentent environ 50 % du génome humain et, de plus, certaines sont mobiles (transposons et rétroposons).

5 ❒ **a.** Les séquences en tandem sont situées les unes après les autres sur le même brin.

☒ **b.**

❒ **c.** L'ADN satellite ne correspond pas à des zones actives de l'ADN, donc ne sont pas transcrites.

☒ **d.** Cet ADN n'ayant pas à être transcrit, il est sous la forme de chromatine condensée.

☒ **e.**

6 ☒ **a.**

❒ **b.** Cet ADN est situé près ou dans les télomères.

❒ **c.** C'est bien évidemment la télomérase qui ajoute ces séquences de 6 nucléotides dans les télomères.

☒ **d.**

❒ **e.** Les blocs sont constitués de 2 à 6 pb, pas kpb.

7 ☒ **a.**

☒ **b.** Ce sont les transposons et les rétroposons.

☒ **c.**

❒ **d.** Il s'agit de séquences d'ADN, mais qui ont été à un moment dans une forme temporaire d'ARN.

☒ **e.**

8 ☒ **a.**

☒ **b.**

☒ **c.**

☒ **d.**

☒ **e.**

© Dunod – La photocopie non autorisée est un délit.

9 ❒ **a.** C'est le contraire, la partie fonctionnelle est la chromatine décondensée ou euchromatine, la partie non fonctionnelle est la chromatine condensée ou hétérochromatine.

❒ **b.** Les gènes représentent environ 30 % du génome (seul 1,5 % du génome est traduit en peptides).

☒ **c.**

❒ **d.** La taille est de l'ordre de 30 kb.

❒ **e.** Il y a bien environ 25 000 gènes pour le génome nucléaire, mais seulement 37 pour le génome mitochondrial.

10 ☒ **a.**

☒ **b.**

☒ **c.**

☒ **d.** Puisque ces séquences dérivent de l'ARN polymérase.

❒ **e.**

11 ❒ **a.** Environ 25 000 gènes.

❒ **b.** Par exemple les gènes codant les ARN autres que les ARNm(environ 10 %) ne seront pas traduits en protéines.

❒ **c.** Il représente environ 50 % du génome.

❒ **d.** L'exon sera transcrit et éventuellement traduit si le gène code une protéine.

☒ **e.**

12 ☒ **a.** Exons et introns.

❒ **b.** Les introns sont situés entre les exons dans l'ensemble du gène.

❒ **c.** C'est le contraire.

❒ **d.** Environ 30 kb.

☒ **e.** Il n'y a pas de lien entre le nombre de gènes et le nombre de protéines puisque tous les gènes ne codent pas pour des protéines.

13 ❒ **a.** Il est diploïde.

❒ **b.** Seulement 37 gènes et environ 16 600 pb.

☒ **c.**

☒ **d.**

❒ **e.** Elle est très variable d'un gène à l'autre.

Exercice

1 La séquence Alu par exemple.

Structure tridimensionnelle et composition de la chromatine

5

Plan

Objectifs

- Connaître les différents niveaux de compaction de l'ADN
- Étudier les protéines histones et connaître les modifications chimiques qu'elles peuvent subir
- Faire le lien entre les modifications chimiques et la compaction de l'ADN

Cours

Sachant qu'un chromosome mesure environ 10 µm, et que la longueur de l'ADN d'un génome haploïde est de l'ordre de 1 m, on comprend que le taux de compaction de l'ADN est d'un facteur 10 000.

Il faut cependant comprendre que la compaction de l'ADN n'est pas figée dans le temps. Elle dépend du cycle cellulaire, mais également de la nécessité de l'accessibilité à certaines zones du génome. Cette compaction est donc soumise à de nombreux mécanismes de contrôle que nous verrons ultérieurement.

Nous allons donc étudier les différents niveaux de compaction de l'ADN.

1. LA FIBRE DE 10 nm

Elle fut observée en microscopie électronique dans les années 1970 après avoir traité de l'ADN en milieu hypotonique.

L'ADN est enroulé autour d'un petit disque de 11 nm de diamètre et de 6 nm d'épaisseur, formé d'un octamère de protéines, les *histones.*

Cette structure porte le nom de *nucléosome.*

On estime que le taux de compaction de l'ADN grâce à cette structure est de 6.

1.1. Nature des histones

On distingue cinq familles d'histones : H1, H2A, H2B, H3 et H4.

Il s'agit de molécules très conservées formées d'hélices α et de coudes β, formées d'environ 20 % d'acides aminés basiques (Lysine et Arginine).

Les quatre dernières histones s'associent en double exemplaire (un tétramère formé de deux H3 et de deux H4 avec deux dimères H2A-H2B).

L'extrémité N-terminale de ces histones peut subir des modifications post-traductionnelles (acétylation, méthylation, phosphorylation…) qui modifieront les interactions avec l'ADN pour contrôler la condensation ou la décondensation de celui-ci. Comme nous le verrons plus loin, ces modifications constituent des modes de régulation de l'expression des gènes, puisqu'en fonction de l'état de compaction de la chromatine, les gènes seront ou non accessibles aux différentes machineries, et donc exprimés ou non.

1.2. Mode de liaison avec l'ADN

Les acides aminés basiques présentent des charges positives qui vont permettre d'établir des liaisons ioniques avec les charges négatives des groupes phosphates de l'ADN. Ceci permet la courbure de l'ADN autour de l'octamère d'histones.

Il existerait également des liaisons hydrogènes qui stabiliseraient cette structure.

1.3. Le nucléosome

L'ADN forme un tour $^{3}/_{4}$ autour de l'octamère d'histones, soit environ 200 pb, mais il n'y a que 146 pb directement enroulées autour du noyau d'histones ; les autres pb font la liaison entre le nucléosome précédent et le suivant (Fig. 5.1).

Les interactions se font au niveau du petit sillon de l'ADN (Fig. 5.2).

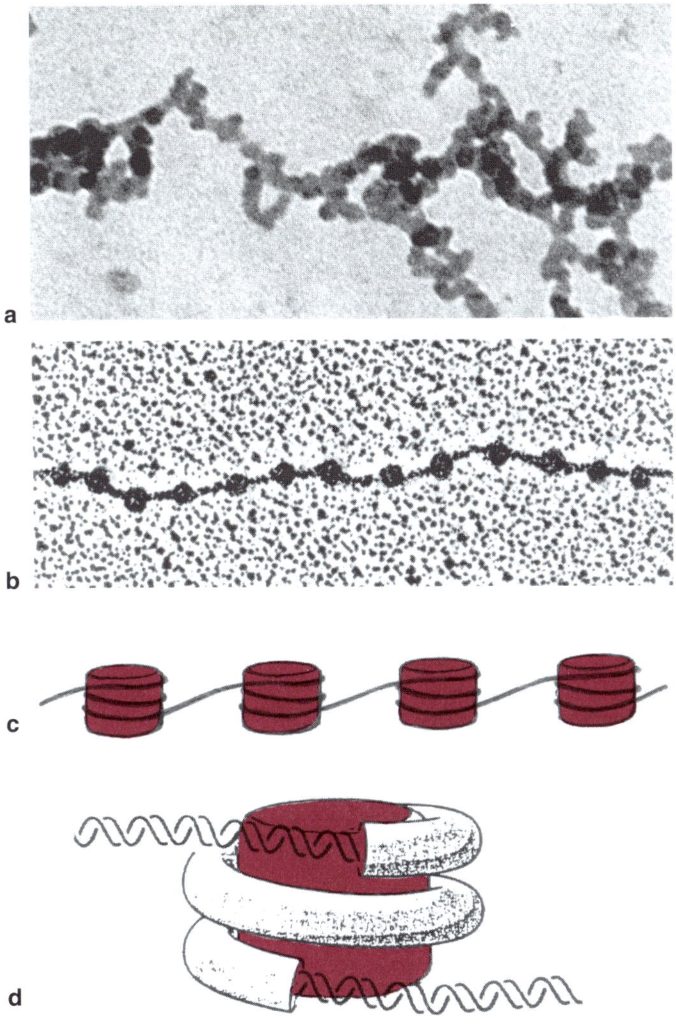

Figure 5.1 Organisation de la chromatine nucléaire.

(a) Chromatine partiellement désorganisée, obtenue après lyse ménagée des noyaux. **(b)** Structure caractéristique en collier de perles, montrant les nucléosomes. **(c)** Représentation schématique de quelques nucléosomes formant le nucléofilament. **(d)** Organisation d'un nucléosome, montrant le trajet de l'ADN formant deux tours (146 paires de bases) autour d'un cœur protéique.

Par digestion ménagée, grâce à une ADNase, on démontre que le fil du « collier de perles » est constitué d'ADN nu, alors que les billes contiennent de l'ADN et des histones. Le cœur protéique est constitué de 2 exemplaires de chacune des 4 histones nucléosomiques : H_2A, H_2B, H_3 et H_4. (Clichés Labo BC4, Orsay.)

Avec l'aimable autorisation de J.-C. Callen, « Biologie cellulaire », Dunod, 2005.

© Dunod – La photocopie non autorisée est un délit.

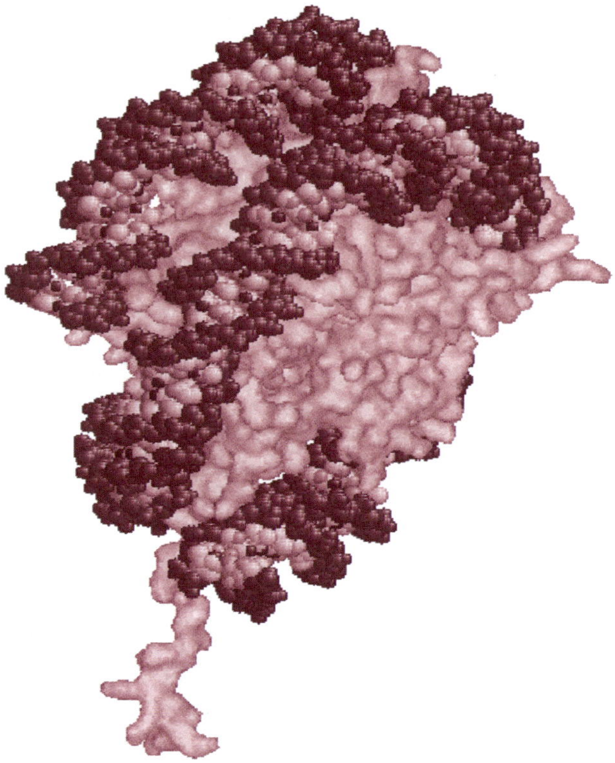

Figure 5.2 Structure du nucléosome.

On distingue en foncé la chaîne d'ADN enroulée autour de l'octamère d'histones en gris clair.

2. LA FIBRE DE 30 nm

Six nucléosomes vont s'assembler en une hélice d'un diamètre d'environ 30 nm et d'une longueur de 11 nm. Le taux de compaction est alors de 40. Cette hélice compte donc 6×200 pb, soit 1 200 pb. Les spires de cette hélice étant jointives, on parle plutôt de solénoïde.

C'est la dernière catégorie d'histone, l'histone H1, qui va stabiliser cette structure. Il s'agit d'une protéine globulaire (noyau globulaire central) avec deux extrémités flexibles, qui va se fixer à un site spécifique du nucléosome. Le noyau globulaire interagit avec le nucléosome, pendant que les deux extrémités flexibles réagissent avec les nucléosomes voisins, permettant donc à ceux-ci de s'enchaîner les uns aux autres.

Grâce à un système de phosphorylation-déphosphorylation, cette histone H1 peut soit favoriser la formation de cette fibre de 30 nm (compaction de la chromatine), soit la défavoriser (décompaction).

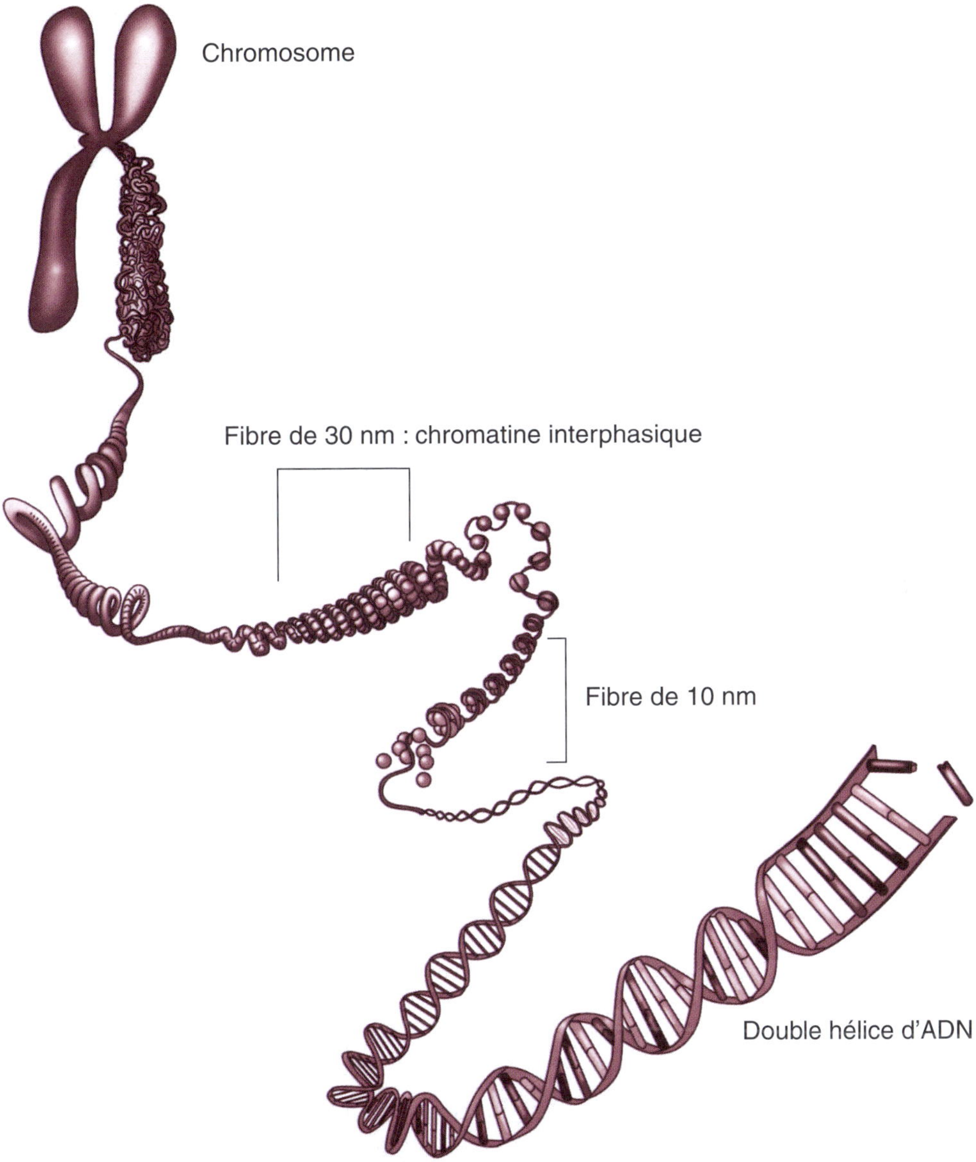

Figure 5.3 Les différents degrés de compaction de la chromatine.

De bas en haut :

- la double hélice d'ADN s'assemble autour d'un octamère d'histones pour former la fibre de 10 nm.
- Cette fibre s'organise en un solénoïde appelé fibre de 30 nm.
- Les degrés supérieurs de condensation finissent de compacter l'ADN pour former le chromosome.

© Dunod – La photocopie non autorisée est un délit.

Cette forme de l'ADN est une réalité biologique, elle constitue la chromatine interphasique, et est inactive sur le plan transcriptionnel.

> Remarque
>
> À côté de cette structure en hélice pour la fibre de 30 nm, on rencontre également une structure dite en zigzag.

3. NIVEAUX SUPÉRIEURS D'ORGANISATION DE LA CHROMATINE

La fibre de 30 nm va pouvoir maintenant se boucler, les deux extrémités de la boucle étant maintenues par des protéines formant l'axe central du squelette chromosomique. Cette structure se reproduisant des deux côtés de cet axe central, on obtient une structure en écouvillon. Chaque boucle contient de 20000 à 100000 pb, avec une taille variant de 150 à 800 nm.

Cette structure va maintenant former une hélice d'un diamètre d'environ 700 nm contenant une soixantaine de boucles. C'est le taux de compaction maximal de l'ADN dans le chromosome.

4. CONTRÔLE DE LA COMPACTION DE L'ADN

Il faut que l'ADN puisse être transcrit ou répliqué, et de ce fait doit être moins condensé pour être accessible aux différentes machineries enzymatiques.

Des protéines non histoniques vont être impliquées dans ces phénomènes.

Deux processus sont alors mis en œuvre :

- Le remodelage des nucléosomes

  L'ADN peut glisser le long du nucléosome, ou bien le nucléosome peut être transféré à un autre endroit de l'ADN, ou encore l'ADN peut être remodelé.

  Les protéines impliquées sont très consommatrices d'ATP.

- Modifications post-traductionnelles

  L'extrémité N-terminale des histones formant le noyau du nucléosome peut subir des modifications (acétylation et méthylation) au niveau des acides aminés basiques (Arg et Lys).

  Ces modifications vont faire disparaître les charges positives portées par ces acides aminés, ce qui va diminuer les interactions avec l'ADN, et donc favoriser la décompaction de l'ADN. Trois types d'enzymes vont intervenir :

  – les histones acétyl transférases (HAT) acétylant toutes les histones du noyau du nucléosome, et favorisant la décondensation ;

– les histones désacétylases (HDAC) désacétylant les mêmes histones, avec l'effet inverse que précédemment, donc condensant l'ADN ;
– les histones méthylases qui méthylent l'histone H3 ; cette dernière modification entraîne une décondensation de la chromatine.

Remarque

Il faut noter que des phénomènes de phosphorylation-déphosphorylation interviennent également au niveau de l'histone H1 sur des résidus de Ser et de Thr. L'hyperphosphorylation de cette histone favorise les interactions, et donc la structure condensée de l'ADN. Des phosphorylations se produisent également au niveau de l'histone H3.

La modification de la compaction de l'ADN est évidemment très importante lors de la mitose.

On sait que le cycle cellulaire comprend quatre phases : G1, S, G2 et M. La synthèse de l'ADN a lieu dans la phase S (Synthèse), puis dans la phase M (Mitose) les deux cellules filles se sépareront. Il faut donc que dans cette phase S, la chromatine soit décondensée.

Des protéines non histoniques du système SMC (*Structural Maintenance of Chromosomes*), la cohésine et la condensine, vont intervenir. Ces deux protéines constituent un anneau ce qui leur permet d'entourer des régions de l'ADN. La cohésine va maintenir ensemble les deux chromatides nouvellement synthétisées, pendant que la condensine s'enroule autour de larges boucles d'ADN de chaque chromatide. Lors de la ségrégation des chromosomes, il y a alors hydrolyse de la cohésine pour permettre la séparation des chromosomes, tandis que les molécules de condensine restent en place.

Synthèse

Je sais définir
- Chromatine ;
- Histone ;
- Nucléosome ;
- Modifications post-traductionnelles ;
- Cohésine et condensine.

Je connais
- La structure des fibres de 10 nm et de 30 nm ;
- La structure du nucléosome ;
- Les modifications post-traductionnelles des histones.

Je sais
- Expliquer les différents niveaux de compaction de la chromatine ;
- Expliquer les différents modes de contrôle de la compaction de l'ADN et leur intérêt.

© Dunod – La photocopie non autorisée est un délit.

Questions à choix multiples

1 Parmi les caractéristiques suivantes du nucléosome, laquelle (lesquelles) est (sont) exacte(s) ?

- ❒ **a.** Le diamètre du nucléosome est d'environ 30 nm.
- ❒ **b.** La longueur moyenne de l'ADN nucléosomal est de 200 paires de bases.
- ❒ **c.** Le noyau du nucléosome est un octamère d'histones.
- ❒ **d.** Les contacts entre histones et ADN sont essentiellement des liaisons ioniques entre chaînes latérales basiques des histones et groupes phosphates de l'ADN.
- ❒ **e.** L'ADN forme environ un tour $^3/_4$ autour du noyau du nucléosome.

2 Parmi les caractéristiques suivantes du nucléosome, laquelle (lesquelles) est (sont) exacte(s) ?

- ❒ **a.** Chaque noyau du nucléosome contient les histones H1, H2A, H2B, H3, H4.
- ❒ **b.** Chaque histone du noyau du nucléosome est présente en double exemplaire.
- ❒ **c.** Le super enroulement de l'ADN est négatif.
- ❒ **d.** Les contacts entre histones et ADN se font au niveau du petit sillon de l'ADN.
- ❒ **e.** Le diamètre du nucléosome est d'environ 11 nm.

3 Parmi les molécules d'histones présentes dans l'octamère, quelle(s) est (sont) celle(s) qui peut(vent) se dissocier de façon transitoire, sous forme de dimère, lors de la réplication ou de la transcription ?

- ❒ **a.** Histone H2A.
- ❒ **b.** Histone H2B.
- ❒ **c.** Histone H3.
- ❒ **d.** Histone H4.

4 Parmi les caractéristiques suivantes du nucléosome, relevez-la (les) proposition(s) exacte(s) :

- ❒ **a.** L'ADN constitutif du nucléosome est d'environ 200 pb.
- ❒ **b.** 145 pb d'ADN entourent un « noyau » protéique constitué de 8 molécules d'histones.
- ❒ **c.** L'ADN s'enroule 6 fois autour du noyau du nucléosome.
- ❒ **d.** Le tétramère H3-H4 constitue la partie du noyau du nucléosome la plus fortement associée à l'ADN.
- ❒ **e.** Les histones du noyau du nucléosome se lient aux groupements phosphate de l'ADN bordant le petit sillon.

5 Quelle(s) est (sont) parmi les propositions suivantes, celle(s) qui s'applique(nt) au nucléosome ?

- ❒ **a.** Les extrémités N-terminales des histones du nucléosome sont plus flexibles que le reste de la molécule et sont susceptibles d'être acétylées.
- ❒ **b.** L'acétylation des histones favorise une structure de type fibre de 30 nm.

→

❒ **c.** Il constitue un assemblage désoxyribonucléoprotéique dont le degré de condensation est voisin de 40.

❒ **d.** Le nucléosome peut être considéré comme le premier degré de compaction de l'ADN.

❒ **e.** Le nucléosome est constitué de quatre dimères d'histones.

6 La fibre de 30 nm représente une structure compacte de la chromatine où les nucléosomes s'empilent sous forme d'un solénoïde. Quel est le nombre de nucléosomes par tour de spire ?

❒ **a.** 4.

❒ **b.** 6.

❒ **c.** 8.

❒ **d.** 12.

❒ **e.** 16.

7 Quelle(s) est (sont) la (les) molécule(s) d'histone indispensable(s) à la formation de la structure chromatinienne dite fibre de 30 nm ?

❒ **a.** Histone H1.

❒ **b.** Histone H2A.

❒ **c.** Histone H2B.

❒ **d.** Histone H3.

❒ **e.** Histone H4.

8 Parmi les propositions suivantes, quelle(s) est (sont) celle(s) qui contribue(nt) à favoriser ou à renforcer la condensation de la chromatine des cellules eucaryotes ?

❒ **a.** Présence d'histone H1.

❒ **b.** Acétylation des histones.

❒ **c.** Phosphorylation de l'histone H1.

❒ **d.** Méthylation en 5 de la cytosine.

❒ **e.** Association à l'ADN du facteur TF IID.

9 Parmi les propositions suivantes relatives à la chromatine et aux chromosomes des cellules eucaryotes, laquelle (lesquelles) est (sont) exacte(s) ?

❒ **a.** Chaque chromosome contient une seule molécule linéaire d'ADN.

❒ **b.** Le nucléosome consiste en un segment d'ADN d'environ 146 paires de bases entourant un octamère d'histones.

❒ **c.** Les histones du nucléosome se lient au grand sillon de l'ADN par liaisons hydrogènes.

❒ **d.** La liaison de l'histone H1 à l'ADN est responsable de la décondensation locale de la chromatine qui caractérise les zones où se trouvent les gènes actifs.

❒ **e.** Un très faible pourcentage (1 à 2 %) de l'ADN humain code des protéines. →

© Dunod – La photocopie non autorisée est un délit.

10 La (les) caractéristique(s) de la chromatine active ou euchromatine est (sont) :

- ❒ **a.** Hyperphosphorylation de H1.
- ❒ **b.** Acétylation des H2A.
- ❒ **c.** Chromatine faiblement condensée.
- ❒ **d.** Présence d'une quantité importante d'histone H1.
- ❒ **e.** Présence de gènes activement transcrits.

11 Parmi les modifications post-traductionnelles des histones, quelle est celle qui précède la condensation du chromosome métaphasique ?

- ❒ **a.** Hyperacétylation de l'histone H2A.
- ❒ **b.** Méthylation de l'histone H2B.
- ❒ **c.** Ubiquitination de l'histone H1.
- ❒ **d.** Phosphorylation de l'histone H4.
- ❒ **e.** Aucune.

12 La fibre de 30 nm est une structure condensée de l'ADN :

- ❒ **a.** Constituée de nucléosomes enroulés.
- ❒ **b.** Organisée grâce à l'histone H1.
- ❒ **c.** Qui peut être décondensée, *in vitro*, par diminution de la force ionique.
- ❒ **d.** Qui participe à la constitution de la chromatine dans les chromosomes.
- ❒ **e.** Correspondant à une forme active au plan transcriptionnel.

13 Laquelle (lesquelles) des affirmations relatives aux nucléosomes est (sont) exacte(s) ?

- ❒ **a.** Ce sont des structures constituées d'un tétramère d'histones associées à 150-200 pb d'ADN.
- ❒ **b.** Ils permettent la compaction de l'ADN en formant une fibre de 10 nm.
- ❒ **c.** Les histones sont des petites protéines riches en acides aminés basiques.
- ❒ **d.** Les histones et l'ADN sont liés par des interactions hydrophobes.
- ❒ **e.** Les nucléosomes s'enroulent pour former la fibre de 30 nm grâce à l'histone H1.

14 Dans la liste suivante, relevez la (ou les) proposition(s) exacte(s).

- ❒ **a.** La chromatine est constituée de l'assemblage de l'ADN nucléaire et de protéines.
- ❒ **b.** Les histones peuvent subir des modifications post-traductionnelles.
- ❒ **c.** Les nucléosomes forment des disques d'environ 11 millimètres de diamètre.
- ❒ **d.** Un segment de chromosome d'un micromètre de longueur permet de compacter environ 30 mégabases d'ADN.
- ❒ **e.** Les histones sont riches en acides aminés acides.

→

15 Dans la liste suivante, relevez la (ou les) proposition(s) exacte(s).

❐ **a.** La fibre chromatinienne de 30 nanomètres permet de raccourcir 100 fois la longueur de l'ADN génomique.

❐ **b.** Les histones sont les constituants essentiels des nucléosomes.

❐ **c.** La taille des chromosomes varie entre 1,5 et 11 nanomètres.

❐ **d.** Un nucléosome permet d'enrouler environ 2 000 paires de bases.

❐ **e.** Lors de l'interphase, la chromatine est sous la forme décondensée préférentiellement à l'état d'une fibre de 30 nm.

Corrigés

1 ❐ **a.** Le diamètre est de 11 nm.

☒ **b.**

☒ **c.**

☒ **d.** L'attraction se fait bien entre charges de signes opposés.

☒ **e.**

> ⚠ Prenez garde à ne pas confondre le nombre moyen de paires de bases dans le nucléosome (qui inclue à la fois les bases directement enroulées autour des histones et celles faisant le lien avec le nucléosome précédent et le nucléosome suivant) avec le nombre strict de paires de bases enroulées autour du nucléosome.

2 ❐ a. L'histone H1 ne fait pas partie du nucléosome mais de la fibre de 30 nm.

☒ b. Ce qui forme l'octamère d'histones.

☒ c.

☒ d.

☒ e.

3 ☒ **a.** Dans la formation du nucléosome, H2A et H2B sont placées latéralement avec des liaisons plus souples, ce qui favorise leur dissociation lors de l'ouverture de l'ADN.

☒ **b.**

❐ **c.**

❐ **d.**

4 ☒ **a.**

☒ **b.** Ces deux premières questions semblent contradictoires, cependant elles sont justes, car s'il y a bien 200 pb pour le nucléosome, seules 145 s'enroulent réellement autour du noyau d'histones.

❐ **c.** L'enroulement de l'ADN n'est que de 1 tour $^3/_4$.

☒ **d.**

☒ **e.**

5 ☒ **a.**

❐ **b.** L'acétylation diminue les charges présentes sur les histones, ce qui diminue les interactions avec l'ADN et favorise la décompaction.

❐ **c.** Le degré de compaction est de l'ordre de 6.

☒ **d.**

❐ **e.** Il y a deux dimères et un tétramère.

6 ☐ **a.** Le nombre correct de nucléosomes est de 6.
☒ **b.**
☐ **c.**
☐ **d.**
☐ **e.**

7 ☒ **a.** C'est l'histone H1 qui permet aux différents nucléosomes de se lier les uns aux autres, les autres histones participant à la structure du noyau du nucléosome.
☐ **b.**
☐ **c.**
☐ **d.**
☐ **e.**

8 ☒ **a.** Sans cette histone, la fibre de 30 nm ne peut pas se former.
☐ **b.** L'acétylation favorise au contraire la décondensation de la chromatine.
☒ **c.** Lorsque l'histone H1 se trouve fortement phosphorylée, les interactions augmentent et favorisent la compaction.
☒ **d.** La méthylation de la cytosine sur le carbone 5 entraîne la condensation de la chromatine.
☐ **e.** Ce facteur est un facteur déclenchant de la transcription.

9 ☒ **a.**
☒ **b.**
☐ **c.** Les histones se lient bien par des liaisons hydrogènes avec les bases puriques et pyrimidiques, mais au niveau du petit sillon de l'ADN.
☐ **d.** Lorsque l'histone H1 se lie à l'ADN, cela favorise la condensation de la chromatine qui caractérise les régions où se situent les gènes inactifs (on parle d'hétérochromatine).
☒ **e.**

10 ☐ **a.** L'hyperphosphorylation de l'histone H1 favorise la condensation, donc l'hétérochromatine.
☒ **b.**
☒ **c.**
☐ **d.** Plus la quantité de H1 augmente, plus la condensation est favorisée.
☒ **e.** Si le gène doit être activement transcrit, c'est qu'il doit être accessible, et seule la chromatine faiblement condensée le permet.

> **!** N'oubliez pas que tout événement favorisant la condensation de la chromatine favorise du fait la non-expression des gènes ; au contraire, tout événement favorisant la décondensation favorise l'expression des gènes.

11 ☐ **a.** L'acétylation des histones du nucléosome favorise la décondensation.
☐ **b.** Cette méthylation favorise la décondensation.
☐ **c.** Cette ubiquitination est un marqueur de dégradation (*cf. chap. 17.4, Dégradation des protéines*)
☐ **d.**
☒ **e.** Puisque toutes les propositions précédentes sont fausses.

© Dunod – La photocopie non autorisée est un délit.

12 ☒ **a.** Six par tour de spire.
☒ **b.**
☒ **c.**
☒ **d.** Il faut que les chromosomes soient très condensés.
❒ **e.** La chromatine condensée est inaccessible, donc non active physiologiquement.

13 ❒ **a.** Il s'agit d'un octamère d'histones.
☒ **b.**
☒ **c.** Ce qui entraîne la présence de nombreuses charges positives.
❒ **d.** Elles sont liées par des interactions électrostatiques ainsi que par des liaisons hydrogènes.
☒ **e.**

14 ☒ **a.** Ces protéines étant les histones.
☒ **b.** Ce qui permet de réguler la compaction de l'ADN.
❒ **c.** Le diamètre est de 11 nm.
☒ **d.** Le génome humain contient environ 3 000 Mégabases, pour une longueur dépliée de 1 m ; sachant que le taux de compaction de l'ADN est de l'ordre de 10 000, alors les 3 000 Mégabases occupent une longueur compactée de 1/10 000 m, soit 100 micromètres. 30 Mégabases occupent donc une longueur de 1 micromètre.
❒ **e.** Riches en acides aminés basiques.

15 ❒ **a.** Le taux de compaction de cette structure n'est que d'un facteur 40.
☒ **b.**
❒ **c.** La taille moyenne est de 10 μm, soit 10 000 nm.
❒ **d.** Environ 200 pb.
☒ **e.**

Partie 3

Événements sur l'ADN

Les topo-isomérases 6

Plan

Cours

1. Topologie de l'ADN ; notion de topo-isomères
2. Présentation des topo-isomérases :
   - Type I
   - Type II
3. Applications médicales

Synthèse

Objectifs

- Définir et connaître les différents types de topo-isomérases
- Comprendre le mode d'action des topo-isomérases
- Comprendre l'intérêt des super-enroulements droits et gauches
- Connaître les applications médicales des inhibiteurs des topo-isomérases

Cours

Comme nous venons de le voir, l'ADN doit être superenroulé dans la cellule vu sa grande taille. Les enzymes responsables de ces superenroulements sont appelées les **topo-isomérases**.

1. TOPOLOGIE DE L'ADN ; NOTION DE TOPO-ISOMÈRES

Lorsque l'on observe de l'ADN circulaire, on constate que les deux hélices sont enroulées l'une avec l'autre, et que cet enroulement peut se faire avec plus ou moins de contraintes que l'on appelle des *supertours*. Ces supertours ne peuvent théoriquement avoir lieu avec un ADN linéaire, puisque l'ADN devrait se mettre à tourner sur lui-même (les extrémités étant libres) et les supertours ne pourraient exister ; cependant, dans la cellule, l'ADN linéaire est relié par ses extrémités à des protéines, et il se comporte donc comme si celles-ci étaient fixes.

L'ADN peut donc exister dans trois états :

- **État relâché**

  Il n'y a pas de supertours et l'ADN se présente avec les caractéristiques de l'ADN de forme B.

- **État superenroulé positif**

  L'ADN s'enroule dans le même sens que celui de l'hélice initiale, ce qui génère une augmentation des torsions équivalente à un vrillage de l'ADN.

- **État superenroulé négatif**

  L'ADN s'enroule en sens opposé de celui de l'hélice initiale ce qui diminue les torsions et provoque un désenroulement.

Pour bien comprendre ce phénomène, il suffit de prendre un câble de téléphone qui est enroulé et de continuer l'enroulement soit dans le même sens, soit en sens opposé. Dans le premier cas, on crée des superenroulements positifs et le vrillage augmente, dans le second, les superenroulements sont négatifs et le vrillage diminue.

Paradoxalement, lorsque des supertours négatifs se produisent, ce qui est le cas dans l'ADN, des tensions prennent naissance et l'hélice se vrille et se compacte, contrairement à ce que l'on pourrait penser au premier abord. Il se forme alors une super-hélice qui permet à la fois la compaction de l'ADN, mais également permet, en diminuant localement l'enroulement et donc en facilitant la séparation des deux brins d'ADN, l'accès aux différents facteurs de réplication et de transcription.

On peut donc résumer en disant que les supertours négatifs favorisent la séparation des deux brins d'ADN, mais engendrent en contrepartie la compaction de la double hélice par augmentation du vrillage.

2. PRÉSENTATION DES TOPO-ISOMÉRASES

Ces enzymes sont très conservées et sont présentes chez toutes les espèces avec pour rôle principal celui de contrôler l'état topologique de la molécule d'ADN. Pour cela, ces enzymes doivent pouvoir créer des superenroulements (appelés également supertours) pour modifier le nombre d'enlacements de l'ADN, ce qui ne peut être rendu possible que si ces enzymes coupent l'ADN sur un ou deux brins. On en connaît ainsi deux types :

2.1. Topo-isomérases de type I

- Elles assurent la coupure et la soudure d'un seul des deux brins d'ADN. Lorsque la coupure a eu lieu, le brin d'ADN sectionné peut alors tourner sur lui-même ce qui diminue les superenroulements négatifs et permet de revenir à une conformation plus relâchée (Fig. 6.1).

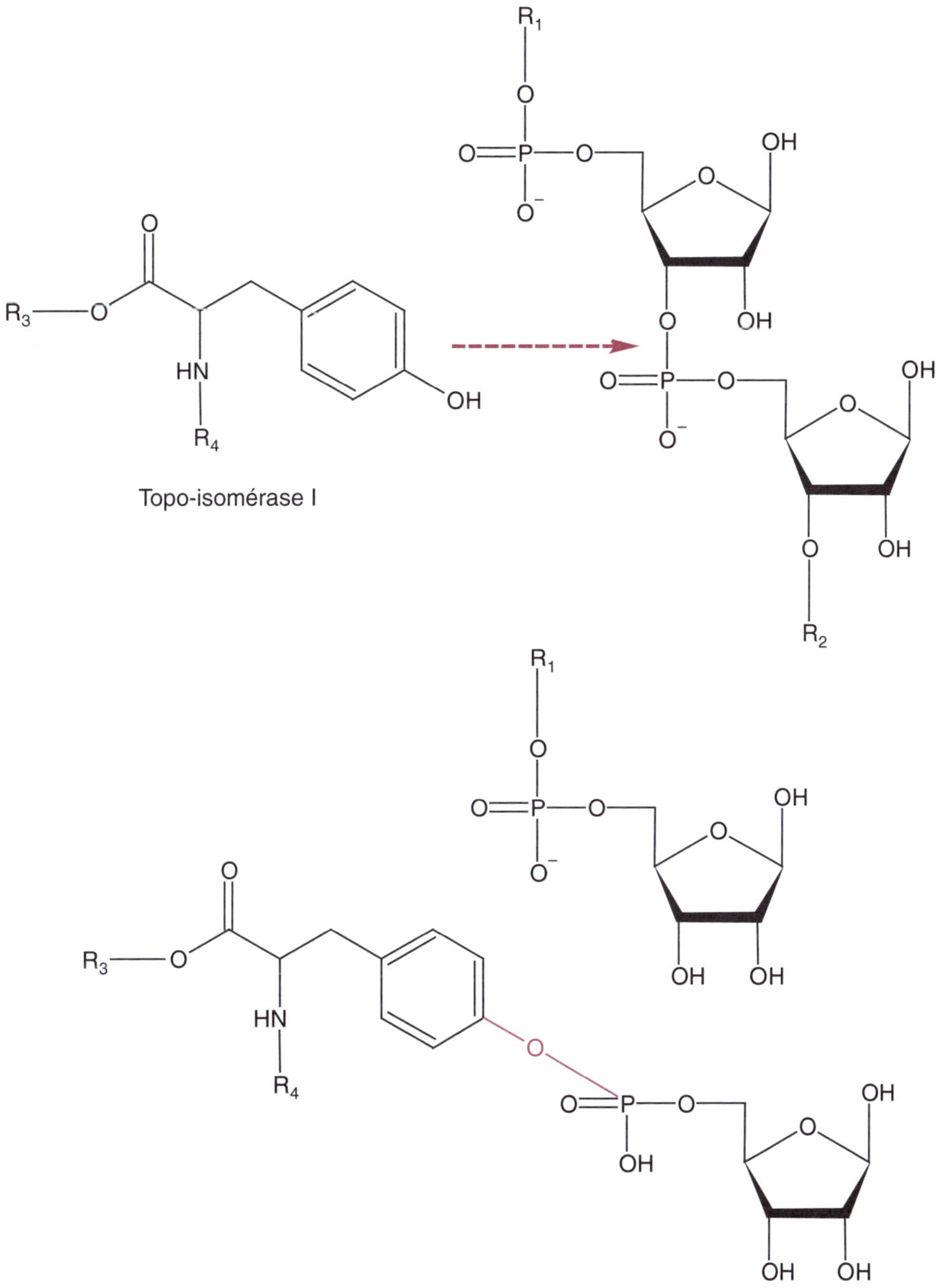

Figure 6.1 Mode d'action de la topo-isomérase I.
La flèche en pointillé symbolise l'endroit où va agir la topo-isomérase dans la chaîne d'ADN.

© Dunod – La photocopie non autorisée est un délit.

- Le mode de fonctionnement de l'enzyme montre que cette dernière intervient par un résidu de tyrosine qui se lie de manière temporaire à l'extrémité 5′ qui a été générée lors de la coupure, avec une reformation ultérieure de la liaison coupée.
- Cette coupure, puis la régénération de la liaison initiale après le déroulement de l'ADN, ne consomme pas d'ATP, puisque l'énergie de la liaison phosphodiester rompue est conservée par la liaison avec le résidu de tyrosine de l'enzyme. Cette opération ne coûte donc rien énergétiquement à la cellule.

2.2. Topo-isomérases de type II

- Elles coupent les deux brins d'ADN puis les ressoudent après avoir créé des superenroulements négatifs, ou après avoir supprimé des supertours positifs (éventuellement créés par la séparation des deux brins d'ADN lors de la réplication).
- On trouve notamment dans ce type de topo-isomérase la gyrase bactérienne.
- Au contraire des topo-isomérases de type I, l'action de ces topo-isomérases nécessite l'hydrolyse d'une molécule d'ATP.

On comprend donc bien les rôles de ces topo-isomérases, puisqu'en plus de superenrouler négativement l'ADN pour permettre sa compaction dans la cellule, elles permettent des événements majeurs de la vie cellulaire comme la transcription et la réplication. En effet, beaucoup des facteurs et des enzymes de ces événements ne peuvent accéder à l'ADN que si les deux brins sont déroulés. De plus, lorsque l'on sépare les deux brins d'ADN pour la réplication par exemple, cela engendre des supertours positifs qui bloquent l'avancée du système de réplication. Les topo-isomérases sont donc indispensables pour réduire ces supertours positifs.

> Pour bien comprendre la formation de ces supertours positifs, il suffit d'imaginer deux ficelles enroulées l'une avec l'autre. Si au sein de la structure ainsi formée, vous essayez de séparer les deux ficelles, vous verrez apparaître de part et d'autre de la séparation des superenroulements qui vous empêcheront très rapidement de continuer à séparer les deux brins, même avec beaucoup de force...

3. APPLICATIONS MÉDICALES

Les topo-isomérases étant indispensables à la réplication de l'ADN en supprimant les supertours positifs, ou en induisant des supertours négatifs, il va être possible de limiter la multiplication cellulaire par des substances chimiques capables de les inhiber.

3.1. Inhibiteurs de la gyrase bactérienne

La gyrase bactérienne étant différente des topo-isomérases humaines, des substances chimiques spécifiques seront capables de l'inhiber, et donc d'empêcher le développement, donc la multiplication des bactéries.

Nous disposons ainsi d'une gamme d'antibiotiques dont on a découvert pour certains que très récemment leur mode d'action précis, tels les quinolones, ou encore les fluoroquinolones (antibiotique de 2e génération), antibiotiques à spectre très large (Fig. 6.2).

On pense que ces derniers médicaments se fixent sur le complexe formé entre l'ADN et la gyrase, et empêchent ces deux entités de se séparer, ce qui ne permet plus à la gyrase d'être de nouveau disponible.

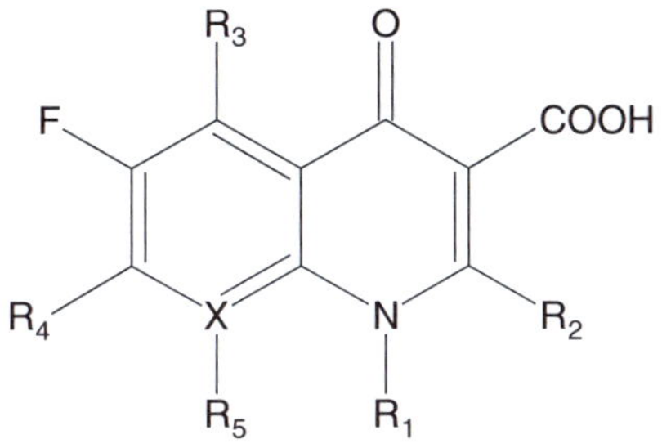

Figure 6.2 Structure générale des fluoroquinolones

3.2. Inhibiteurs des topo-isomérases humaines

Ces médicaments seront utilisés comme anticancéreux pour empêcher la multiplication anarchique de la cellule tumorale. Ces cellules ont en effet un développement, donc un taux de multiplication très important, ce qui nécessite de nombreuses réplications de l'ADN. Si l'on bloque ces réplications en bloquant l'action des topo-isomérases, on bloque donc la multiplication cellulaire, et donc le développement de la tumeur. Ces médicaments agissent là encore semble-t-il au niveau du complexe ADN-topo-isomérase.

Synthèse

Je sais définir
- Topo-isomérases I et II ;
- Superenroulements (ou supertours) ;
- Gyrase.

Je connais
- La différence de fonctionnement des deux types de topo-isomérases ;
- Les applications thérapeutiques des inhibiteurs des topo-isomérases.

Je sais
- Expliquer l'intérêt et la nécessité des topo-isomérases dans l'ouverture de la double hélice.

7 Réplication de l'ADN

Plan

Cours

1. Réplication chez les Eucaryotes :
   - Déroulement de la double hélice
   - Éléments nécessaires à la réplication
   - Mécanisme de la réplication
2. Réplication chez les Procaryotes :
   - Initiation de la réplication
   - Brin avancé et retardé
   - Hydrolyse des amorces d'ARN
   - Terminaison de la réplication

Synthèse

QCM

Corrigés des QCM

Objectifs

- Connaître le mécanisme de la réplication
- Différencier la réplication des Eucaryotes et des Procaryotes
- Analyser chaque étape de la réplication
- Comparer ces deux types de réplication

Cours

C'est le processus de **réplication** qui va transmettre les informations contenues dans l'ADN de générations en générations.

Il faut, lorsque deux cellules filles sont issues d'une cellule mère, que leur ADN soit l'exacte réplique de l'ADN initial, d'où le nom de réplication qui est utilisé.

On a l'impression que les chromosomes se fissurent lors de la division, alors qu'en fait, l'ADN s'ouvre en deux pour permettre la synthèse de nouvelles molécules, ce qui double la quantité d'ADN (Fig. 7.1).

Cette réplication va être semi-conservative, c'est-à-dire que chaque nouvelle molécule d'ADN va contenir un brin de l'ancien ADN (provenant de l'un des deux brins de la cellule mère), et un brin d'ADN nouvellement formé.

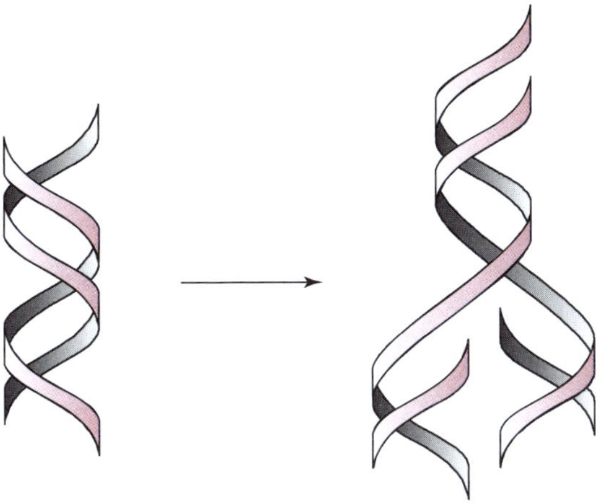

Figure 7.1 Schéma de principe de la réplication de l'ADN.

De deux brins parentaux, on obtient deux nouvelles hélices, chacune formée par un brin parental et par un brin nouvellement synthétisé.

Nous allons voir les différentes étapes de la réplication chez les Eucaryotes, en effectuant un parallèle avec les Procaryotes, car c'est chez ces derniers que les découvertes des mécanismes de la réplication ont été faites.

> Distinguez toujours les points communs et les différences entre les Procaryotes et les Eucaryotes.

1. RÉPLICATION CHEZ LES EUCARYOTES

1.1. Le déroulement de la double hélice

La progression de la fourche de réplication implique de devoir ouvrir la double hélice d'ADN, et de maintenir les deux brins séparés en évitant des enroulements.

Des hélicases vont se déplacer sur un brin dans le sens $5' \rightarrow 3'$ en supprimant les liaisons hydrogènes. Tout ce mécanisme va évidemment nécessiter de l'ATP.

Des protéines déstabilisant l'hélice d'ADN, appelées SSB *(Single Strand DNA Binding)* se fixent alors sur chacune des deux chaînes déroulées pour éviter qu'elles ne se réapparient, ou qu'elles ne forment des boucles en se repliant sur elles-mêmes. Ces liaisons sont de type électrostatique.

L'ADN polymérase n'aura plus qu'à se placer au milieu de cette structure pour copier les deux brins d'ADN.

Le problème est qu'en déroulant l'ADN de cette manière, on crée des super-enroulements positifs. Nous avons déjà vu que des enzymes particulières, les topo-isomérases vont pouvoir supprimer ces tensions de l'ADN pour permettre à la réplication de se dérouler correctement.

© Dunod – La photocopie non autorisée est un délit.

1.2. Éléments nécessaires à la réplication

Un certain nombre d'éléments sont nécessaires pour qu'une réplication se déroule correctement :

Les nucléotides

Il faut que des nucléotides soient présents pour pouvoir former les deux nouveaux brins d'ADN, encore faut-il que ces nucléotides soient ceux qui sont spécifiques de l'ADN ; il faut donc qu'ils soient :

- désoxyribose ;
- formés de A, C, G et T ;
- sous forme tri phosphatée.

La forme triphosphatée permet d'apporter l'énergie nécessaire à la réaction qui va lier les différents nucléotides entre eux.

> ⚠ Nous verrons que la synthèse d'ADN nécessite également des petits fragments d'ARN, ce qui implique aussi la présence de ribonucléotides.

Le brin parental

Pour avoir une réplique, il faut un brin d'ADN matriciel qui sera copié. Nous rappelons que la réplication est semi-conservative, c'est-à-dire qu'un brin néosynthétisé sera lié à un des deux brins parentaux.

Des enzymes

Ces enzymes auront deux grands rôles : dérouler les deux brins de l'ADN parental et accrocher les nucléotides entre eux.

Des ions

Les ions Mg^{2+} sont nécessaires à la synthèse de l'ADN. Ils vont permettre de stabiliser les nucléotides triphosphates, ce qui les protège d'une hydrolyse enzymatique.

1.3. Mécanisme de la réplication

La réplication se fait dans le sens $5' \rightarrow 3'$ en obéissant aux règles complémentaires d'appariement entre bases.

L'utilisation des nucléotides triphosphates par l'ADN polymérase libère à chaque inclusion une molécule de pyrophosphate, qui est ensuite elle-même hydrolysée en deux groupements phosphate. Ces ruptures de liaisons anhydride d'acide apporteront l'énergie nécessaire à la polymérisation de l'ADN.

De plus, en éliminant le pyrophosphate qui est un des produits de la réaction, cette dernière devient totale, ce qui rend cette polymérisation irréversible.

> ⚠ Ne confondez pas : le sens de réplication $5' \rightarrow 3'$ pour le brin néosynthétisé, avec le brin matriciel qui lui, est lu dans le sens $3' \rightarrow 5'$.

Initiation de la réplication

On trouve dans le génome humain un très grand nombre de séquences d'initiation de réplication ou ARS *(Autonom Réplication System)*. La réplication va donc commencer simultanément en plusieurs milliers de points de l'ADN, ce qui est nécessaire vu la grande longueur du génome.

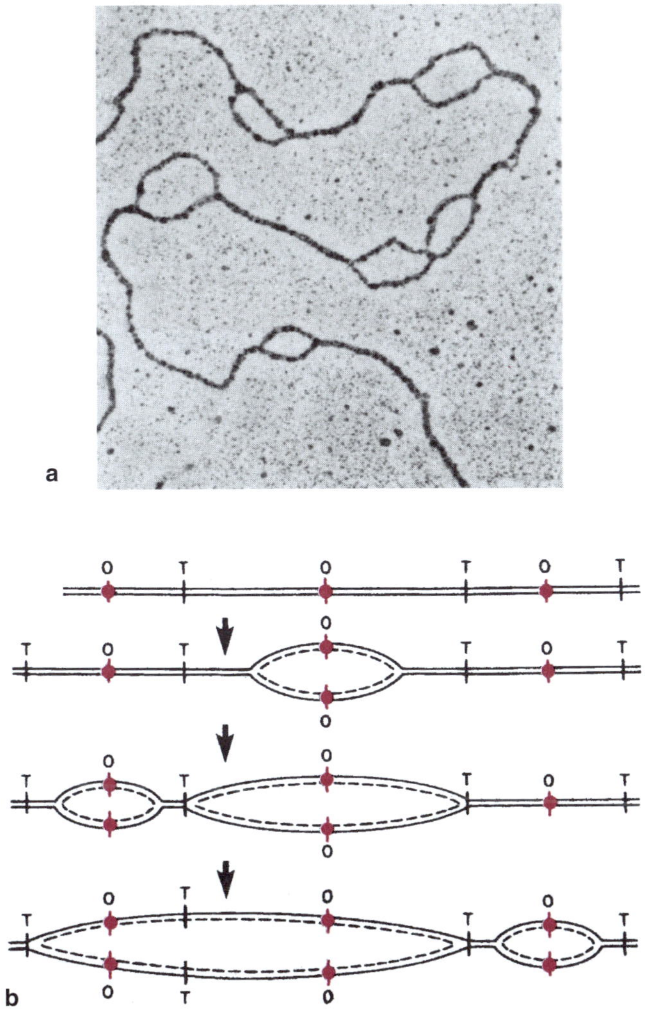

Figure 7.2 Yeux de réplication multiples des chromosomes eucaryotiques.

(a) Photographie, en microscopie électronique, d'ADN d'embryon d'Amphibien après étalement et ombrage métallique. **(b)** Schémas montrant l'ouverture successive de plusieurs réplicons le long d'un chromosome (O : origine de réplication ; T : point de terminaison). Cliché Labo. BG, Orsay.

Avec l'aimable autorisation de J.-C. Callen, « Biologie cellulaire », Dunod, 2005.

© Dunod – La photocopie non autorisée est un délit.

Origines de réplication chez *E. coli*

Chez les Procaryotes, il n'y a qu'une origine de réplication. On en compte entre 20 000 à 100 000 par cellule eucaryote.

Chez *Escherichia coli*, la séquence d'initiation est une séquence ORI C de 245 pb contenant notamment trois séquences de 13 pb riches en AT, et quatre séquences de 9 pb servant de sites de liaisons pour le complexe protéique qui ouvrira localement la double hélice.

Ces séquences particulières de l'ADN sont reconnues par des protéines du système ORC *(Origin Recognition Complex)* qui ouvriront la double hélice pour permettre l'arrivée de l'ADN polymérase.

> Remarque
>
> Ces séquences ARS sont très riches en appariements AT qui sont beaucoup plus faciles à séparer que les appariements GC, puisqu'ils ne sont formés que de deux liaisons hydrogènes.

Ces origines de réplication doivent se trouver dans des zones d'euchromatine, c'est-à-dire des zones d'ADN peu condensé, là où la double hélice est accessible.

Amorces d'ARN

Au niveau de l'ouverture de la double hélice d'ADN vient se fixer une ADN polymérase α accompagnée d'une primase.

L'ADN polymérase α ne sait malheureusement pas commencer une chaîne polynucléotidique, mais sait par contre prolonger une chaîne existante. Il faut donc qu'une primase (en fait une ARN polymérase) synthétise une amorce d'ARN de 4 à 12 nucléotides qui va s'apparier au brin parental.

Il est à noter que certains auteurs regroupent sous le nom d'ADN polymérase α un complexe formé de quatre sous-unités, deux pour l'activité polymérasique et deux pour l'activité primase.

> Remarque
>
> Le nom primase provient de « primer », nom anglais pour amorce.

Les ADN polymérases δ et ε prendront ensuite le relais lorsque la polymérase α aura polymérisé 50 à 100 nucléotides, en prolongeant cette amorce par une chaîne d'ADN cette fois. Ces deux polymérases sont beaucoup plus efficaces d'un point de vue catalytique.

Hydrolyse des amorces d'ARN

C'est une RNAse H qui hydrolyse les amorces d'ARN, qui seront alors remplacées par des fragments d'ADN synthétisés par l'ADN polymérase.

Hydrolyse des amorces chez les Procaryotes

Chez les Procaryotes, c'est une seule et même enzyme qui hydrolyse les amorces d'ARN et qui les remplace par des portions correspondantes. Il s'agit d'une ADN polymérase I qui possède donc une activité exonucléasique $5' \rightarrow 3'$ (pour hydrolyser les amorces d'ARN) et d'une activité polymérasique (pour ajouter des désoxyribonucléotides sur l'extrémité 3′ du fragment précédent d'ADN).

Liaison entre les fragments d'ADN

Les différents fragments d'ADN seront ensuite reliés les uns aux autres par des ligases.

Fonctionnement des ADN polymérases

Nous avons déjà indiqué que ces polymérases nécessitaient des désoxyribonucléotides triphosphate ceci pour apporter l'énergie nécessaire à la réaction.

Ces nucléotides sont stabilisés par les ions Mg^{2+} qui interagissent avec les charges négatives des groupes phosphates.

Ces enzymes sont très rapides puisqu'elles peuvent ajouter près de 1 000 nucléotides à la seconde, ceci avec un taux d'erreur très faible de $1/10^5$ nucléotide incorporé. Malgré ce faible taux d'erreur, il faut quand même les corriger pour que la copie soit la plus fidèle possible au brin parental.

Toutes les ADN polymérases possèdent donc une activité de relecture du dernier nucléotide mis en place. Si par hasard il y a une erreur d'appariement, elles possèdent une activité exonucléasique $3' \rightarrow 5'$ qui leur permet de retirer ce mauvais nucléotide et de le remplacer par le bon. On augmente ainsi la fidélité de la copie d'une erreur tous les $1/10^9$ nucléotides.

La reconnaissance de l'erreur se fait grâce à un retard dans l'avancement de la polymérase dans le cas d'un mauvais nucléotide incorporé. Comme les liaisons hydrogènes ne se font pas, ou mal, l'ADN polymérase avance du coup moins vite, donc le dernier nucléotide reste trop longtemps dans le site actif et est donc clivé par l'enzyme. Il ne reste plus qu'à placer le bon nucléotide.

> Remarque
>
> Ce mécanisme assure une bonne fidélité à la réplication, mais coûte très cher en énergie. C'est pourquoi les ARN polymérases ne possèdent pas cette fonction, car une erreur dans la synthèse de l'ARN est beaucoup moins lourde de conséquences.

Brin retardé et brin avancé

Comme la synthèse se déroule dans le sens $5' \rightarrow 3'$, l'un des deux brins ne peut être lu dans le bon sens.

© Dunod – La photocopie non autorisée est un délit.

La solution à ce problème a été trouvée lorsque l'on a compris que la synthèse de l'ADN pour ce brin était discontinue, alors qu'elle était continue pour l'autre brin. On parle alors de **brin avancé** pour celui synthétisé en continu, et de **brin retardé** pour celui synthétisé en discontinu.

On peut cependant remarquer que la synthèse du brin avancé se fait elle aussi un peu de manière discontinue, puisque plusieurs milliers d'origines de réplications sont utilisées en même temps, ce qui induit la synthèse d'autant de fragments d'ADN. Il est évident que malgré cela, la synthèse du brin retardé est encore plus discontinue de par le nombre de petits fragments mis en jeu.

Fragments d'Okasaki

Ce sont les travaux de Reiji Okasaki (1968) qui ont montré la présence de ces petits fragments d'ADN synthétisés de manière discontinue. On parle maintenant des *fragments d'Okasaki*.

De petits fragments d'ADN (100 nucléotides de longueur en moyenne chez les Eucaryotes) vont être synthétisés « à reculons », donc en sens contraire du sens de propagation général de la réplication, et de fait dans le sens antiparallèle par rapport au brin matriciel. Le brin matriciel est donc bien lu dans le sens $3' \rightarrow 5'$, ce qui entraîne la synthèse du brin fils dans le sens $5' \rightarrow 3'$.

Cette synthèse se faisant avec un temps de retard par rapport à celle de l'autre brin, on parle de *brin retardé* (Fig. 7.3).

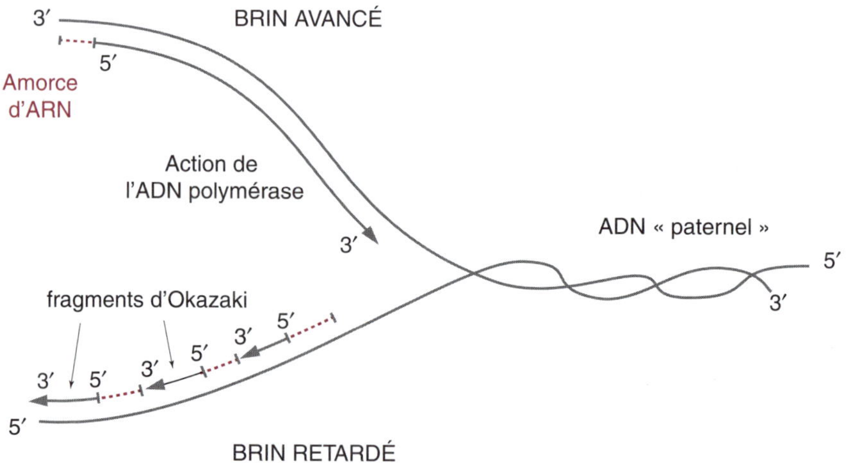

Figure 7.3 Synthèse du brin retardé.

La synthèse se fait grâce à une multitude d'amorces d'ARN et autant de fragments d'ADN en cours de polymérisation.

Brin retardé chez les Procaryotes

Pour les Procaryotes, on pense (Kornberg, 1988) que le brin d'ADN se boucle autour de l'ADN polymérase III, ce qui le place dans le « bon » sens pour la synthèse. Ceci permet au brin retardé d'être synthétisé de manière antiparallèle au brin avancé, et cependant en même temps.

On pense que c'est une seule ADN Polymérase qui s'occupe de la synthèses des deux brins, car sa grande taille lui permet d'englober ces deux brins en même temps. Une sous-unité polymérise le brin avancé, l'autre le brin retardé.

Les nucléosomes

L'étude de la réplication chez les Eucaryotes est encore mal connue à cause de l'association de l'ADN avec les histones. De plus, le déroulement de l'ADN semble très complexe.

On suppose cependant qu'une dissociation temporaire s'opère entre l'ADN et le noyau du nucléosome, avec un probable démantèlement de celui-ci. Il faut donc synthétiser à nouveau des histones pour l'ensemble des deux brins créés.

Remarque

On pense que les nouvelles histones et les anciennes sont partagées au hasard entre les deux nouvelles molécules d'ADN.

Terminaison de la réplication

La synthèse se produisant par un allongement d'une amorce d'ARN, puis par hydrolyse de cette amorce, les deux amorces se situant aux extrémités de chaque brin fils néosynthétisés ne pourront être remplacées. Cela conduirait à des brins fils plus court d'environ 10 nucléotides que les brins parentaux sur leur extrémité 5′, et donc à un raccourcissement d'autant à chaque cycle de réplication.

C'est pour éviter ce phénomène qu'une enzyme, la télomérase, en utilisant sa propre amorce d'ARN, va rajouter artificiellement des nucléotides à l'extrémité 3′ de la chaîne d'ADN. Il ne restera plus ensuite qu'à une ADN polymérase de greffer une chaîne d'ADN sur l'extrémité 5′.

Remarque

Le nom de télomérase prête à confusion puisque l'on pourrait penser que cette enzyme va dégrader les télomères ce qui n'est évidemment pas le cas ; on aurait pu de manière beaucoup plus correcte parler de télomère-transférase.

MEDECINE CLERMONT BCU

© Dunod – La photocopie non autorisée est un délit.

Mode d'action de la télomérase (Fig. 7.4) :

- Fixation de la télomérase par sa séquence 3′-AAUCCCAAU-5′ sur le brin avancé à l'extrémité 3′ sur une séquence 5′-TTAGGG-3′.
- Greffe de trois nucléotides TTA sur l'extrémité 3′ de la chaîne d'ADN (dans le bon sens de polymérisation, soit 5′ → 3′).
- Déplacement de la télomérase de six nucléotides.

Le cycle recommence alors…

On greffe donc ainsi sur l'extrémité 3′ de la chaîne d'ADN des séquences TTAGGG. Ce qui peut paraître pour l'instant paradoxal, c'est que l'on est en train de rallonger le fragment d'ADN parental qui était déjà trop long par rapport au brin fils… Mais cet allongement « supplémentaire » va maintenant permettre à une primase de synthétiser une amorce d'ARN pour que l'ADN polymérase puisse fabriquer de l'ADN complémentaire du brin qui vient d'être rallongé, donc allonger à son tour l'extrémité 5′.

- Action de l'ADN polymérase α qui complète la synthèse du brin tardif sur son extrémité 5′ après avoir synthétisé une amorce d'ARN par son activité primase.
- Action d'une ligase pour lier la nouvelle partie d'ADN synthétisée.
- Hydrolyse de l'amorce d'ARN.

Au final, on aura toujours un brin fils plus court vers son extrémité 5′ que le brin parental à son extrémité 3′, mais cela n'a pas d'importance car on dispose maintenant d'un très grand nombre de séquences répétées. La perte à chaque réplication de quelques nucléotides ne sera pas grave puisqu'elle aura lieu dans une zone où il n'y a pas d'information génétique (le télomère).

Nous avons déjà abordé le rôle de ces séquences dans la protection de l'ADN face aux attaques enzymatiques, ou dans le vieillissement moléculaire ; en effet, si la télomérase a une activité trop faible, la longueur du chromosome ne sera pas correcte, et à terme, la cellule risque de ne plus pouvoir se diviser.

On constate, dans certains cas, qu'il est possible à l'extrémité 3′ de se recourber sur elle-même pour améliorer la protection vis-à-vis des DNAses.

Inhibiteurs des télomérases

On a remarqué que les télomérases sont toujours actives dans les tissus cancéreux, alors qu'elles sont inactives dans les cellules mises en culture. C'est la raison pour laquelle on recherche parmi des inhibiteurs de ces enzymes des agents antitumoraux.

Les Procaryotes possédant un ADN circulaire n'ont évidemment pas ce problème de terminaison de réplication.

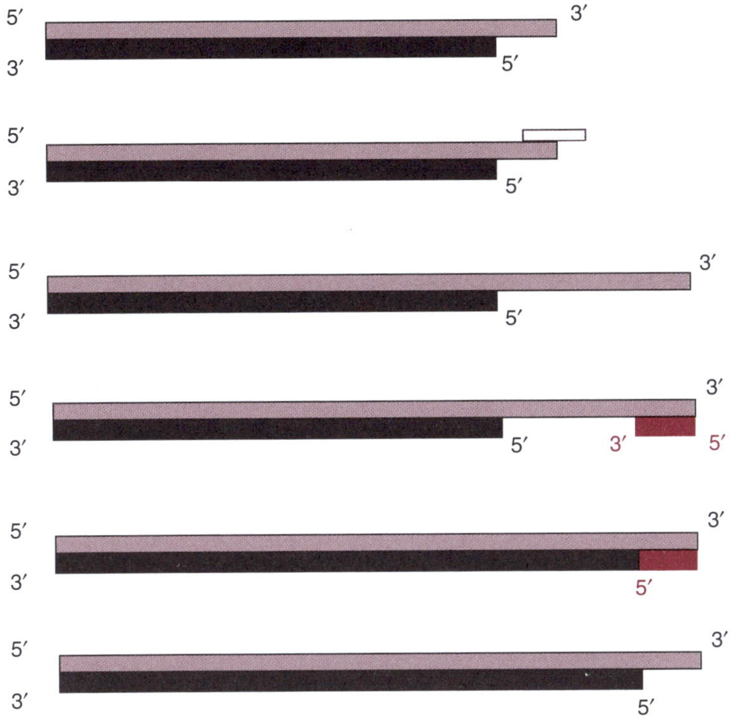

Figure 7.4 Mode d'action de la télomérase.
- Le brin matriciel (gris) est trop long sur l'extrémité 3′, le brin fils néosynthétisé (noir) sera donc trop court sur son extrémité 5′.
- La télomérase se fixe sur le brin matriciel pour l'allonger grâce à sa propre amorce d'ARN (blanc).
- Le brin matriciel est allongé.
- La copie commence sur le brin fils par un système classique débutant par une amorce d'ARN (rose).
- L'ADN polymérase α copie le brin matriciel qui a été allongé.
- Hydrolyse de l'amorce d'ARN.

2. RÉPLICATION CHEZ LES PROCARYOTES

Par souci de compréhension et de clarté, nous avons, durant l'étude de la réplication des Eucaryotes, présenté sous forme de remarques quelques points clés de la réplication chez les Procaryotes. Nous allons maintenant regrouper ces remarques (et d'autres) dans un ensemble ne traitant que des Procaryotes.

© Dunod – La photocopie non autorisée est un délit.

La plupart des mécanismes décrits ci-dessous ont été observés chez *E. coli.*

2.1. Initiation de la réplication

Il faut une séparation des deux brins d'ADN comme chez les Eucaryotes, mais celle-ci est en un seul exemplaire, ce qui signifie que la réplication a lieu une seule fois par chromosome au même moment. Cependant, puisque l'ADN est circulaire, la réplication aura lieu dans les deux sens : on dit pour cela qu'elle est *bidirectionnelle.*

La réplication va donc démarrer en une zone précise du chromosome appelée ORI C (*Origin Chromosome*) où la bulle de réplication va prendre naissance. Cette bulle va ensuite progresser dans les deux directions, aidée en cela par l'action des topo-isomérases, en grossissant de plus en plus jusqu'à ce que la totalité de l'ADN ait été répliquée.

2.2. Brin avancé et brin retardé

Le problème des deux brins antiparallèles a déjà été évoqué à propos des Eucaryotes. Pour le brin retardé, une structure particulière apparaît chez les Procaryotes, le réplisome. Il s'agit d'un complexe formé par l'association du brin retardé d'ADN, d'une ADN polymérase, d'une hélicase et d'une primase.

La région ORI C contient environ 250 pb riches en régions A/T. Une protéine dite *protéine d'initiation* appelée protéine dna A va permettre l'ouverture de la double hélice, puis des protéines dna B et C (respectivement une hélicase et une primase) vont catalyser la formation d'une fourche de réplication. On trouve encore ici des protéines SSB pour stabiliser cette fourche. La primase va alors synthétiser une amorce d'ARN en 3′. Certains auteurs parlent alors de *primosome* pour cette structure intermédiaire.

L'ADN polymérase III va alors pouvoir s'insérer dans cette fourche au niveau de l'amorce d'ARN synthétisée par la primase, puis va polymériser l'ADN dans le sens classique $5' \rightarrow 3'$. Puisqu'il y a deux brins d'ADN à répliquer, on trouvera deux réplisomes sur cette fourche de réplication.

Vous remarquerez que par souci de clarté et pour éviter les confusions, les ADN polymérases eucaryotiques sont annotées en lettres grecques, alors que les ADN polymérases procaryotiques sont numérotées en chiffres romains.

On considère que la synthèse du brin retardé se fera par un bouclage du brin d'ADN autour du réplisome, en fait autour de l'ADN polymérase III, ce qui permet une synthèse dans le sens correct $5' \rightarrow 3'$.

2.3. Hydrolyse des amorces d'ARN

Alors que chez les Eucaryotes, il faut une protéine pour hydrolyser les amorces, et une ADN polymérase pour combler la lacune formée, c'est la même enzyme qui effectue les deux tâches chez les Procaryotes : l'ADN polymérase I.

Cette enzyme est, en effet, douée d'une activité de polymérisation dans le sens $5' \rightarrow 3'$, mais également d'une activité exonucléasique $5' \rightarrow 3'$ pour hydrolyser les amorces d'ARN. Elle va donc combler les lacunes qu'elle va elle-même créer.

Bien évidemment, une ligase liera entre eux les fragments d'ADN synthétisés.

2.4. Terminaison de réplication

Le chromosome étant circulaire, le problème de la perte de matériel génétique au niveau des télomères ne se pose évidemment pas chez les Procaryotes.

Les deux fourches de réplication progressant dans deux directions opposées vont alors se rencontrer au niveau de séquences dites TER *(terminaison)*.

> Pour faciliter votre travail de révision, un comparatif des grands points de la réplication entre les Procaryotes et les Eucaryotes a été établi tableau 7.1. Vous pourrez le compléter en fonction des informations qui lui seront apportées par votre professeur.

© Dunod – La photocopie non autorisée est un délit.

Tableau 7.1 Comparaison de la réplication chez les Eucaryotes et les Procaryotes.

Étapes de réplication	**Procaryotes** ***E. coli***	**Eucaryotes** ***Homo sapiens***	**Remarques**
Initiation	Une seule zone d'initiation ORI C.	20 000 à 100 000 zones d'initiation ARS. Toutes ne sont pas forcément actives en même temps.	–
	Les deux brins d'ADN sont séparés pour donner une bulle de réplication.		
Ouverture de la double hélice de l'ADN	Protéine dna A	Protéines « hélicases » (système ORC)	*Zones riches en appariements AT moins énergétiques*
Fourche de réplication	Protéines dna B (hélicase) Protéine dna C (primase)	ADN polymérase α (+ primase ?)	*Stabilisation par protéines SSB.*
Amorces d'ARN	Intervention d'une primase qui synthétise une amorce d'ARN à partir de laquelle l'ADN polymérase commencera la synthèse de l'ADN.		–
ADN polymérases	ADN polymérase III Formation du réplisome. La réplication se fait dans les deux sens à partir de la zone ORIC	ADN polymérases δ et ε. La réplication est monodirectionnelle	–
	Polymérisation dans le sens $5' \rightarrow 3'$ Activité exonucléasique $3' \rightarrow 5'$.		
Brin retardé	Enroulement autour de l'ADN pol III	Synthèse par petits fragments.	–
Hydrolyse des amorces d'ARN	ADN polymérase I Capable de synthétiser le fragment d'ADN en remplacement.	RNAse H Incapable de synthétiser de l'ADN. Intervention d'une ADN polymérase.	–
Terminaison	Pas de problèmes puisque l'ADN est circulaire.	Intervention de la télomérase.	–

Synthèse

Je sais définir
- Réplication ;
- Semi-conservatif ;
- Hélicase ;
- Primase ;
- ADN polymérase ;
- Fragments d'Okasaki ;
- Brin avancé et brin retardé ;
- Télomérase.

Je connais
- Le rôle des hélicases et des topo-isomérases ;
- Les origines de réplication ;
- Le rôle des amorces d'ARN ;
- Le mécanisme de la polymérisation des nucléotides ;
- Les différents types d'ADN polymérases ;
- Le rôle de la télomérase.

Je sais
- Expliquer la formation de la fourche de réplication et sa progression ;
- Expliquer le mécanisme de la réplication chez les Eucaryotes ;
- Expliquer la différence de réplication entre les deux brins de la double hélice ;
- Comparer sommairement la réplication chez les Procaryotes et chez les Eucaryotes ;
- Expliquer le fonctionnement de la télomérase.

Questions à choix multiples

1 Quelle(s) est (sont) l'(les) activité(s) enzymatique(s) de l'ADN polymérase III des Procaryotes responsable(s) de la très grande fidélité de la copie d'ADN ?

❒ **a.** Activité de polymérase.
❒ **b.** Activité d'endonucléase.
❒ **c.** Activité d'exonucléase $3' \rightarrow 5'$.
❒ **d.** Activité d'exonucléase $5' \rightarrow 3'$.

2 Quelle(s) est (sont) la (les) condition(s) pour que l'ADN polymérase puisse catalyser la synthèse réplicative d'un ADN ?

❒ **a.** Des ribonucléotides comme amorces.
❒ **b.** 3 des 4 désoxyribonucléosides triphosphates.
❒ **c.** Les 4 désoxyribonucléosides triphosphates.
❒ **d.** Une molécule d'ADN matrice.

→

© Dunod – La photocopie non autorisée est un délit.

3 Indiquez-la (ou les) protéine(s) indispensable(s) à la réplication de l'ADN chez les Procaryotes.

- ❒ **a.** Primase.
- ❒ **b.** ADN ligase.
- ❒ **c.** ARN polymérase.
- ❒ **d.** ADN polymérase III.

4 Les caractéristiques suivantes de l'ADN polymérase III des Procaryotes sont exactes, sauf :

- ❒ **a.** L'ADN polymérase III catalyse l'addition de désoxyribonucléotides à une chaîne d'ADN.
- ❒ **b.** Une molécule de pyrophosphate est libérée lors de l'addition d'un désoxyribonucléotide.
- ❒ **c.** L'appariement du désoxyribonucléoside triphosphate à la chaîne d'ADN matrice est nécessaire.
- ❒ **d.** L'ADN polymérase III ne possède pas d'activité exonucléasique $3' \rightarrow 5'$.
- ❒ **e.** Une chaîne amorce est utilisée pour le démarrage de la copie.

5 Quelle(s) est (sont) l'(les) activité(s) des ADN polymérases procaryotiques leur permettant d'éliminer les amorces d'ARN ?

- ❒ **a.** Polymérase.
- ❒ **b.** Exonucléase $3' \rightarrow 5'$.
- ❒ **c.** Exonucléase $5' \rightarrow 3'$.
- ❒ **d.** Hélicase.
- ❒ **e.** Endonucléase AP.

6 Relevez-la(les) proposition(s) exacte(s) relative(s) aux origines de réplication des Eucaryotes.

- ❒ **a.** Elles sont très nombreuses, entre 20 000 et 100 000 par génome haploïde chez l'Homme.
- ❒ **b.** Environ 10 % des origines de réplication sont utilisées lors de la division cellulaire dans une cellule adulte.
- ❒ **c.** La totalité des origines de réplication est utilisée au début du développement embryonnaire.
- ❒ **d.** Les origines de réplication possèdent une séquence consensus de 11 paires de bases très riches en AT.

7 Quelle est l'ADN polymérase responsable de la biosynthèse du brin précoce chez les Eucaryotes ?

- ❒ **a.** ADN polymérase alpha.
- ❒ **b.** ADN polymérase bêta.
- ❒ **c.** ADN polymérase gamma.
- ❒ **d.** ADN polymérase delta.
- ❒ **e.** ADN polymérase oméga.

→

8 Dans les cellules de mammifères, quelle est, parmi les propositions ci-dessous, l'ADN polymérase assurant la totalité de la synthèse du brin tardif ?

- ❒ **a.** ADN polymérase sigma.
- ❒ **b.** ADN polymérase delta.
- ❒ **c.** ADN polymérase gamma.
- ❒ **d.** ADN polymérase bêta.
- ❒ **e.** ADN polymérase alpha.

9 Dans les cellules de mammifères, quelle est l'ADN polymérase, ou quelles sont les ADN polymérases, assurant la réplication complète de l'ADN télomérique après l'action de la télomérase ?

- ❒ **a.** ADN polymérase alpha.
- ❒ **b.** ADN polymérase bêta.
- ❒ **c.** ADN polymérase gamma.
- ❒ **d.** ADN polymérase delta.
- ❒ **e.** ADN polymérase epsilon.

10 Pourquoi la réplication de l'ADN s'effectue-t-elle selon des mécanismes moléculaires différents sur les deux brins ? Laquelle (lesquelles) de ces propositions est (sont), vraie(s) ?

- ❒ **a.** Parce qu'interviennent deux ADN polymérases qui polymérisent les nucléotides, pour l'une dans le sens 5′ vers 3′, et pour l'autre dans le sens 3′ vers 5′.
- ❒ **b.** Parce que toutes les ADN polymérases polymérisent les nucléotides dans le sens 5′ vers 3′.
- ❒ **c.** Parce que toutes les ADN polymérases polymérisent les nucléotides dans le sens 3′ vers 5′.
- ❒ **d.** Parce que les deux chaînes d'ADN sont antiparallèles.

11 La correction de copie (ou d'épreuve), lors de la réplication de l'ADN est réalisée par une enzyme à activité de :

- ❒ **a.** Endonucléase.
- ❒ **b.** Exonucléase $5' \rightarrow 3'$.
- ❒ **c.** Exonucléase $3' \rightarrow 5'$.
- ❒ **d.** ADN ligase.
- ❒ **e.** Hélicase.

12 À propos du site ORI C du chromosome d'*E. coli*, sélectionnez-la ou les propositions correctes.

- ❒ **a.** Le site ORI C s'étend sur environ 245 nucléotides.
- ❒ **b.** Sa structure contient 3 séquences de 13 pb, riches en GC, qui facilitent la séparation des deux brins de l'ADN.
- ❒ **c.** Sa structure contient 4 séquences de 9 pb, riches en AT.
- ❒ **d.** Il n'existe dans le chromosome bactérien qu'un seul site ORI C.
- ❒ **e.** ORI C est le site d'initiation de la transcription.

→

© Dunod – La photocopie non autorisée est un délit.

13 Parmi ces propriétés de la télomérase, laquelle (lesquelles) est (sont) exacte(s) :

- ❒ **a.** C'est une ribonucléoprotéine.
- ❒ **b.** C'est une ADN polymérase.
- ❒ **c.** C'est une transcriptase inverse.
- ❒ **d.** Elle ajoute des nucléotides en 5′ des télomères.
- ❒ **e.** Elle possède une matrice interne d'ARN.

14 Indiquer la (les) proposition(s) exacte(s).

- ❒ **a.** Les SSB en se liant à la double hélice d'ADN permettent l'écartement des deux brins.
- ❒ **b.** La matrice du brin fils est hydrolysée avant l'action de la ligase.
- ❒ **c.** La primase est une polymérase.
- ❒ **d.** Toutes les ADN polymérases relient et corrigent le brin néosynthétisé par son activité exonucléasique $3' \rightarrow 5'$.
- ❒ **e.** La primase synthétise les amorces d'ARN nécessaires à la réplication.

15 Quelle(s) est (sont) la (les) protéine(s) initiant l'ouverture de la double hélice à l'origine de réplication de l'ADN chez *E. coli* ?

- ❒ **a.** Protéine dna A.
- ❒ **b.** ARN polymérase.
- ❒ **c.** Primase.
- ❒ **d.** ADN polymérase III.
- ❒ **e.** Hélicase.

16 Quelle(s) est (sont) la (les) molécule(s) constituant le réplisome, machinerie de la réplication chez les Procaryotes ?

- ❒ **a.** ADN polymérase III.
- ❒ **b.** Protéine SSB.
- ❒ **c.** Topo-isomérase de type I.
- ❒ **d.** ADN Ligase.
- ❒ **e.** Primosome.

17 Indiquez, parmi les protéines suivantes, celle(s) qui est(sont) nécessaire(s) à la réplication complète d'un ADN dans une cellule procaryote.

- ❒ **a.** ADN polymérase I.
- ❒ **b.** ADN polymérase III.
- ❒ **c.** Primase.
- ❒ **d.** ADN hélicase.
- ❒ **e.** ADN topo-isomérase I.
- ❒ **f.** ADN topo-isomérase II.
- ❒ **g.** Protéine SSB.
- ❒ **h.** ADN ligase.

→

18 Quelle(s) est (sont) la (les) protéine(s) (ou assemblage(s) de protéines) qui fait (font) partie de la structure du réplisome ?

- ❒ **a.** Protéine dna B.
- ❒ **b.** Protéine dna C.
- ❒ **c.** ADN polymérase III.
- ❒ **d.** Primosome.

19 Parmi les affirmations suivantes relatives à la réplication de l'ADN, relevez-la (les) proposition(s) exacte(s).

- ❒ **a.** Les hélicases sont des enzymes qui dissocient les 2 brins d'une double hélice d'ADN.
- ❒ **b.** L'ADN polymérase ajoute des nucléotides sur le brin en croissance de 3′ vers 5′.
- ❒ **c.** La primase permet la formation d'une courte amorce d'ADN.
- ❒ **d.** L'action catalytique de l'ADN polymérase nécessite des ions Mg^{2+}.
- ❒ **e.** La topo-isomérase I est une enzyme qui peut couper les 2 brins d'une double hélice d'ADN.

20 Parmi les mécanismes d'action de la télomérase, retrouvez-la (les) proposition(s) exacte(s).

- ❒ **a.** C'est une enzyme capable de raccourcir les extrémités télomériques des chromosomes.
- ❒ **b.** Les télomères contiennent un motif hexamérique répété plusieurs centaines de fois et reconnu par la télomérase.
- ❒ **c.** La télomérase est une protéine qui renferme une séquence d'ARN.
- ❒ **d.** La télomérase intervient dans la réplication du brin précoce.
- ❒ **e.** La télomérase intervient dans la recombinaison de l'ADN télomérique.

21 Parmi les affirmations suivantes relatives à la réplication de l'ADN, relevez la (ou les) proposition(s) exacte(s) ?

- ❒ **a.** Lors de la formation de la fourche de réplication, le brin retardé est synthétisé de façon continue.
- ❒ **b.** La primase permet la formation d'une courte amorce d'ADN.
- ❒ **c.** L'action catalytique de l'ADN polymérase nécessite des ions Mg^{2+}.
- ❒ **d.** La phase d'initiation de la réplication nécessite l'intervention d'hélicases.
- ❒ **e.** Elles possèdent une activité 3′-5′ endonucléase.

22 Parmi les propositions suivantes relatives à la réplication de l'ADN, laquelle (ou lesquelles) est (sont) exacte(s) ?

- ❒ **a.** La réplication de l'ADN donne deux molécules identiques.
- ❒ **b.** La réplication est conservative.
- ❒ **c.** Au niveau de la fourche de réplication, les deux molécules filles sont synthétisées à la même vitesse.
- ❒ **d.** Le mécanisme d'action de la télomérase implique la synthèse d'un motif $(TTAGGG)_n$ qui allonge le brin 3′-5′ de l'ADN des chromosomes.
- ❒ **e.** Les ADN polymérases allongent le brin matrice dans le sens 5′ vers 3′.

© Dunod – La photocopie non autorisée est un délit.

Corrigés

1 ❒ **a.** ❒ **b.** ☒ **c.** ❒ **d.** C'est la fonction de correction des erreurs qui permet la grande fidélité de la réplication de l'ADN, aussi bien d'ailleurs chez les Procaryotes que chez les Eucaryotes. Lors de ces corrections, c'est l'activité exonucléasique $3' \rightarrow 5'$ qui intervient pour enlever le dernier nucléotide placé en 3′.

2 ☒ **a.** Il faut effectivement une amorce d'ARN.
❒ **b.** L'ensemble des quatre désoxyribonucléotides est nécessaire, puisqu'on les retrouve tous dans l'ADN.
☒ **c.**
☒ **d.** Il faut évidemment une chaîne à copier pour répliquer l'ADN.

3 ☒ **a.** La primase intervient avant l'action de l'ADN polymérase III pour la synthèse des amorces d'ARN.
☒ **b.** Pour relier entre eux les différents fragments d'ADN néosynthétisés.
❒ **c.** Cette proposition est ambiguë car on peut considérer que la primase est une ARN polymérase, puisqu'elle synthétise une amorce d'ARN.
☒ **d.** C'est la polymérase des Procaryotes.

4 ☒ **a.** Les ADN polymérases allongent la chaîne d'ADN en cours de synthèse, mais on pourrait aussi penser qu'elle permet l'addition de ces désoxyribonucléotides sur une chaîne d'ARN, l'amorce.
☒ **b.** C'est grâce à la rupture de cette liaison que la polymérase trouve l'énergie nécessaire à la synthèse du brin fils.
☒ **c.** Lorsque ce nucléotide triphosphate s'est apparié à la chaîne matrice, l'ADN polymérase peut le greffer à la chaîne en cours de synthèse.
❒ **d.** Toutes les ADN polymérases, à l'exception de l'ADN polymérase α des Eucaryotes, possèdent cette activité exonucléasique $3' \rightarrow 5'$ qui permet la correction des erreurs.
☒ **e.**

5 ❒ **a.** ❒ **b.** ☒ **c.** ❒ **d.** ❒ **e.** L'activité exonucléasique $5' \rightarrow 3'$ permet aux seules polymérases procaryotiques d'hydrolyser les amorces d'ARN qu'elles rencontrent pour les remplacer ensuite par de l'ADN qu'elles synthétisent elles-mêmes.

6 ☒ **a.** C'est ce qui permet de copier la totalité du génome sur une durée d'environ 8 heures, alors que s'il n'y avait qu'une seule origine de réplication, il faudrait une trentaine de jours.
☒ **b.** Chez un adulte, la division cellulaire n'étant pas très élevée, seul 10 % des origines de réplication sont utilisées.
☒ **c.** L'embryon qui est dans une phase de croissance, donc une phase de division énorme, doit utiliser la totalité de ses origines de réplication.

☒ **d.** On retrouve cette séquence de 11 pb chez un grand nombre d'espèces, et elles sont très riches en appariements AT, plus faciles à rompre que les appariements GC.

7
☒ **a.** Il faut comprendre par « brin précoce » la toute première partie de l'ADN à la suite de l'amorce d'ARN, soit l'ADN polymérase α (qui ensuite seulement sera remplacée par l'ADN polymérase δ).
❒ **b.**
❒ **c.**
❒ **d.**
❒ **e.**

8
❒ **a.** Pour je brin tardif, les fragments d'Okasaki seront obtenus par l'action de l'ADN polymérase α.
❒ **b.**
❒ **c.**
❒ **d.**
☒ **e.**

9
☒ **a.** Il s'agit là encore de l'ADN polymérase α qui viendra assurer la synthèse de la partie d'ADN du coté 5′, plus court que le coté 3′, que la télomérase vient en plus de rallonger de manière importante.
❒ **b.**
❒ **c.**
❒ **d.**
❒ **e.**

10
❒ **a.** On ne connaît pour l'instant aucune polymérase (eucaryotique ou procaryotique) capable de polymériser dans le sens 3′ → 5′.
☒ **b.**
❒ **c.**
☒ **d.**

11
❒ **a.** C'est l'activité exonucléasique 3′ → 5′ qui permet de corriger le dernier nucléotide inclus dans le brin d'ADN en cours de synthèse.
❒ **b.**
☒ **c.**
❒ **d.**
❒ **e.**

12
☒ **a.**
❒ **b.** Les séquences sont riches en AT, car l'appariement est plus faible, donc plus facile à rompre.
❒ **c.** Il y a bien 4 séquences, mais qui ne servent qu'à la reconnaissance avec des facteurs protéiques, et qui ne sont donc pas riches en appariements AT.
☒ **d.** Les Procaryotes n'ont qu'une seule origine de réplication.
❒ **e.** Il s'agit du site d'initiation de la réplication.

13
☒ **a.**
☒ **b.** Elle polymérise une chaîne d'ADN. Il faut cependant noter que pour certains auteurs, une ADN polymérase ne peut polymériser de l'ADN qu'à partir d'une matrice d'ADN, ils ne considèrent donc pas la télomérase comme une ADN polymérase.
☒ **c.** Elle permet de placer des désoxyribonucléotides à partir d'une matrice d'ARN.
❒ **d.** Les nucléotides sont placés en 3′ du brin fils.
☒ **e.**

© Dunod – La photocopie non autorisée est un délit.

14 ☐ **a.** Les SSB ne se lient qu'à un monobrin pour l'empêcher de se ressouder avec l'autre brin, ou de s'enrouler sur lui-même, mais elles ne se fixent pas sur la double hélice.
☐ **b.** C'est l'amorce d'ARN qui est hydrolysée, pas l'ADN parental matriciel.
☒ **c.** C'est même une ARN polymérase.
☐ **d.** On sait que l'ADN polymérase α est la seule polymérase qui ne possède pas cette activité.
☒ **e.**

15 ☒ **a.** C'est la protéine dna A qui possède la propriété d'ouvrir la double hélice d'ADN pour initier la réplication.
☐ **b.**
☐ **c.**
☐ **d.**
☐ **e.**

16 ☒ **a.**
☒ **b.**
☐ **c.** Ces topo-isomérases vont induire des supertours négatifs pour compenser les supertours positifs générés par l'ouverture et l'avancée de la bulle de réplication.
☐ **d.** L'ADN ligase intervient en fin de réplication pour lier les fragments d'ADN néosynthétisés entre eux.
☒ **e.**

17 ☒ **a.** ☒ **e.**
☒ **b.** ☒ **f.**
☒ **c.** ☒ **g.**
☒ **d.** ☒ **h.**

Toutes ces protéines sont impliquées dans la réplication de l'ADN des Procaryotes.

18 ☒ **a.** Là encore, toutes ces protéines sont impliquées dans la structure du réplisome.
☒ **b.**
☒ **c.**
☒ **d.**

19 ☒ **a.** Elles ouvrent la double hélice pour que la réplication puisse avoir lieu.
☐ **b.** Le sens de réplication est de 5′ vers 3′.
☐ **c.** L'amorce est de nature ARN.
☒ d.
☐ **e.** Les topo-isomérases de type I ne coupent qu'un seul brin d'ADN.

20 ☐ **a.** Elle allonge les extrémités 3′.
☒ **b.**
☒ **c.** C'est grâce à cette matrice d'ARN que la télomérase pourra rallonger le brin d'ADN.
☐ **d.** Elle intervient dans la réplication des deux brins.
☐ **e.**

21 ❒ **a.** Le brin retardé est synthétisé de façon discontinue.
❒ **b.** L'amorce est de nature ARN.
☒ **c.**
☒ **d.**
❒ **e.** L'activité de relecture est exonucléasique.

22 ☒ **a.**
❒ **b.** La réplication est semi-conservative.
❒ **c.** L'un des brins est synthétisé de manière retardée.
❒ **d.** C'est le côté 3′ qui est allongé.
❒ **e.** Le brin matrice n'est pas allongé puisqu'il est seulement copié.

© Dunod – La photocopie non autorisée est un délit.

8 Lésions et corrections de l'ADN

Plan

Cours

1. Les agents mutagènes :
   - Agents chimiques
   - Agents intercalants
   - Agents analogues de bases
   - Agents physiques
2. Réparations de l'ADN :
   - Réparations des cassures de l'ADN
   - Correction des mésappariements
   - Mécanisme d'excision-resynthèse
   - Correction d'une base anormale
   - Réparations directes d'une base
   - Réparations postréplicatives des dimères de thymine
   - Réparation des cassures double brin

Synthèse

QCM

Corrigés des QCM

Objectifs

- Connaître les différents agents mutagènes et leurs modes d'action
- Connaître les conséquences de chaque type de mutation
- Connaître les différents types de réparations de l'ADN

Cours

Les **mutations** peuvent être dues à des erreurs de copie des bases puriques ou pyrimidiques qui se produisent le plus souvent lors de la réplication de l'ADN. Ces mutations, lorsqu'elles n'affectent qu'une seule base, sont dites *ponctuelles*.

La conséquence est donc que le brin fils nouvellement synthétisé n'est plus la copie exacte du brin matriciel parental.

Ces différentes mutations au cours de la réplication sont :

- Des substitutions :
  Il s'agit du changement d'une paire de base en une autre. Lorsqu'une base purique remplace une autre base purique, ou qu'une base pyrimidique remplace une autre base pyrimidique, on parle de *transition.* Lorsqu'une base purique remplace une base pyrimidique, ou inversement, on parle de *transversion.*
- Des oublis :
  On parle de *mutation par délétion.*
- Des ajouts :
  On parle de *mutation par insertion.*

Points chauds de l'ADN

On considère qu'il se produit un seul accident de réplication pour 10^6 à 10^{11} bases correctement répliquées, mais on observe que ces mutations ne sont pas équitablement réparties dans le génome. Les zones riches en CG (îlots CG) sont ainsi considérées comme des « points chauds » de l'ADN. En effet, les cytosines sont très souvent méthylées chez l'Homme, et une désamination d'une telle base entraîne la formation d'une thymine, qui n'est donc pas reconnue comme une erreur dans l'ADN, puisque naturellement présente.

Ces mutations peuvent aussi être dues à l'intervention de nombreux facteurs appelés de ce fait agents mutagènes, qui peuvent être d'origine exogène ou endogène.

Toutes ces mutations peuvent toucher un seul nucléotide, et on parle alors de mutations ponctuelles, soit toucher de grandes séquences d'ADN. On observe alors des délétions, des insertions, voire des duplications de gènes.

1. LES AGENTS MUTAGÈNES

1.1. Agents chimiques

Ces agents peuvent produire des modifications chimiques sur certaines bases, et donc les transformer.

- Désamination de la cytosine en uracile (la fonction amine NH_2 est remplacée par une fonction hydroxyle OH) en milieu aqueux avec libération d'ammoniaque.

  Cette cytosine initiale devenue uracile va, lors de la réplication suivante, être appariée à une adénine ; la paire initiale C-G est donc à terme remplacée par une paire U-A, puis T-A (Fig. 8.1).
- Action de l'acide nitreux qui provoque la désamination de l'adénine, ce qui forme de l'hypoxanthine. Ce dérivé de base peut alors s'apparier, à la réplication suivante avec de la cytosine. La paire initiale A-T est donc remplacée par une paire H-C, puis finalement par une paire G-C (Fig. 8.2).

© Dunod – La photocopie non autorisée est un délit.

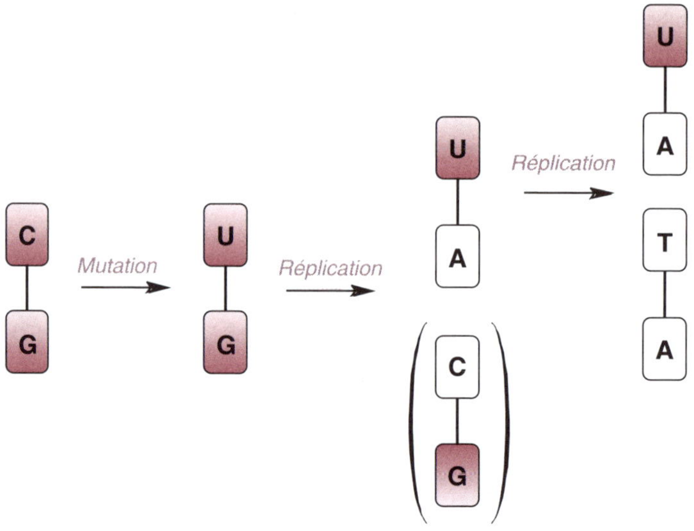

Figure 8.1 Remplacement d'une paire C-G en paire T-A.
En rose apparaissent les nucléotides de l'ADN initial, entre parenthèses une molécule d'ADN synthétisée qui ne nous intéresse pas pour notre étude.

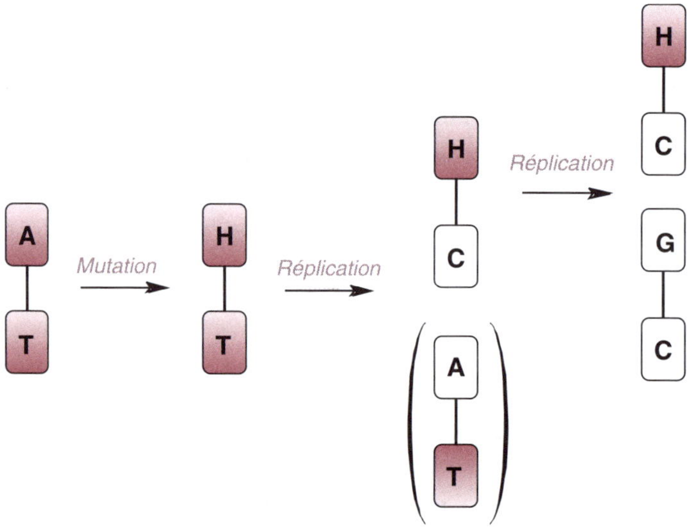

Figure 8.2 Remplacement d'une paire A-T par une paire G-C.

- Dépurination, c'est-à-dire perte d'une base sur un nucléotide qui forme donc un site abasique (environ 5 000 bases/jour/cellule sont concernées).
- Action des nitrosamines qui provoquent notamment des alkylations préférentiellement localisées sur le C6 de la guanine, donnant ainsi de la 6-O-méthylguanine capable de s'apparier à la réplication suivante avec de la thymine, qui elle-même

s'appariera ensuite avec de l'adénine. La paire initiale G-C est donc remplacée par une paire A-T (Fig. 8.3).

- Les radicaux libres (ions superoxydes, radicaux hydroxydes…) peuvent oxyder la guanine en 7,8-dihydro-8-oxo-guanine (appelée oxo-guanine) qui peut s'apparier aussi bien avec de l'adénine qu'avec de la cytosine. À la réplication suivante, oxo-guanine s'apparie avec de l'adénine, puis ensuite cette adénine s'apparie avec de la thymine. La paire initiale G-C est donc remplacée par une paire T-A (Fig. 8.4).

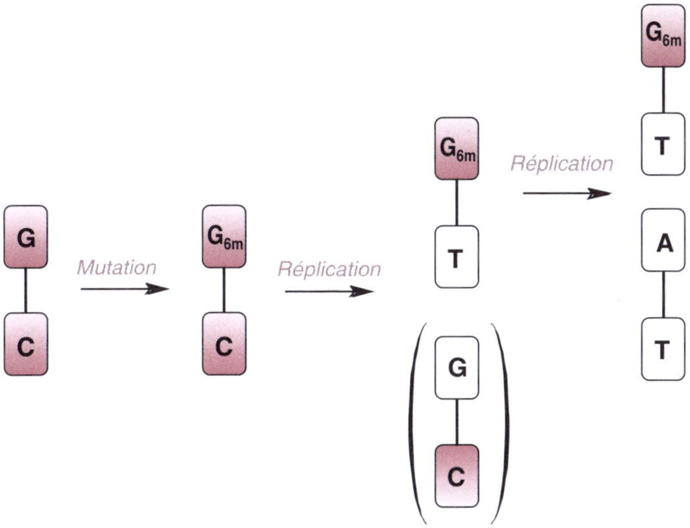

Figure 8.3 Remplacement d'une paire G-C par une paire A-T.

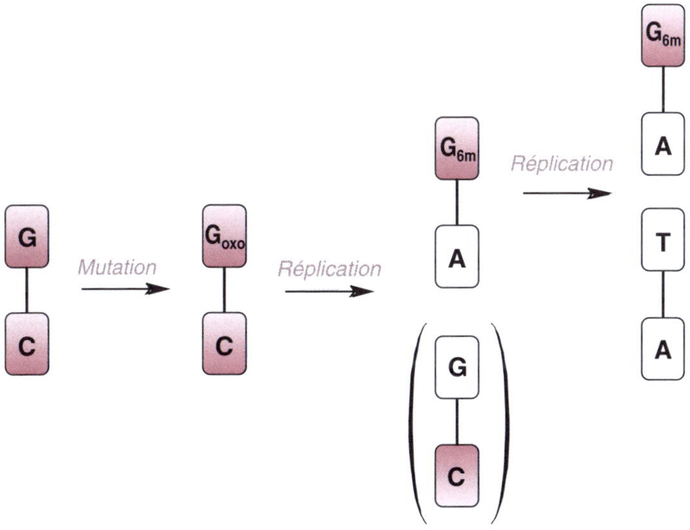

Figure 8.4 Remplacement d'une paire G-C par une paire T-A.

© Dunod – La photocopie non autorisée est un délit.

Remarque

Cette mutation est fréquemment rencontrée dans les cas de cancers humains.

1.2. Agents intercalants

Ces composés cycliques et plans peuvent se glisser entre les plans des bases de l'ADN et provoquer des délétions ou des insertions de bases.

On connaît, par exemple, le bromure d'éthidium ou BET, ou encore la proflavine et le psoralène (Fig. 8.5).

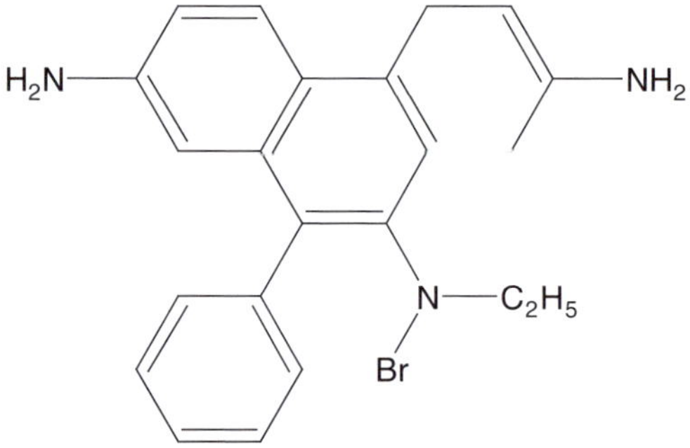

Figure 8.5 Structure du BET.

Nous verrons plus loin que le BET n'est pas seulement un agent mutagène, mais également un marqueur de l'ADN. En effet, lorsque le BET s'intercale, il modifie les caractéristiques de l'ADN en le rendant notamment phosphorescent, ce qui permet de « marquer » cet ADN (*cf. Chap. 11, Les outils et techniques de la biologie moléculaire*).

1.3. Agents analogues de bases

Le cas le plus connu est celui de la 5-bromo-uracile (Fig. 8.6) qui se comporte comme la thymine et s'apparie donc avec l'adénine ; mais l'équilibre de tautomérisation la transforme en forme énol, qui à la réplication suivante s'apparie avec la guanine, qui elle-même s'appariera ensuite avec une cytosine. La paire initiale T-A est donc remplacée par une paire C-G.

Figure 8.6 Structure de la 5-bromo-uracile

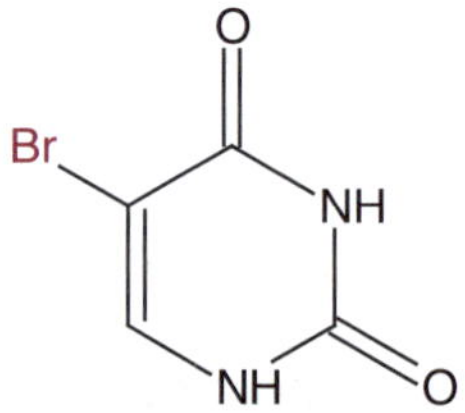

1.4. Agents physiques

Il s'agit principalement des radiations telles que les rayons X ou les ultraviolets (UV) qui sont absorbées par l'ADN, notamment au niveau des bases pyrimidiques.

Si, sur un même brin d'ADN, on rencontre deux thymines contiguës, elles vont se lier par des liaisons de covalence et former ainsi un dimère de thymine (Fig. 8.7). Ces dimères de thymine bloquent ainsi l'avancée de l'ADN polymérase et stoppent donc la réplication.

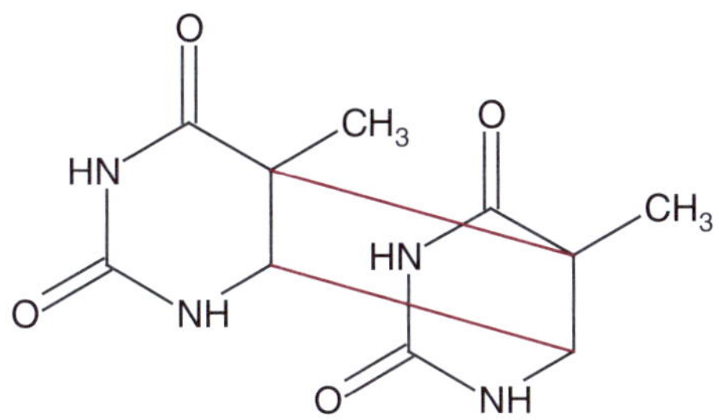

Figure 8.7 Structure d'un dimère de thymine (seules les bases sont représentées).

> Pour comprendre pourquoi ces rayonnements sont énergétiques, et peuvent donc provoquer ces dégâts au niveau de l'ADN, vous pouvez vous reporter au cours de biophysique.

Rayonnements et ADN

Suivant la dose et l'énergie de ces rayons, on peut également assister à des cassures de l'ADN. C'est notamment le cas avec les rayonnements gamma issus des réactions nucléaires qui sont des rayons très pénétrants et très énergétiques. C'est d'ailleurs ce qui rend ces rayons si cancérigènes.

2. RÉPARATIONS DE L'ADN

Toutes les cellules possèdent des systèmes de réparation de l'ADN qui sont toujours en alerte et veillent sur l'intégrité du matériel génétique. Il est, en effet, primordial de corriger les erreurs qui ne manqueront pas d'apparaître dans l'ADN si l'on désire maintenir la fidélité des copies du matériel génétique. Il existe donc plusieurs types de systèmes de réparation qui agiront sur les différents types de mutations.

© Dunod – La photocopie non autorisée est un délit.

Nous ne reparlerons pas ici de l'activité de correction des ADN polymérases que nous avons vue lors de la réplication.

2.1. Réparation des cassures de l'ADN

C'est le système DSBR *(Double Strand break repair)* qui va réparer ces cassures, en retrouvant l'information correcte sur la chromatide sœur. Sa déficience entraîne le syndrome de Bloom (retard de croissance, diabète, prédisposition au cancer) ou celui de la cassure de Nimégue (microcéphalie, retard de croissance, prédisposition au cancer).

2.2. Correction des mésappariements produits lors de la réplication

Certains des mésappariements produits lors de la réplication n'ont pas été corrigés par l'activité de relecture de l'ADN polymérase. C'est donc le système MMR *(MisMatch Repair)* qui ausculte l'ADN sur le brin nouvellement synthétisé et repère les mésappariements.

Les protéines sont MSH *(Mut S Homologs)* très proches des protéines du système MutS des Procaryotes, et MLH *(Mut L homologs)* très proches des protéines du système Mut L des Procaryotes.

Chez les Procaryotes

Chez les Procaryotes, le système Mut S se fixe sur les mésappariements, Mut L stabilise le complexe, et Mut H coupe le brin d'ADN néosynthétisé. Des exonucléases interviennent ensuite pour enlever une partie de l'ADN avant que l'ADN polymérase III ne comble la brèche.

Une fois que le système MMR a reconnu le mésappariement, une endonucléase hydrolyse le brin d'ADN en amont et en aval du mésappariement.

Une autre hypothèse consiste à penser qu'une endonucléase coupe le brin d'ADN en amont ou en aval du mésappariement, puis qu'une exonucléase (5'→3' dans un cas, 3'→5' dans l'autre) hydrolyse l'ADN en incluant le mésappariement. Vous devez donc prendre garde à l'hypothèse que votre professeur considère comme la bonne.

Il ne restera plus qu'à une ADN polymérase d'intervenir pour combler la brèche, puis à une ligase de terminer le travail.

Ce système est très important car il permet notamment de réparer les mésappariements T-G (appelés parfois bulles T-G) qui ne sont pas reconnus par les systèmes d'excision de base, la thymine n'étant bien évidemment pas reconnue comme une base modifiée puisqu'elle est naturellement présente dans l'ADN.

Défauts dans le système MMR

Les cinq gènes codant ces enzymes de réparation peuvent aussi être affectés par des mutations, ce qui entraîne l'impossibilité de réparation de l'ADN. On a ainsi trouvé que les malades atteints du cancer du colon sans polypose possédaient des lésions dans ces systèmes de réparation. Ces lésions sont connues sous le nom de syndrome de Lynch, ou encore HNPCC *(Hereditary Non Polyposis Colon Cancer)*.

2.3. Excision-resynthèse de nucléotides ; réparation des dimères de thymine

Ces dimères de thymine, produits pas les rayonnements ultraviolets, vont être enlevés par un système de réparation spécifique.

Il y a d'abord reconnaissance du dimère de thymine, ouverture de la double hélice par une hélicase, coupure par une endonucléase (deux incisions du brin d'ADN) qui coupe le brin d'ADN de part et d'autre du dimère de thymine sur une longueur d'environ 30 nucléotides, la brèche est ensuite comblée par l'ADN polymérase δ en utilisant le brin intact comme matrice, et enfin les extrémités sont soudées par une ADN ligase.

Toutes les enzymes de ce système de réparation sont appelées ERCC1 *(Excision Repair Cross Complementary)* ou XPA, XPB, XPC,…,XPG (XP pour *Xeroderma Pigmentosum*) codés par les sept gènes XP.

Ce type de mécanisme permet de réparer d'autres lésions que les dimères de thymine.

Xeroderma pigmentosum

Des anomalies dans ce système de réparation entraînent des affections comme le *Xeroderma pigmentosum* (les gènes concernés codent pour les enzymes du système d'excision-resynthèse).

Les sujets atteints développent une extrême sensibilité aux ultraviolets, et donc au soleil, et ne peuvent s'exposer à la lumière du jour sans risquer des cancers de la peau. Les enfants atteints de cette maladie sont connus sous le nom d'*enfants de la lune*, puisqu'ils ne peuvent sortir non protégés que la nuit.

© Dunod – La photocopie non autorisée est un délit.

Remarque

Ce mode de réparation est également connu sous le nom de système NER *(Nucléotide Excision Repair).*

2.4. Correction d'une base anormale par excision

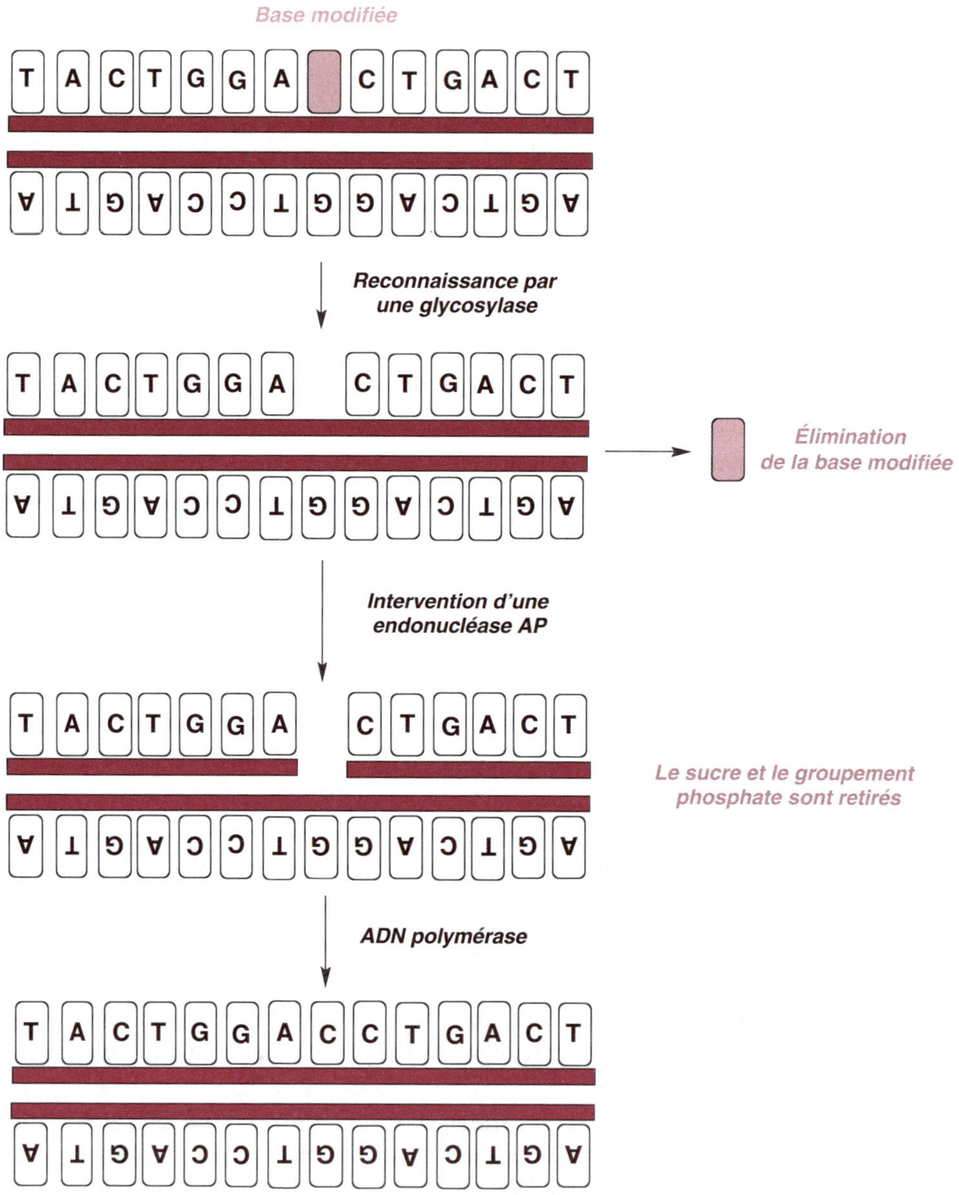

Figure 8.8 Principe de la réparation de l'ADN par excision d'une base.

Nous avons vu que des bases peuvent subir des modifications chimiques par l'action d'agents mutagènes. Des enzymes sont alors capables de n'exciser que la base touchée par cette modification.

Nous avons déjà vu que les substrats de ces enzymes sont des bases modifiées (pas la thymine qui existe normalement dans l'ADN) comme l'uracile, l'hypoxanthine, la 3-méthyl cytosine, la 8-oxo guanine, mais aussi les bases dépurinées.

Une glycosylase élimine la base modifiée (ces glycosylases sont plus ou moins spécifiques en fonction du type de modification reconnue), ce qui crée un site abasique (sans base) reconnu par une endonucléase AP (Apurinic ou Apyrimidic), puis par une exonucléase, ce qui retire le sucre et son groupement phosphate. Le trou ainsi constitué est bouché par une ADN polymérase β (structure établie en 1994), puis une ligase scelle le tout (Fig. 8.8).

> Remarque
>
> On connaît ce mode de réparation également sous le nom de système BER *(Base Excision Repair)*. C'est ce même système qui intervient dans le cas d'une délétion (oubli d'une base) lors de la réplication.

2.5. Réparations directes sur les bases

De même que des agents mutagènes ont pu modifier chimiquement une base, il existe des enzymes capables de retirer ces modifications et de revenir à une base normale.

> Remarque
>
> On peut ainsi retirer les groupes méthyles des guanines méthylées, mais également enlever le pontage entre deux thymines grâce à une photolyase (enzyme agissant par transfert d'électrons activés par la lumière).

Ces modifications se font alors *in situ*, c'est-à-dire sur l'ADN même, sans excision ni de base, ni de nucléotide.

2.6. Réparations postréplicatives des dimères de thymine

Ces réparations se feront à l'issue de la réplication, si celles-ci n'ont pu être prises en charges par les systèmes enzymatiques que nous venons d'étudier (si ces systèmes sont débordés par exemple).

Il en résulte que l'ADN polymérase saute le dimère de thymine pour continuer la réplication, ce qui entraîne pour le brin fils une lacune, et pour le brin parental matriciel la présence d'un dimère de thymine ; l'information génétique est donc perdue sur l'ensemble des deux brins, ce qui peut entraîner de graves conséquences pour la cellule, puisqu'il ne reste plus l'information originelle intacte. Il faut donc absolument régler ce problème avant que la cellule ne se divise et que l'information ne soit définitivement perdue.

© Dunod – La photocopie non autorisée est un délit.

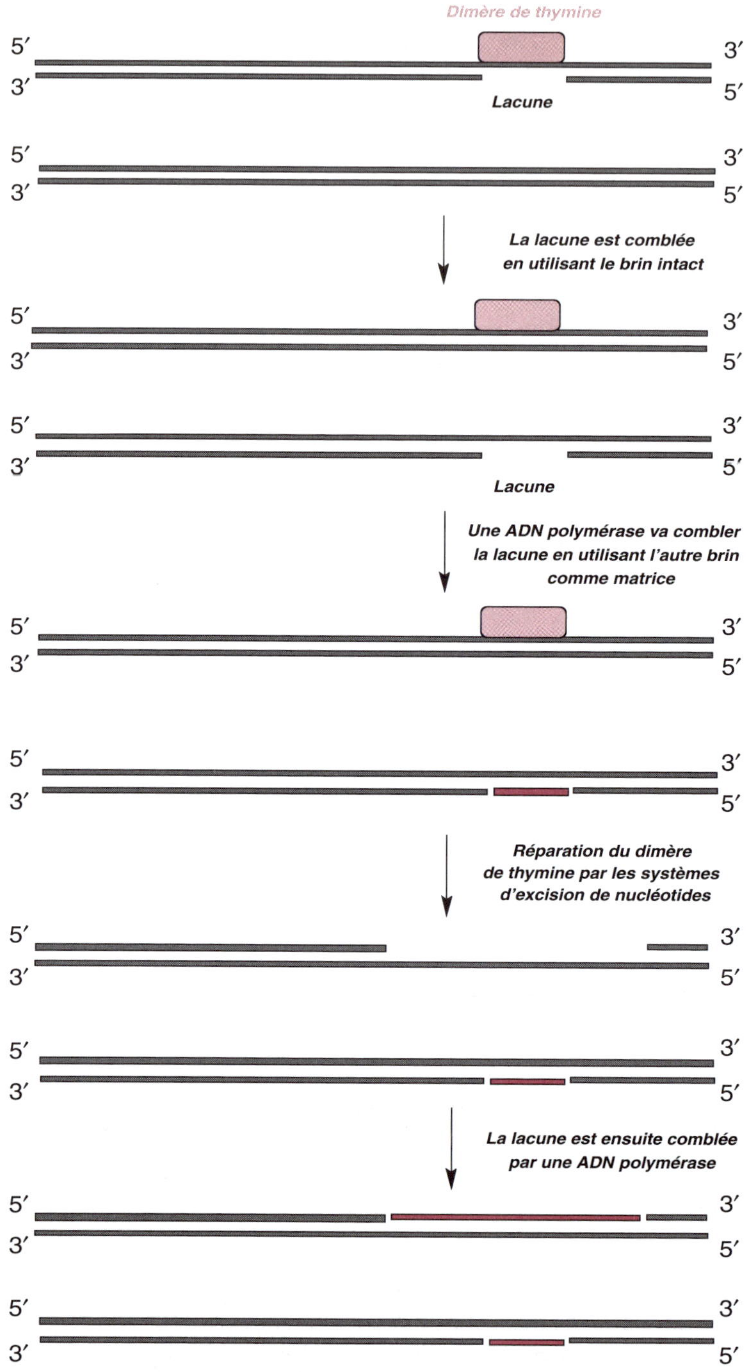

Figure 8.9 Mode d'action de la protéine RecA.
Les fragments d'ADN polymérisés ont été représentés en rose foncé.

Une protéine, la protéine RecA (Rec pour Recombinaison), va utiliser la deuxième double hélice d'ADN intacte pour reconstituer celle qui est lésée et combler la lacune sur le brin fils en face du dimère de thymine (Fig. 8.9). Ceci crée donc une lacune située cette fois sur le brin parental de l'autre double hélice, mais qui possède un brin fils normal, à partir duquel une polymérase pourra combler la lacune. Sur l'autre double hélice, les systèmes d'excision-resynthèse pourront enlever le dimère de thymine et combler la lacune car le brin fils est redevenu normal. On peut donc dire en résumé que l'on transfère la lacune d'un brin à un autre, pour permettre la réparation.

À l'issue, on aura bien deux doubles hélices normales.

De par son mode d'action, nous verrons plus loin que ce système de réparation RecA (ou des protéines ayant un fonctionnement similaire) est également impliqué dans les échanges de matériel génétique entre chromatides (crossing-over).

Il existe des ADN polymérases dites translesionnelles capables de passer le dimère de thymine, ce que ne peuvent pas faire les ADN polymérases classiques. Cependant elles ne peuvent réussir à placer les bons nucléotides en face des deux thymines appariées. Une fois le dimère de thymine passé, ce sont les ADN polymérases réplicatives qui continuent le travail. Le résultat est donc que la lésion a été passée avec la poursuite de la réplication, mais au prix de l'introduction d'une mutation dans la copie.

Synthèse

Je sais définir

- Mutation ;
- Point chaud ;
- Agent mutagène ;
- Substitution, insertion et délétion ;
- Mesappariement.

Je connais

- Les différents types d'agents mutagènes et leurs conséquences ;
- Les systèmes de réparation des lésions ;
- Les pathologies liées aux déficiences des systèmes de réparation.

Je sais

- Expliquer comment un agent mutagène peut entraîner une lésion dans l'ADN ;
- Comment la cellule est capable de réparer les lésions de l'ADN ;
- Différencier les systèmes de réparation NER et BER.

© Dunod – La photocopie non autorisée est un délit.

Questions à choix multiples

1 La guanine présente dans l'ADN peut se transformer par désamination spontanée en une autre base, laquelle ?

❒ **a.** Adénine.
❒ **b.** Uracile.
❒ **c.** Xanthine.
❒ **d.** Hypoxanthine.
❒ **e.** Inosine.

2 Dans les cellules, la cytosine peut se transformer spontanément en une (d') autre(s) base(s). Indiquez laquelle (lesquelles).

❒ **a.** 5-méthyl cytosine.
❒ **b.** Adénine.
❒ **c.** Uracile.
❒ **d.** Thymine.
❒ **e.** Hypoxanthine.

3 Quelle est la base formée par la désamination de la 5-méthyl cytosine ?

❒ **a.** Cytosine.
❒ **b.** Uracile.
❒ **c.** Thymine.
❒ **d.** Dihydro-uracile.
❒ **e.** Hypoxanthine.

4 Parmi les lésions de l'ADN, quelle est celle qui est provoquée par les UV ?

❒ **a.** Dimères de thymine.
❒ **b.** Dépurination.
❒ **c.** Désamination de la cytosine.
❒ **d.** Désamination de l'adénine.
❒ **e.** Pontage des deux brins de la double hélice.

5 Parmi les propositions suivantes, indiquez l'enzyme utilisée chez les mammifères pour l'une des étapes du mécanisme de réparation par excision de nucléotides (système de réparation NER, employé par exemple pour la réparation de la formation de dimères de thymine).

❒ **a.** ADN polymérase sigma.
❒ **b.** ADN polymérase delta.
❒ **c.** ADN polymérase gamma.
❒ **d.** ADN polymérase bêta.
❒ **e.** ADN polymérase alpha.

→

6 Dans une cellule eucaryote de mammifère, la réparation de la désamination de l'adénine est effectuée principalement par la voie dite BER (« base excision repair »). Indiquez, parmi les molécules suivantes, celle(s) qui est (sont) employée(s) pour la réparation.

❒ **a.** Hypoxanthine-ADN glycosylase.
❒ **b.** ADN polymérase delta.
❒ **c.** ADN polymérase bêta.
❒ **d.** Endonucléase AP.
❒ **e.** Phosphodiestérase.

7 Quelle est parmi les molécules suivantes, celle qui termine la réparation des lésions qui apparaissent dans l'ADN chez les Eucaryotes après le système d'excision des nucléotides ?

❒ **a.** Endonucléase AP.
❒ **b.** ADN polymérase I.
❒ **c.** ADN ligase.
❒ **d.** Phosphodiestérase.
❒ **e.** Primase.

8 Les enzymes d'*E. coli* Mut S et Mut L :

❒ **a.** Sont impliquées dans la réparation de l'ADN par excision de base.
❒ **b.** Sont impliquées dans la réparation des mésappariements de l'ADN après la réplication.
❒ **c.** Sont impliquées dans la réparation de la désamination de la 5-méthyl cytosine en thymine.
❒ **d.** S'associent pour couper l'ADN au niveau d'un brin méthylé.
❒ **e.** Ont pour homologues, chez l'Homme, les protéines hMLH et hMSH qui sont responsables lorsqu'elles sont mutées, de cancers du colon.

Laquelle (lesquelles) de ces propositions est (sont) vraie(s) ?

9 Les propositions suivantes concernant les lésions de l'ADN et leur réparation sont vraies sauf une :

❒ **a.** Tous les produits de désamination spontanée des bases de l'ADN sont reconnus par des enzymes spécifiques.
❒ **b.** La dépurination spontanée et l'élimination de l'adénine désaminée par l'hypoxanthine ADN glycosylase produisent toutes deux un intermédiaire identique qui est reconnu par l'AP endonucléase.
❒ **c.** Seule la première étape de la réparation est catalysée par des enzymes plus ou moins spécifiques. Les autres étapes sont communes à la réparation des lésions.
❒ **d.** L'irradiation UV induit préférentiellement dans l'ADN la formation de dimères de thymine.
❒ **e.** Il existe un enzyme spécifique pour la réparation de la lésion préférentiellement produite par irradiation ultraviolette.

→

© Dunod – La photocopie non autorisée est un délit.

10 Quelle est la base formée par la désamination spontanée de l'adénine ?

- ❒ **a.** Hypoxanthine.
- ❒ **b.** Xanthine.
- ❒ **c.** Guanine.
- ❒ **d.** Inosine.
- ❒ **e.** Uracile.

11 Parmi les propositions suivantes, quelle(s) est(sont) celle(s) qui est(sont) exacte(s) ?

- ❒ **a.** Une transition est une mutation ponctuelle qui consiste en l'échange d'une base purique par une base pyrimidique.
- ❒ **b.** La cytosine présente dans l'ADN se transforme par désamination oxydative en milieux aqueux en adénine.
- ❒ **c.** L'acide nitreux, agent mutagène chimique, provoque une transversion.
- ❒ **d.** La dépurination de l'ADN consiste en l'hydrolyse de la liaison β-N-glycosidique d'un nucléotide purique avec la production d'un site abasique.
- ❒ **e.** L'alkylation de la guanine provoque une transition.

12 Parmi les propositions suivantes, quelle(s) est(sont) celle(s) qui est(sont) exacte(s) ?

- ❒ **a.** La réparation d'une base méthylée peut être faite par un mécanisme excisant la base concernée.
- ❒ **b.** Le radical hydroxyle OH· provoque l'oxydation de la guanine à l'origine d'une transversion observée dans certains cancers humains.
- ❒ **c.** La dépurination est provoquée par l'action des UV.
- ❒ **d.** L'ADN photolyase répare les pontages entre les deux brins de la double hélice.
- ❒ **e.** Les rayons X provoquent des cassures dans la double hélice d'ADN.

13 Quelle(s) est (sont) la (les) protéine(s) impliquée(s) dans la réparation de la désamination oxydative de la cytosine ?

- ❒ **a.** ADN ligase.
- ❒ **b.** ADN polymérase.
- ❒ **c.** Endonucléase AP.
- ❒ **d.** Exonucléase en 3′.
- ❒ **e.** Uracile ADN glycosylase.

14 Parmi ces enzymes, laquelle (lesquelles) est (sont) impliquée(s) dans la réparation des lésions de type dépurination.

- ❒ **a.** 6-O-méthyl transférase.
- ❒ **b.** Endonucléase AP.
- ❒ **c.** ADN photolyase.
- ❒ **d.** ADN polymérase.
- ❒ **e.** ADN ligase.

→

15 À propos des mécanismes de reconnaissance et de réparation des dommages de l'ADN, indiquez laquelle (lesquelles) de ces propositions est (sont) exacte(s).

❒ **a.** C'est le système de réparation par excision de nucléotides qui répare les lésions de type désamination.

❒ **b.** C'est le système de réparation par excision de bases qui répare les lésions de type désamination.

❒ **c.** Les pontages covalents entre bases peuvent être réparés à la fois par le système de réparation par excision de bases et la photolyase.

❒ **d.** Le système de réparation par excision de nucléotides implique les protéines XPA à XPG codées par sept gènes.

❒ **e.** Le système de réparation par excision de nucléotides nécessite l'utilisation d'une ADN polymérase.

16 Indiquez laquelle (lesquelles) de ces propositions est (sont) exacte(s).

❒ **a.** Le système MMR nécessite l'utilisation de l'ADN polymérase.

❒ **b.** La reconnaissance des lésions de l'ADN par le système MMR implique les protéines MSH et MLH.

❒ **c.** Chez l'Homme, 5 gènes codent le système MMR.

❒ **d.** Dans le syndrome HNPCC, le dysfonctionnement du système MMR est dû à la défectuosité de 2 gènes.

17 Indiquez laquelle (lesquelles) de ces propositions est (sont) exacte(s).

❒ **a.** Le syndrome de cassure de Nimègue se caractérise par un dysfonctionnement du système de réparation postréplicatif DSB.

❒ **b.** Le DSB repair retrouve l'information correcte sur le deuxième brin apparié.

❒ **c.** Le DSB repair retrouve l'information correcte sur la chromatide sœur.

❒ **d.** Le DSB repair intervient pendant la réplication.

❒ **e.** Le syndrome de Bloom se caractérise par un retard de croissance et une prédisposition au cancer.

18 Parmi les mécanismes de réparation des mutations, relevez-la (ou les) proposition(s) exacte(s).

❒ **a.** Le mécanisme d'excision de bases utilise des ADN glycosylases.

❒ **b.** Les protéines MLH et MSH détectent des mésappariements de l'ADN.

❒ **c.** Le système MMR corrige efficacement les dimères de thymine.

❒ **d.** Les protéines XP sont impliquées dans la réparation par excision de nucléotides.

❒ **e.** Les protéines BRCA1 et BRCA2 interviennent dans la réparation des cassures double-brin.

→

© Dunod – La photocopie non autorisée est un délit.

19 Parmi les propositions suivantes, laquelle (ou lesquelles) est (ou sont) exactes ?

- ❒ **a.** Le taux global de mutations de l'ADN humain est de l'ordre de 10^{-9} événements par mitose.
- ❒ **b.** Les mutations sont provoquées exclusivement par des erreurs de l'ADN polymérase lors de la réplication.
- ❒ **c.** Les nitrosamines peuvent provoquer une alkylation de la guanine en 6-O-méthyl-guanine.
- ❒ **d.** Les rayons UV peuvent provoquer la formation de dimères de thymine.
- ❒ **e.** Le *xeroderma pigmentosum* est une maladie génétique humaine liée à un défaut d'un des systèmes de réparation des mutations.

20 Parmi les systèmes suivants de réparation des mutations, lequel (ou lesquels) est (sont) impliqué(s) dans l'élimination des dimères de thymine ?

- ❒ **a.** Réparation directe.
- ❒ **b.** Excision de bases.
- ❒ **c.** Réparation des erreurs d'appariement (MMR).
- ❒ **d.** Réparation des cassures double brin.
- ❒ **e.** Excision de nucléotides.

21 Parmi les propositions suivantes, laquelle (ou lesquelles) est (sont) exacte(s) ?

- ❒ **a.** Toutes les mutations du génome se caractérisent par le changement d'un seul nucléotide par un autre.
- ❒ **b.** Le système BER (*base excision repair*) permet le clivage spécifique de la seule base mutée au niveau de l'ADN.
- ❒ **c.** Le système MMR (*mismatch repair*) peut détecter et corriger uniquement les dimères de thymine.
- ❒ **d.** Les ADN polymérases translésionelles ont un taux de fidélité faible.

Corrigés

1 ❒ **a.** La guanine désaminée peut former l'hypoxanthine, puisqu'il s'agit ici d'une
❒ **b.** désamination « simple », donc non oxydative.
❒ **c.**
☒ **d.**
❒ **e.**

2 ☒ **a.** La cytosine peut bien évidemment se méthyler en 5-méthyl cytosine, mais peut
❒ **b.** aussi par désamination oxydative former de l'uracile.
☒ **c.**
❒ **d.**
❒ **e.**

3 ❒ **a.** On formera de la thymine, puisque l'on peut considérer, sans plus de précisions,
❒ **b.** que cette désamination est une désamination oxydative.
☒ **c.**
❒ **d.**
❒ **e.**

4 ☒ **a.** Les UV provoquent par absorption de leur énergie des dimères de thymines entre
❒ **b.** deux thymines situées côte à côte sur le même brin d'ADN.
❒ **c.**
❒ **d.**
❒ **e.**

5 ❒ **a.** C'est l'ADN polymérase δ qui est impliquée dans la resynthèse après l'excision.
☒ **b.**
❒ **c.**
❒ **d.**
❒ **e.**

6 ☒ **a.** C'est une ADN glycosylase qui va agir en premier en reconnaissant
❒ **b.** l'hypoxanthine (qui correspond à la désamination oxydative de l'adénine), puis
☒ **c.** l'endonucléase AP va permettre de retirer le sucre phosphaté, et enfin l'ADN
☒ **d.** polymérase β comble la brèche créée.
❒ **e.**

7 ❒ **a.** Une fois que toutes les enzymes ont agi, il faut obligatoirement sceller le
❒ **b.** nouveau morceau d'ADN qui a été synthétisé, travail effectué par la ligase.
☒ **c.**
❒ **d.**
❒ **e.**

8 ❒ **a.**
☒ **b.** Ces enzymes font partie du système MMR (Mismatch Repair) pour la réparation des mésappariements.
❒ **c.**
❒ **d.**
☒ **e.** Le « h » de ces abréviations signifiant d'ailleurs « human ».

© Dunod – La photocopie non autorisée est un délit.

9 ❒ **a.**

☒ **b.** L'ADN glycosylase crée un site abasique reconnu par l'endonucléase AP.

☒ **c.** La dépurination correspond à la perte d'une base, de même que l'action de l'hypoxanthine glycosylase qui va retirer l'hypoxanthine ; ensuite, c'est la même endonucléase AP qui intervient, puisqu'elle reconnaît dans tous les cas le site abasique, sans distinction de l'événement qui a créé ce site.

☒ **d.** L'énergie apportée par ces rayonnements est suffisante pour ponter ensemble deux thymines positionnées côte à côte sur un brin d'ADN.

10 ❒ **a.** Il s'agit de la xanthine.

☒ **b.**

❒ **c.**

❒ **d.**

❒ **e.**

11 ❒ **a.** Dans ce cas, il s'agirait d'une transversion.

❒ **b.** Cette transformation est évidemment impossible, la désamination oxydative de la cytosine produisant de l'uracile.

❒ **c.** Il provoque une transition, car il ne peut que modifier une base, et non pas transformer une base purique en base pyrimidique (ou inversement).

☒ **d.** Vrai.

☒ **e.** Vrai.

12 ☒ **a.** Il s'agit du système de réparation BER permettant d'exciser une base modifiée.

☒ **b.** La transversion concernée correspond au passage d'une paire G-C à une paire T-A fréquemment observée dans les cas de cancers humains.

❒ **c.** Les rayonnements ne peuvent que casser l'ADN, ou créer des dimères de thymine.

❒ **d.** Cette enzyme est capable de réparer directement les dimères de thymine, mais ceux-ci ne se sont pas formés entre les deux brins d'ADN, mais sur deux thymines placées côte à côte sur le même brin.

☒ **e.**

13 ❒ **a.** La désamination oxydative de la cytosine va créer de l'uracile, base modifiée qui va donc être reconnue par une glycosylase spécifique, l'uracile ADN glycosylase.

❒ **b.**

❒ **c.**

❒ **d.**

☒ **e.**

14 ❒ **a.** La dépurination crée un site abasique par la perte d'une base. Ce type de site est reconnu par l'endonucléase AP.

☒ **b.**

❒ **c.**

❒ **d.**

❒ **e.**

15 ❒ **a.**
☒ **b.**
☒ **c.** Il s'agit des dimères de thymine qui peuvent être réparés par excision-resynthèse de nucléotides, ou par réparation directe par la photolyase.
☒ **d.**
☒ **e.** Celle-ci servira à combler la brèche après l'excision des nucléotides.

16 ☒ **a.** Une fois le brin d'ADN retiré par MSH et MLH, une polymérase va intervenir pour combler la brèche.
☒ **b.** Chez l'Homme, (chez les Procaryotes, il s'agit des protéines MutS et MutL).
☒ **c.**
❒ **d.** Ce syndrome causé par une déficience de fonctionnement du système de réparation MMR est dû à la défectuosité des cinq gènes.

17 ☒ **a.**
❒ **b.**
☒ **c.**
❒ **d.** C'est un système de réparation post-réplicatif.
☒ **e.** Ce syndrome se caractérise par des retards de croissance, du diabète et une prédisposition au cancer.

18 ☒ **a.**
☒ **b.**
❒ **c.** Le système MMR répare les mésappariements, les dimères de thymine étant réparés par excision de nucléotides.
☒ **d.** Ces protéines prennent leur nom de la maladie qui est due à un défaut dans ce système de réparation *(Xeroderma Pigmentosum)*.
☒ **e.**

19 ☒ **a.** Grâce à l'activité de correction des erreurs par les ADN polymérases.
❒ **b.** Il existe un grand nombre de facteurs induisant des mutations, comme l'action des agents mutagènes.
☒ **c.**
☒ **d.**
☒ **e.** Le système défaillant étant le système de réparation par excision de nucléotides.

20 ☒ **a.** Grâce à la photolyase.
❒ **b.**
❒ **c.**
❒ **d.**
☒ **e.** Par le système NER.

21 ❒ **a.** Il peut y avoirs des délétions, des insertions…qui peuvent toucher toutes une séquence d'ADN.
☒ **b.**
❒ **c.** Il corrige toutes les erreurs d'appariement.
☒ **d.** Elles sont cependant capables de lire un ADN fortement endommagé et de passer les dimères de thymine.

© Dunod – La photocopie non autorisée est un délit.

9 Instabilité et évolution de l'ADN

Plan

Cours

1. Les mutations ponctuelles :
   - Mutations sans changement du cadre de lecture
   - Mutations avec changement du cadre de lecture
   - Les polymorphismes SNP
2. Échanges entre séquences :
   - Phénomène de dérapage réplicatif
   - Phénomène de crossing-over
3. Mobilité de certaines séquences :
   - Transposons
   - Rétroposons
4. Évolution du génome humain

Synthèse

QCM

Corrigés des QCM

Objectifs

- Connaître les différents types de mutations
- Comprendre les éventuels changements du cadre de lecture et les conséquences
- Associer aux répétitions de séquences certaines maladies
- Connaître les phénomènes qui rendent le génome humain « dynamique »
- Comprendre comment les séquences mobiles se déplacent dans l'ADN

Cours

Nous avons déjà parlé de certains événements qui peuvent modifier le patrimoine génétique d'un individu, à savoir les mutations. Mais nous nous étions contentés de ne parler que des mutations issues principalement de l'action d'agents extérieurs tels que les agents mutagènes. Nous allons maintenant voir tous les types de mutations possibles sans préjuger des causes éventuelles de ces mutations.

On peut cependant remarquer que si ces mutations affectent un allèle chez moins de 1 % de la population, nous continuerons de parler de mutation ; si elles affectent plus de 1 % de la population, nous parlerons alors de **polymorphisme**[1].

1. LES MUTATIONS PONCTUELLES

Les mutations au niveau de l'ADN entraînent des modifications des codons, donc de l'ARNm, et donc de la protéine correspondante.

Ces mutations peuvent entraîner la mort de la cellule, provoquer un cancer, ou encore d'autres maladies comme la drépanocytose qui touche les globules rouges (*cf. Biochimie, chapitre 21, § 12*).

1.1. Mutations sans changement du cadre de lecture

Mutations silencieuses (ou synonymes)

La substitution du nucléotide ne modifie pas l'AA, le codon codant pour le même AA.

> Remarque
>
> Si par mutation le codon GAA est remplacé par GAG, ces deux codons codant pour l'acide glutamique, cela n'a pas de conséquences pour la protéine synthétisée.

Mutations conservatrices

Le nucléotide modifié donne un codon qui code un AA différent mais très proche chimiquement (deux AA basiques par exemple). Ce type de mutation est donc souvent sans conséquence majeure.

> Remarque
>
> Si la mutation transforme le codon GAA en GAC, on change un acide glutamique en acide aspartique. Ces deux acides aminés étant acides, la conséquence pour la protéine n'est pas trop marquée.

Mutations non sens

Le codon est transformé en un codon stop (codon indiquant la fin de la transcription et donc de la synthèse de l'ARNm).

1. Le polymorphisme correspond donc à une différence allélique chez certains individus dans un groupe. Elle peut se détecter au niveau du caractère phénotypique, au niveau chromosomique ou moléculaire.

© Dunod – La photocopie non autorisée est un délit.

On a découvert aussi bien chez les Procaryotes que chez les Eucaryotes, des ARNt ayant subi eux aussi des mutations sur leur anticodon appelés *ARNt suppresseurs*, ce qui entraîne la reconnaissance des codons stop par ces ARNt. Il y a donc incorporation d'un AA au lieu d'un arrêt de synthèse protéique. L'apparition d'un codon stop ne se traduit donc pas forcément par un arrêt de la traduction de l'ARNm en protéine, mais peut aussi se traduire par l'incorporation d'un mauvais AA avec une continuation de la synthèse. Si votre professeur aborde la notion d'ARNt suppresseurs, il faudra donc prendre garde au QCM correspondant.

Mutations faux sens

Le codon est remplacé par un codon qui code un AA très différent chimiquement de l'AA initial.

1.2. Mutations avec changement du cadre de lecture

Ces mutations sont dues à l'insertion ou à la délétion de bases, ce qui entraîne un décalage dans la lecture des codons. Tous les codons sont alors lus de manière différente, avec un décalage, ce qui modifie tous les acides aminés suivant ce décalage.

Les conséquences seront très différentes suivant que ce décalage se produit au début ou à la fin du gène, ou si ce décalage est multiple ou non de trois, ce qui dans ce dernier cas n'entraîne qu'un seul AA de différent sur toute la protéine.

1.3. Les polymorphismes SNP *(Single nucléotide polymorphism)*

Ces polymorphismes ne concernent qu'une seule base, et sont donc des mutations ponctuelles isolées (on parle aussi de polymorphisme nucléotidique) ce qui entraîne deux allèles différents. Ce sont des variations stables de la séquence d'ADN génomique, portant donc sur une seule base, toutes les 100 à 300 bases environ du génome. Beaucoup de SNP n'ont pas d'implications fonctionnelles sauf ceux se trouvant dans les régions codantes (SNPc) et dans les régions régulatrices des gènes.

Ce type de mutation ne touche qu'une seule base, d'où son nom de SNP, mais elle se répète environ toutes les 300 bases ; on peut donc considérer qu'elle touche plusieurs bases... Attention donc à la formulation du QCM.

2. ÉCHANGES ENTRE SÉQUENCES

Ces échanges touchent surtout les séquences répétées que nous avons déjà étudiées *(cf. chap. 4, Organisation du génome)*.

Ces échanges portent le nom de recombinaison et touche de larges séquences d'ADN.

Elles mettent en jeu les séquences mobiles déjà évoquées (transposons et rétrotransposons) ou des échanges entre des séquences homologues se produisant durant la méiose (les crossing-over).

2.1. Phénomène de dérapage réplicatif *(slippage)*

Ce phénomène touche les séquences de type microsatellites (ou SSR) dont nous avions déjà dit qu'il s'agissait de séquences courtes de 2 à 6 nucléotides riches en séquences CA et AT (Fig. 9.1).

Des séquences répétées vont ainsi être répliquées, mais le phénomène de dérapage va entraîner s'il a lieu vers l'arrière la présence d'un triplet supplémentaire qui va s'insérer et créer ainsi une copie supplémentaire de la séquence sur le brin fils, et s'il a lieu vers l'avant la perte d'une copie de cette séquence répétée toujours sur le brin fils.

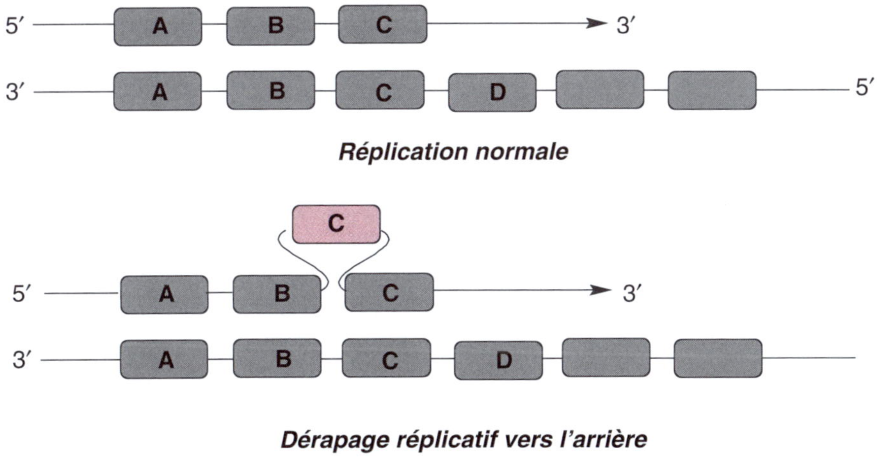

Figure 9.1 Principe du dérapage réplicatif vers l'arrière. On voit ici que le codon C est répété une fois de trop.

Il est évident que de tels phénomènes peuvent entraîner l'apparition de pathologies s'ils se produisent en trop grand nombre :

- Maladie de Huntington.

  Bien que la maladie fût découverte dès 1872 par le docteur Huntington, le gène responsable n'a été identifié qu'en 1993. Cette affection qui se révèle tardivement entraîne des changements d'humeur, des mouvements anormaux involontaires qui

© Dunod – La photocopie non autorisée est un délit.

conduisent progressivement vers la démence. Environ un sujet sur 10 000 à 20 000 est touché. Cette maladie est causée par l'expansion d'une séquence **CAG** située sur le gène de l'Huntingtine (chromosome 4) qui passe de quelques dizaines de copies à plusieurs centaines. Cette mutation augmentant avec la descendance, la maladie se développe de plus en plus tôt à chaque génération.

Bien que l'on ne connaisse pas encore son rôle exact, on constate que l'huntingtine mutante s'accumule dans les noyaux des neurones sous forme d'agrégats, préférentiellement dans les neurones du striatum qui contrôlent le mouvement.

Cette maladie était autrefois dénommée la « danse de Saint-Guy » par rapport aux mouvements spasmatiques (appelés également *mouvements choréiques*).

> **Remarque**
>
> Bien qu'il n'existe à l'heure actuelle aucun traitement de cette maladie, l'on dispose toutefois d'un test permettant de savoir, dans le cas où un parent avait la maladie, si la personne testée à des risques (50 %) de la développer.

- Maladie de l'X fragile

  Cette mutation touche environ un garçon sur 1 200 et une fille sur 2 500, et lorsque la maladie se développe, elle se traduit par une arriération mentale. Le triplet répété est ici **CGG** sur le chromosome sexuel X qui au lieu d'être répété de 6 à 40 fois chez un sujet sain, est répété environ plus de 200 fois (jusqu'à 2 000 fois) chez le sujet malade. Ceci entraîne une fragilité de l'extrémité 5′ de ce chromosome, d'où le nom donné à cette maladie.

  Là encore, le nombre de copies augmente avec les générations. Le passage de la prémutation à la mutation ne se fait que de la mère à tous ses enfants filles ou garçons (ou à 50 % de ses enfants si celle-ci ne possède le gène que sur un seul de ses chromosomes X). On note cependant que les symptômes chez les filles sont beaucoup moins marqués que chez les garçons ; ainsi on dit souvent que les filles ne sont pas touchées au contraire des garcons. Les filles sont également moins touchées car une fragilité sur l'un de leur chromosome X peut être compensée par l'autre.

  On sait que cette répétition entraîne l'inactivation d'un gène spécifique (FMR1 pour *Fragile X Mental Retardation*), mais on ne connaît pas encore le rôle de la protéine qui est codée par ce gène, bien que l'on suppose qu'elle intervienne au niveau des ribosomes.

- Maladie de Kennedy

  La répétition du triplet **CTG** sur le chromosome 19 entraîne une maladie musculaire appelée maladie de Kennedy.

2.2. Phénomène de crossing-over

Il s'agit d'un échange de matériel génétique situé dans des séquences de type minisatellites (on parle également de *recombinaison homologue*) se produisant surtout lors de la méiose. Il faut donc que du matériel génétique soit échangé soit entre deux chromatides n'appartenant pas au même chromosome (chromatides non sœurs), soit entre chromatides appartenant au même chromosome (chromatides sœurs).

Il est évident que ces crossing-over sont facilités par la présence de séquences répétées.

Le mécanisme nécessite une cassure double brin de l'ADN sur l'un des chromosomes, par exemple paternel, ce qui génère des extrémités 3′ qui vont rechercher des zones homologues sur le chromosome maternel. La conséquence est donc que chaque gamète, issue pourtant des mêmes parents, possédera une combinaison génétique propre, différente des autres gamètes. C'est ce brassage génétique qui assure à tout individu un patrimoine unique de gènes paternels et maternels.

Nous avions déjà parlé de la protéine Rec A assurant la réparation des dimères de thymine. Cette protéine, de par son mode d'action, est évidemment impliquée dans les phénomènes de crossing-over chez les Procaryotes. On pense que chez les Eucaryotes ce sont des protéines homologues qui assurent ce rôle *(Rad51* et *Dmc1)*.

Jonction de Holliday

La jonction de Holliday correspond à un intermédiaire hybride entre les brins paternels et maternels. Il s'agit donc d'une structure à quatre brins représentée souvent sous forme de croix dont la longueur varie.

Il existe dans la cellule des protéines capables de reconnaître cette structure particulière et de faire « migrer » la croix en hydrolysant de l'ATP nécessaire pour la fourniture de l'énergie.

Des enzymes reconnaissant la croix sont ensuite capables de cliver la jonction de Holliday et de redonner deux ADN double brin, mais ayant subi le phénomène de recombinaison.

3. MOBILITÉ DE CERTAINES SÉQUENCES

Nous avions déjà abordé ces portions d'ADN mobiles appelées **transposons** ou **rétroposons**. Voyons maintenant comment celles-ci interviennent dans l'instabilité du génome, ainsi que le mécanisme de leur transposition dans l'ADN.

3.1. Transposons

Ces séquences se déplacent par des phénomènes d'excision-insertion. Elles contiennent entre autre les gènes qui codent les enzymes nécessaires pour leur transposition. À chaque extrémité se trouve une courte séquence répétée de manière inversée, c'est-

© Dunod – La photocopie non autorisée est un délit.

à-dire que la séquence de gauche (lue de 5′ vers 3′) est identique à la séquence de droite (lue de 3′ vers 5′) :

AATAAGCTC---/ /---GAGCTTATT
TTATTCGAG---/ /---CTCGAATAA

Ces séquences correspondent aux sites de recombinaison, tandis que la séquence interne code une recombinase (appelée également *transposase* ou *intégrase*).

3.2. Rétrotransposons ou LTR rétroposons

Ces rétroposons possèdent également des séquences répétées inversées aux extrémités, mais leur séquence interne code une transcriptase inverse (ADN polymérase utilisant une matrice d'ARN pour la synthèse d'ADN) et une transposase (ou intégrase), et ces séquences répétées sont plus longues. Ces transposons passent donc par une forme intermédiaire ARN, ce qui nécessite des étapes de transcription (ADN vers ARN) et de rétrotranscription (ARN vers ADN). Les séquences LINE et SINE dont nous avons déjà parlé en font partie.

> Remarque
>
> On connaît également les polyA rétroposons possédant une séquence riche en adénine à l'extrémité 3′.

4. ÉVOLUTION DU GÉNOME HUMAIN

Tous les événements que nous venons de voir peuvent évidemment provoquer des changements plus ou moins souhaités au sein de l'ADN, mais il faut évidemment les étudier sur une plus longue période pour comprendre comment ils sont à l'origine de l'évolution du génome. En effet, nous comprenons maintenant que l'ADN n'est pas une molécule statique et immuable comme on l'a longtemps pensé, mais au contraire sujette à un grand nombre d'évolutions qui lui permettent de s'adapter à l'environnement, donc d'évoluer.

L'homologie concerne la similitude entre deux molécules du point de vue de leur structure chimique. Lorsque cette homologie concerne les protéines, on peut supposer qu'elles proviennent de gènes dont la séquence est très proche, donc qui, il y a éventuellement fort longtemps, ont évolué à partir d'un ancêtre commun. L'homologie de structure doit évidemment amener à penser que ces molécules ont des fonctions très proches.

On pourra par ailleurs classer les molécules en **paralogues** si elles appartiennent à la même espèce, et en **orthologues** si elles appartiennent à deux espèces différentes.

Synthèse

Je sais définir
- Polymorphisme ;
- Dérapage réplicatif ;
- Crossing-over.

Je connais
- Les conséquences des différents types de mutations ponctuelles ;
- Les conséquences pathologiques des dérapages réplicatifs ;
- Le phénomène de crossing-over.
- Les conséquences de ces phénomènes dans l'évolution du génome humain.

Je sais
- Expliquer la différence entre des mutations et des polymorphismes ;
- Expliquer les conséquences de la multiplation de certaines séquences dans l'ADN.

Questions à choix multiples

1 Concernant les mutations d'un nucléotide, indiquez-la (les) proposition(s) exacte(s).

❒ **a.** Toute mutation entraîne des conséquences graves pour la cellule.

❒ **b.** Une mutation non sens entraîne la formation d'un codon qui ne code aucun acide aminé.

❒ **c.** Une mutation n'entraîne pas forcément un acide aminé différent dans la protéine correspondante.

❒ **d.** Une modification d'un nucléotide est globalement moins grave qu'une délétion ou une insertion d'un nucléotide.

❒ **e.** Une mutation conservative entraîne un acide aminé identique à l'acide aminé normal.

2 Parmi les propositions suivantes, indiquez celle(s) qui est (sont) vraie(s).

❒ **a.** Les polymorphismes de type SNP sont souvent peu importants car ils ne touchent qu'un faible nombre de nucléotides.

❒ **b.** Le polymorphisme correspond à une différence d'allèles au sein d'une population touchant au moins 1 % de cette population.

❒ **c.** Dans les séquences de type minisatellites, les phénomènes de dérapage réplicatif se produisent aussi bien vers l'avant que vers l'arrière.

❒ **d.** Les dérapages réplicatifs peuvent provoquer des pathologies graves dès lors qu'elles sont répétées quelques fois de plus que la normale.

❒ **e.** Au fur et à mesure des divisions, le nombre de copies diminue grâce aux phénomènes de réparation de l'ADN lors de la réplication.

→

© Dunod – La photocopie non autorisée est un délit.

3 Parmi les propositions suivantes, indiquez celle(s) qui est (sont) vraie(s).

- ❒ **a.** La maladie de Huntington est due à une trop grande répétition d'un triplet CAG.
- ❒ **b.** Cette maladie se caractérise par des mouvements anormaux et involontaires chez le sujet touché.
- ❒ **c.** Chez les sujets touchés, la protéine normalement codée, l'huntingtine, est absente.
- ❒ **d.** Cette maladie se révèle à un âge tardif chez la plupart des sujets.
- ❒ **e.** Le gène codant cette protéine est situé sur le chromosome 4.

4 Parmi les propositions suivantes, indiquez celle(s) qui est (sont) vraie(s).

- ❒ **a.** La maladie de l'X fragile touche environ un individu sur 10 000.
- ❒ **b.** Cette maladie ne touche que les filles, d'où son nom.
- ❒ **c.** Si le père est touché, la maladie se déclarera plus tôt chez l'enfant, puisque le nombre de copie augmente de génération en génération.
- ❒ **d.** Le gène se situant sur le chromosome X, cela explique qu'une plus grande proportion de filles que de garçons soit touchée.
- ❒ **e.** Le triplet anormalement répété est GGC.

5 Parmi les propositions suivantes, indiquez celle(s) qui est (sont) vraie(s).

- ❒ **a.** Le phénomène de crossing-over correspond à l'échange de matériel génétique entre deux chromatides, sœurs ou non sœurs.
- ❒ **b.** Il nécessite la cassure double brin de l'ADN.
- ❒ **c.** Il se produit surtout dans les zones télomériques.
- ❒ **d.** Ce phénomène explique que deux enfants, issus des mêmes parents, n'auront pas les mêmes gènes.
- ❒ **e.** La protéine Rec A peut intervenir dans les crossing-over.

6 Parmi les propositions suivantes, indiquez celle(s) qui est (sont) vraie(s).

- ❒ **a.** Les rétroposons sont des séquences d'ADN contenant de l'uracile.
- ❒ **b.** Ces rétroposons codent pour une transcriptase inverse, c'est-à-dire une enzyme qui produit de l'ARN à l'aide d'une matrice d'ADN.
- ❒ **c.** Leur nom provient du fait qu'ils possèdent sur chaque extrémité des séquences répétées et inversées.
- ❒ **d.** Les rétroposons sont des séquences qui peuvent provenir de virus.
- ❒ **e.** Ce sont ces séquences répétées qui servent de site de recombinaison lors du déplacement des transposons dans l'ADN.

7 Parmi les propositions suivantes concernant la définition de transposon. Laquelle (lesquelles) est (sont) exacte(s) ?

- ❒ **a.** Un transposon est un segment d'ADN recombiné par « crossing-over » au cours de la méiose.
- ❒ **b.** Désigne un virus capable d'infecter de nombreux types cellulaires.
- ❒ **c.** Désigne une séquence d'ADN mobile et autonome capable de se dupliquer et de s'insérer à des endroits différents du génome.

→

- ❒ **d.** Un transposon est capable de sortir de la cellule pour infecter d'autres cellules.
- ❒ **e.** Un transposon est à l'origine de mutations et de duplications de gènes.
- ❒ **f.** La structure est un ADN linéaire double brin de 1 à plusieurs kb constitué d'une séquence centrale et de deux séquences terminales répétées en 5′ et en 3′ responsables de l'intégration.

8 Parmi les propositions suivantes concernant la définition de rétrotransposon, laquelle (lesquelles) est (sont) exacte(s) ?

- ❒ **a.** Un rétrotransposon désigne une espèce de rétrovirus.
- ❒ **b.** C'est un transposon provenant d'un ARNm rétrotranscrit.
- ❒ **c.** Les séquences SINE et LINE sont des rétrotransposons.
- ❒ **d.** Les rétrotransposons sont retrouvés moins fréquemment que les transposons.
- ❒ **e.** Ils peuvent moduler l'expression de gènes.

9 À propos de la maintenance et de la plasticité du génome humain, laquelle (lesquelles) des affirmations suivantes est (sont) vraie(s) ?

- ❒ **a.** La jonction de Holliday est une structure d'ADN formée lors de la réplication du brin tardif.
- ❒ **b.** Le crossing-over inégal implique volontiers des séquences répétées de type « minisatellite » fortement homologues.
- ❒ **c.** Le crossing-over à la méiose est le résultat d'un mécanisme de recombinaison homologie initié par une cassure simple brin de l'ADN.
- ❒ **d.** Les LTR-rétroposons codent une transposase.
- ❒ **e.** Les ADN-transposons codent une intégrase.

10 À propos de l'évolution des génomes, relevez-la (les) proposition(s) exacte(s).

- ❒ **a.** Deux protéines homologues dérivent d'un ancêtre commun.
- ❒ **b.** Les protéines paralogues sont des protéines homologues n'appartenant pas à la même espèce.
- ❒ **c.** Des protéines orthologues exercent des fonctions semblables.
- ❒ **d.** L'homologie de deux protéines se manifeste très souvent par une similitude de leur structure tridimensionnelle.
- ❒ **e.** Le brassage d'exons permet de créer des protéines à fonctions différentes mais ayant en commun un domaine homologue.

11 Parmi les affirmations suivantes, laquelle (ou lesquelles) est (ou sont) exacte(s) ?

- ❒ **a.** Le crossing-over implique volontiers des séquences répétées type microsatellite.
- ❒ **b.** Le polymorphisme des séquences de type « microsatellite » implique souvent un mécanisme de dérapage réplicatif.
- ❒ **c.** La chorée de Huntington est une maladie neurodégénérative causée par l'extension anormale d'un motif CAG.
- ❒ **d.** La recombinaison homologue est souvent initiée par des cassures double brin de la molécule d'ADN.
- ❒ **e.** Les polyA-rétrotransposons codent une protéine de liaison à l'ARN et une transcriptase inverse.

→

© Dunod – La photocopie non autorisée est un délit.

12 Laquelle (ou lesquelles) des propositions suivantes est (ou sont) exacte(s) ?

❐ **a.** L'hétérozygotie moyenne du génome humain est d'environ 0,1%.
❐ **b.** Une mutation L - I (Leucine changée en Isoleucine) est une mutation synonyme.
❐ **c.** Une mutation L - I est une mutation conservative.
❐ **d.** Une mutation R - P (Arginine changée en proline) est une mutation faux-sens.
❐ **e.** Les SNPs sont des changements de séquence d'un nucléotide.

13 Parmi les propositions suivantes, retrouvez la (ou les) proposition(s) exacte(s)

❐ **a.** Une mutation synonyme ne modifie pas la séquence du produit du gène.
❐ **b.** Le crossing-over est le résultat d'un phénomène de recombinaison hétérologue.
❐ **c.** Le déplacement des rétrotransposons utilise une transcriptase inverse.
❐ **d.** La dynamique du génome est surtout assurée par un mécanisme de recombinaison générale.
❐ **e.** Au cours de la recombinaison méiotique, on observe une perte d'une partie de la séquence d'ADN.

Corrigés

1 ❐ **a.** On connaît des mutations silencieuses qui donnent le même AA, donc sont sans conséquences.
☒ **b.** Un codon non sens ne code aucun acide aminé, donc donne le signal de fin de transcription.
☒ **c.** Voir les mutations silencieuses.
☒ **d.** Une mutation sur une base ne modifie qu'un seul codon, donc éventuellement un seul acide aminé, alors qu'une délétion ou une insertion modifie tous les acides aminés qui suivent cette mutation.
❐ **e.** Dans ce type de mutation, l'acide aminé est très proche chimiquement tout en étant différent.

2 ❐ **a.** Ces polymorphismes sont effectivement souvent peu importants, mais ils ne touchent qu'une seule base (le S signifiant Single).
☒ **b.**
❐ **c.** La description du phénomène de dérapage réplicatif est correcte, mais elle se fait surtout dans les zones microsatellites.
❐ **d.** Question problématique car les pathologies n'interviennent généralement que si ces copies sont trop nombreuses, bien que dans certains cas, comme la chorée de Huntington, le nombre de répétitions entre un individu malade et un individu sain ne diffère que de quelques exemplaires.
❐ **e.** Ce nombre de copies augmente, ce qui augmente le risque de génération en génération.

3 ☒ **a.**
☒ **b.**
❒ **c.** La protéine est toujours présente, mais sous une forme mutée, ce qui entraîne la maladie.
☒ **d.**
☒ **e.**

4 ❒ **a.** Suivant le sexe, elle touche en moyenne un individu sur 2 000.
❒ **b.** La maladie touche aussi bien les garçons que les filles, même si la fréquence est moins élevée chez ces dernières.
☒ **c.** Il est vrai que le nombre de copie augmente bien avec la descendance, et que le père peut transmettre la maladie à sa fille.
☒ **d.** Les filles sont plus touchées que les garçons, mais les effets sont moins graves.
❒ **e.** Il s'agit du triplet CGG.

5 ☒ **a.**
☒ **b.**
☒ **c.** L'échange se faisant surtout dans des zones minisatellites, fréquentes dans les zones télomériques.
❒ **d.** Ce phénomène explique que le brassage des gènes sera différent, donc que le patrimoine génétique ne sera pas le même, mais il est évidemment impossible que ces enfants issus des mêmes parents n'aient pas les mêmes gènes.
☒ **e.**

6 ❒ **a.** L'ADN ne contient pas d'uracile, à moins évidemment d'une mutation ponctuelle sur une base.
❒ **b.** La transcriptase inverse code de l'ADN à partir d'une matrice d'ARN.
❒ **c.** Ils possèdent bien ce type de séquences, comme les transposons d'ailleurs, mais leur nom vient du fait que ces séquences d'ADN seront temporairement transcrites en ARN avant d'être rétrotranscrites en ADN.
☒ **d.**
☒ **e.**

7 ❒ **a.** Le transposon peut être intégré dans l'ADN sans le phénomène de crossing-over.
❒ **b.** Il n'a pas obligatoirement une origine virale.
☒ **c.**
❒ **d.** Il peut au plus s'insérer dans un autre chromosome, mais de la même cellule.
☒ **e.**
☒ **f.**

8 ❒ **a.** L'origine peut être un rétrovirus, mais le rétroposon n'est pas un rétrovirus.
☒ **b.**
☒ **c.**
❒ **d.**
☒ **e.** S'ils s'insèrent dans une zone de régulation d'un gène.

© Dunod – La photocopie non autorisée est un délit.

9 ❒ **a.** Cette jonction est formée au cours de la méiose.
☒ **b.**
❒ **c.** La cassure concerne les deux brins de l'ADN.
☒ **d.**
☒ **e.** Ces deux dernières propositions utilisent deux termes pour désigner la même enzyme qui permet l'intégration de la séquence en un autre endroit de l'ADN.

10 ☒ **a.**
❒ **b.** Les protéines paralogues sont au contraire des homologues appartenant à la même espèce.
☒ **c.** Ayant des structures semblables, leurs fonctions le sont également.
☒ **d.** Puisque la structure primaire est proche, la structure tridimensionnelle le sera également.
☒ **e.**

11 ❒ **a.** Les séquences sont de type minisatellite.
☒ **b.**
☒ **c.**
☒ **d.**
☒ **e.**

12 ☒ **a.** On considère que le taux d'homologie entre deux individus différents est de l'ordre de 99,9 %.
❒ **b.** Une mutation synonyme aboutissant au même acide aminé.
☒ **c.** Ces deux acides aminés sont très proches chimiquement.
☒ **d.** Ces deux acides aminés sont chimiquement très différents.
☒ **e.** *Single Nucléotide Polymorphism.*

13 ☒ **a.** Puisque le codon code pour le même acide aminé.
❒ **b.** La recombinaison est homologue.
☒ **c.**
☒ **d.** Et en moindre proportion par les mutations ponctuelles.
❒ **e.** Il n'y a aucune perte de matériel génétique, mais un échange.

10 Organisation des gènes humains

Plan

Cours

1. Gènes non traduits : les ARNs
   - Gènes d'ARNr
   - Gènes d'ARNt
   - Gènes d'ARNsn ou sno
   - Gènes d'ARNmi
2. Gènes traduits en polypeptides :
   - Familles de gènes
   - Clusters de gènes
   - Fragments de gènes
   - Gènes chevauchants et nichés
   - Gènes des ARNr

Synthèse

Objectifs

- Savoir que tous les gènes ne sont pas traduits en protéines
- Connaître ces gènes non traduits
- Classer les gènes en grandes catégories

Cours

Nous avons déjà brièvement évoqué l'organisation du génome humain *(cf. chap. 4)* ; nous allons maintenant aborder des points beaucoup plus précis concernant celui-ci.

La fin récente du séquençage du génome humain en 2003 a montré qu'il n'y avait qu'environ 25 000 à 30 000 gènes, avec une inégalité de densité de ces gènes en fonction des chromosomes.

Ce nombre de gènes est estimé à partir de la présence dans la chaîne d'ADN d'îlots CG d'une longueur de plusieurs centaines de nucléotides. Ces îlots sont en effet caractéristiques du début d'un gène, car l'hypométhylation de ces zones facilite la fixation des facteurs de transcription.

On remarque que seul 90 % des gènes transcrits seront traduits sous forme de polypeptides (donc transcrits en ARNm) ; 10 % de ces gènes sont donc transcrits en des formes d'ARN ne donnant pas lieu à une traduction. On les appelle ARNs.

1. GÈNES NON TRADUITS : LES ARNs

1.1. Gènes d'ARNr ou ARN ribosomique (800 gènes)

Ces ARN constituent les ribosomes (nous les étudierons donc dans le chapitre sur la traduction, c'est-à-dire la synthèse des protéines). On classe ces ARNr en fonction de l'unité Svedberg, unité de mesure de vitesse de sédimentation.

On trouve donc des ARNr différents suivant les espèces ; ainsi on trouvera particulièrement chez l'Homme les ARNr 28S, 18S, et 5,8S.

Le grand nombre de copies de ces gènes permet une grande production d'ARNr nécessaires lors de la synthèse protéique.

1.2. Gènes d'ARNt ou ARN de transfert (500 gènes)

Ces ARN sont les véhicules des acides aminés, et les emmènent du cytoplasme vers le ribosome qui synthétise la protéine. Ils sont surtout situés sur le chromosome 6.

Le nombre de copies de ces ARNt dépend de l'acide aminé pris en charge. Plus cet acide aminé est fréquent dans les protéines humaines, et plus le gène correspondant d'ARNt est copié.

1.3. Gènes d'ARNsn ou ARNsno, pour ARN *small nuclear* et ARN *small nucléosom* (200 gènes)

Ces ARNsn, contrairement aux autres ARN, sont situés non pas dans le cytoplasme mais dans le noyau ou dans le nucléole. Leur rôle est important pour les modifications post-transcriptionnelles dans l'épissage par splicéosome (assemblage moléculaire complexe qui se place au niveau de séquences à éliminer, les introns).

Les ARNsno vont être impliqués dans les modifications chimiques de certaines bases des ARNr.

1.4. ARNmi pour micro ARN (1 000 gènes)

Ces ARN monobrins peuvent se fixer par complémentarité à un ARN messager et ainsi bloquer la traduction de cet ARN messager *(cf. chap. 14, Régulation de la transcription)*. On peut parler également pour ces ARNmi d'ARN antisens, bien que ce dernier terme semble plutôt réservé à des fragments d'ARN synthétisés artificiellement.

2. GÈNES TRADUITS EN POLYPEPTIDES

Ces gènes sont rarement en un seul exemplaire, mais souvent dupliqués en tandem (duplications causées par l'évolution de l'espèce).

Il faut cependant remarquer que chez les Eucaryotes, le message est fragmenté car le gène comprend :

- des exons qui contiennent l'information et seront le plus souvent traduits.
- des introns qui sont interposés au milieu des séquences portant l'information. Ces introns seront transcrits mais pas traduits, et on ne connaît pas encore leur rôle.

Il est possible, malgré la diversité des gènes, de procéder à un classement grossier de ceux-ci en fonction de leur structure.

2.1. Familles de gènes, ou « familles supergènes »

Il s'agit de regrouper les gènes ayant un ancêtre commun et donc apparentés par leur séquence. Il peut aussi s'agir de copies du même gène.

Une famille est en général regroupée sur le même chromosome, mais on connaît cependant des cas où elles sont dispersées sur plusieurs chromosomes (dans le cas par exemple où les séquences sont issues de différents génomes bactériens).

Ex. : la famille des gènes HOX (homéobox), ou celle des chaînes protéiques de globine.

2.2. Clusters de gènes

On regroupe sous cette dénomination des gènes de fonction similaire localisés dans une même région d'un chromosome, mais ayant des structures, donc des séquences, différentes.

2.3. Fragments de gènes ou pseudogènes

Il s'agirait de copie de gènes (dues à l'évolution) mais rendues défectueuses par des crossing-over, des recombinaisons…

Un autre classement peut se faire en fonction de la particularité de l'organisation de certains gènes :

2.4. Gènes chevauchants et nichés

Il s'agit de gènes qui peuvent, en tout (gènes nichés) ou en partie (gènes chevauchants), être inclus l'un dans l'autre. Ils seront donc lus suivant des cadres de lecture différents, pour amener à la synthèse de protéines différentes. Une même séquence d'ADN code donc des protéines qui peuvent être totalement différentes chimiquement, ce qui représente une formidable économie de matériel génétique.

> Remarque
>
> Le virus de l'hépatite B ne contenant que 3 200 nucléotides peut ainsi coder toutes les protéines nécessaires à sa reproduction.

© Dunod – La photocopie non autorisée est un délit.

Chez l'homme, il semble plutôt que les gènes chevauchants soient situés sur la même zone d'ADN, mais sur des brins différents. L'un des gènes est donc lu depuis l'un des deux brins, l'autre gène depuis l'autre brin.

En ce qui concerne les gènes nichés, on connaît des cas ou un gène est niché dans un grand intron d'un autre gène.

2.5. Gènes des ARNr

Les gènes codant ces différents ARNr sont transcrits en une seule fois en un précurseur de 13 kb. Ce précurseur subira ensuite toute une série de clivages pour former, après différentes étapes, les ARNr 18S, 28S et 5,8S.

Synthèse

Je sais définir

- Les ARNr, ARNt, ARNsn et ARNmi ;
- Famille de gènes ;
- Clusters de gènes ;
- Un gène chevauchant et un gène niché.

Je connais

- Le nombre et le type de gènes impliqués dans la transcription des ARN ;
- Les grands types d'ARN.

Je sais

- Classer sommairement les gènes en fonction de leur organisation.

Les outils et techniques de la biologie moléculaire 11

Plan

Cours

1. Les enzymes de restriction
2. Séparation de fragments d'ADN
3. Clonage
4. Méthode PCR
5. L'hybridation moléculaire
6. Séquençage d'ADN (Blotting)

Synthèse

QCM et exercices

Corrigés des QCM et exercices

Objectifs

- Connaître les principes des techniques de base de la biologie moléculaire
- Savoir décrire les procédés employés et leur utilité
- Connaître les outils utilisés dans ces techniques
- Savoir analyser les résultats de ces techniques

Cours

Il existe toute une série d'outils indispensables aux biologistes moléculaires pour analyser l'ADN, le cloner, l'amplifier, pour le transporter grâce à des vecteurs, l'intégrer dans des cellules hôtes…

Ces outils ont permis de mettre en place des techniques qui sont à l'origine du développement de la biologie moléculaire.

Nous allons passer en revue les différents outils et techniques les plus courants, pour lesquels il faudra comprendre le mode opératoire, mais également savoir analyser les résultats lorsque cela sera nécessaire.

1. LES ENZYMES DE RESTRICTION

Ces enzymes sont capables de couper l'ADN au niveau de sites appelés **sites de restriction** ; on dénombre à l'heure actuelle une centaine de ces enzymes, chacune possédant son propre site de restriction. Il est évident que les sites de restriction, constitués pour la plupart uniquement de quelques nucléotides, sont retrouvés de nombreuses fois dans le génome, et que l'action de ces enzymes de restriction va engendrer de nombreux fragments.

Ces enzymes ont la particularité de couper l'ADN sur ses deux brins.

De par leur mode de coupure, ces enzymes sont classées parmi les endonucléases.

> ⚠ Ne confondez pas les **endonucléases** capables de cliver les liaisons entre les nucléotides, et les **exonucléases** qui ne peuvent cliver les liaisons entre les nucléotides qu'aux extrémités du brin d'ADN.

1.1. Les sites de restriction

Les enzymes de restriction sont réparties en trois classes en fonction des types de sites qu'elles reconnaissent :

- Type I : elles reconnaissent des séquences particulières mais qui ne présentent aucune symétrie, et ne coupent pas l'ADN au niveau de ce site mais plus loin sur l'ADN (environ 1 000 nucléotides).
- Type II : ce sont ces enzymes les plus nombreuses que nous allons étudier par la suite.
- Type III : mêmes particularités que les enzymes de type I, mais elles coupent l'ADN à environ 20 nucléotides du site de reconnaissance.

Pour les enzymes de restriction de type II, ces sites sont le plus souvent des séquences palindromiques[1], c'est-à-dire des séquences d'ADN à symétrie inversée qui se lisent de la même manière sur les deux brins (s'ils sont lus dans le même sens) (Fig. 11.1).

5′ … GAATTC … 3′
3′ … CTTAAG … 5′

Figure 11.1 Exemple d'une séquence palindromique.

Pour les enzymes de restriction, ces palindromes sont généralement des séquences de 4 à 8 nucléotides.

1. Le palindrome en littérature désigne un mot ou une phrase que l'on peut lire aussi bien de gauche à droite que de droite à gauche, comme par exemple « radar » ou « esope reste ici et se repose ».

Nous avions déjà parlé lors de l'étude des séquences SINE de la séquence Alu, ainsi nommées car elles possèdent souvent un site de restriction pour l'enzyme AluI (enzyme isolée de *Arthrobacter lutéus*, qui reconnaît la séquence AG/TC).

1.2. Les enzymes de restriction

Ces enzymes sont issues de micro-organismes, le plus souvent des bactéries, qui synthétisent ces enzymes pour couper l'ADN des virus qui tenteraient de les infecter. Elles ont ainsi trouvé un moyen de défense efficace contre les infections virales.

Ces enzymes sont nommées de la manière suivante :

- La première lettre en majuscule pour l'organisme dont a été isolé l'enzyme.
- Les deux lettres suivantes en minuscule pour les deux premières lettres de l'espèce.
- La lettre R en majuscule, lorsqu'elle est présente, désigne une endonucléase.
- Le chiffre romain caractérise l'enzyme lorsque plusieurs ont été isolées de la même « source ».

> Exemples
>
> EcoRI, isolée de *Escherichia Coli*, qui reconnaît le palindrome :
>
> 5′… GAATTC… 3′
>
> 3′… CTTAAG… 5′
>
> AluI, isolée de *Arthrobacter luteus*, qui reconnaît le palindrome :
>
> 5′… AGCT… 3′
>
> 3′… TCGA… 3′

1.3. Mode de coupure de l'ADN par les enzymes de restriction

Les enzymes de restriction peuvent couper le site de restriction de deux manières :

- La coupure se fait au milieu du site

  Ce type de coupure entraîne la création d'extrémités franches

	T	G	G	A	C	C	
	A	C	C	T	G	G	

- La coupure se fait de part et d'autre du centre de symétrie

  Ce type de coupure entraîne la création d'extrémités cohésives (on parle aussi de *bouts collants*).

	G	G	A	T	C	C	
	C	C	T	A	G	G	

© Dunod – La photocopie non autorisée est un délit.

Ces extrémités sont cohésives car elles vont permettre à toutes les extrémités complémentaires (créées par la même enzyme de restriction) de venir s'apparier par des liaisons hydrogènes et donc de rester positionnées le temps qu'une ligase vienne raccrocher les morceaux d'ADN.

On note cependant qu'il existe des cas rares ou des enzymes de restriction différentes génèrent tout de même des extrémités complémentaires, ce qui permettra de lier les fragments d'ADN porteurs de ces séquences.

Ces enzymes seront donc isolées des micro-organismes correspondants, et seront alors disponibles pour découper de l'ADN en vu de l'insérer (ou d'y insérer) d'autres fragments possédant les mêmes extrémités cohésives.

2. SÉPARATION DE FRAGMENTS D'ADN

L'ADN étant une molécule chargée négativement (au niveau des groupements phosphates), il est possible de la faire migrer sous l'effet d'un champ électrique vers le pôle positif. La migration se faisant de plus dans un gel d'agarose ou de polyacrylamide, les grosses molécules seront plus freinées que les petites par le milieu d'électrophorèse. On observera donc une séparation des fragments d'ADN en fonction de leur masse : les petites molécules migreront le plus loin du dépôt, les plus grosses le plus près (Fig. 11.2 et 11.3).

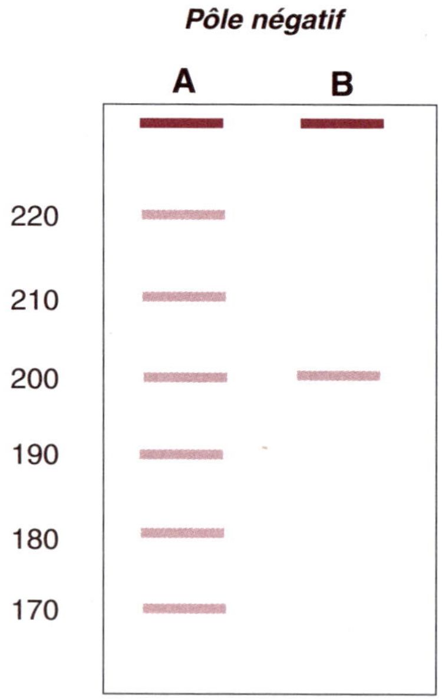

Figure 11.2 Schéma de principe d'une électrophorèse.
Dépôt A pour les marqueurs de poids, dépôt B pour l'échantillon.

- Le gel de polyacrylamide permet de séparer de petits fragments d'ADN inférieurs à quelques centaines de pb, en position verticale. Ce support permet l'obtention de meilleurs résultats.
- Le gel d'agarose permet de séparer les fragments de plusieurs milliers de pb, en position horizontale.

On fait migrer en même temps que les fragments d'ADN des marqueurs de poids moléculaire, puis on révèle les fragments d'ADN par les UV, après les avoir mis en contact avec un agent intercalant (BET en général).

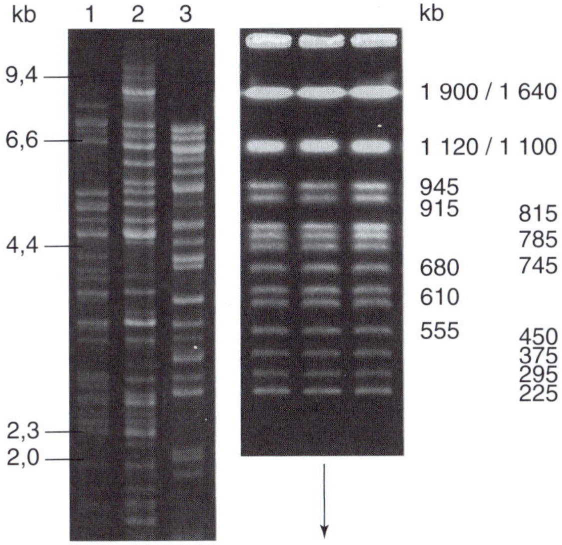

Figure 11.3 Électrophorèses monodimensionnelles d'acides nucléiques sur gels de polyacrylamide.

À gauche, séparation d'échantillons d'ADNmt d'Amphibiens digérés par des enzymes de restriction.

À droite, séparation des 16 chromosomes de la levure par électrophorèse en champ pulsé.

La taille des différentes molécules d'ADN est indiquée en kb. Notez la différence considérable de résolution que permettent ces deux techniques (sens de la migration indiqué par la flèche) (clichés Labo BG, Orsay).

Avec l'aimable autorisation de J.-C. Callen, « Biologie cellulaire », Dunod, 2005.

3. CLONAGE

Le **clonage** (Fig. 11.4) consiste à obtenir des copies identiques et très nombreuses d'un même fragment d'ADN. Il nécessite différents outils pour pouvoir être mené à bien :

- de l'ADN que l'on désire cloner ;

© Dunod – La photocopie non autorisée est un délit.

- un vecteur dans lequel on insère l'ADN ce qui donne de l'ADN recombiné ;
- une cellule hôte qui va recevoir ce vecteur ;
- un moyen de multiplier les cellules hôtes ;
- la sélection des cellules hôtes ayant réellement intégré le vecteur avec l'ADN recombiné ;
- l'isolement et la purification de l'ADN recombiné multiplié.

Il faudra évidemment faire le choix du type de vecteur, de cellule hôte… pour chaque type de clonage que l'on désire réaliser.

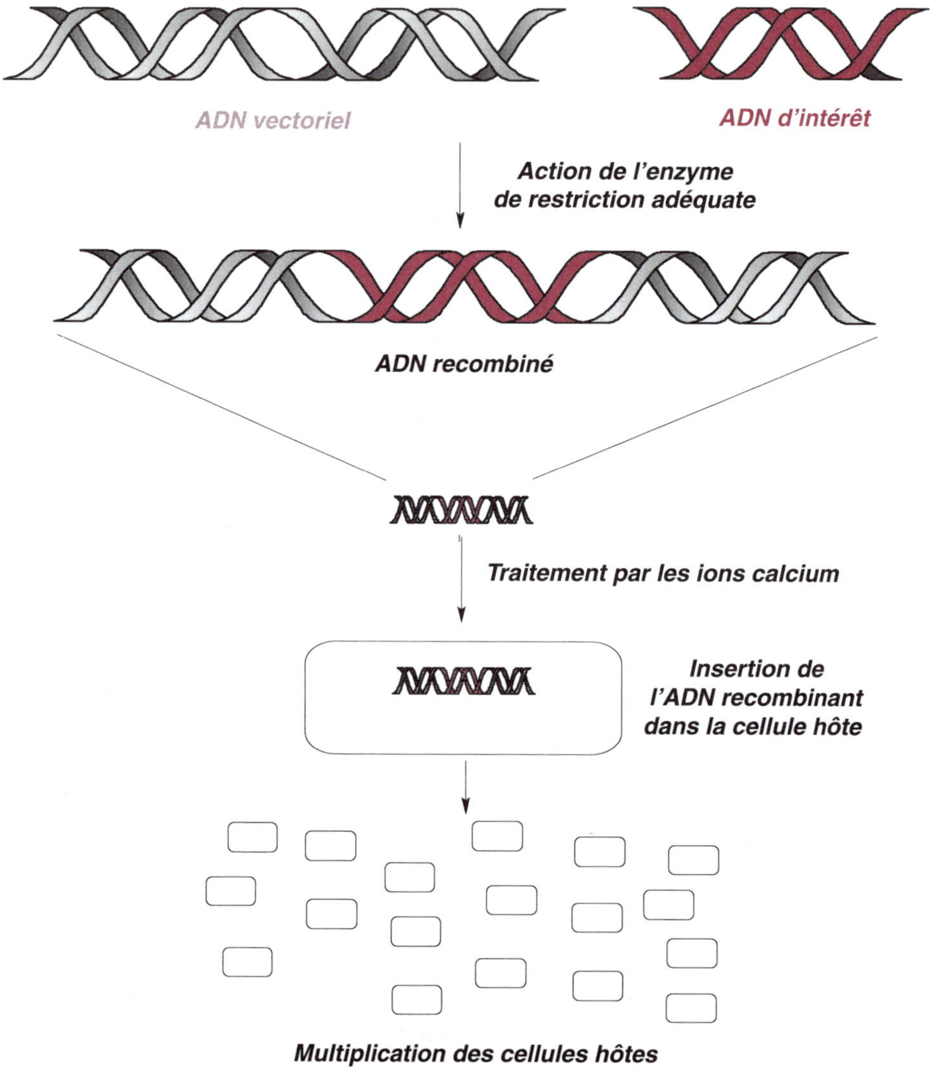

Figure 11.4 Principe du clonage moléculaire.

3.1. L'ADN recombiné

Il s'agit d'un hybride d'ADN provenant de deux espèces différentes, l'un des fragments d'ADN (celui que l'on désire cloner, l'insert) étant inséré dans un autre (vecteur). Cette production se fait *in vitro*, alors que la réplication se fera *in vivo*.

Ce sont les enzymes de restriction qui vont permettre l'insertion. Elles vont cliver le vecteur et l'ADN insert en produisant des extrémités compatibles entre elles, notamment par la production d'extrémités cohésives.

Une ligase permettra ensuite de lier les deux ADN, ce qui produira au final l'ADN recombiné.

3.2. Les vecteurs

Ce sont de petits ADN dans lesquels l'ADN à cloner est inséré, et qui, une fois incorporés dans une cellule hôte, seront capables de s'y répliquer en grande quantité. Cette réplication rapide explique en partie le choix de vecteurs de petites tailles.

Les vecteurs les plus utilisés sont :

- Les phages

  Les deux plus utilisés sont des dérivés du phage lambda et du phage M13 *(pour plus de détails, cf. Annexe 1)*.

- Les plasmides

  Il s'agit de petits ADN circulaires double brins présents dans les bactéries (hors chromosome).

- Les cosmides

  Il s'agit d'hybrides phage-plasmide.

- Les banques YAC *(Yeast Artificial Chromosome)* et BAC *(Bacterian Artificial Chromosome)*

  On sait depuis peu cloner des fragments beaucoup plus longs d'ADN sous forme de chromosomes artificiels dans les levures *(Yeasts)* et dans les bactéries. Ces grands fragments d'ADN possèdent tous les éléments nécessaires pour que la cellule les réplique comme ses propres chromosomes.

Les banques (traduction approximative de l'anglais *library*) sont des ensembles d'un très grand nombre de clones. On distingue deux grands types de banques :

- Les banques d'ADNc ou ADN complémentaire

  Les ADN complémentaires proviennent des ARNm et donc ne possèdent pas d'introns. À partir d'un même type de cellules, on prépare les ARNm totaux de ces cellules puis les ADNc correspondants. Ces derniers insérés dans des vecteurs constituent une banque d'ADNc.

© Dunod – La photocopie non autorisée est un délit.

- Le clivage de l'ADN génomique par des enzymes de restriction génère de nombreux fragments. L'insertion de ces fragments dans des vecteurs permet de constituer une banque d'ADN génomique. Cette banque contient plus d'informations que l'ADNc. En effet, elle contient potentiellement toutes les séquences géniques (introns et exons) et intergéniques. Il faut rechercher dans les nombreux vecteurs après insertion des fragments, les vecteurs possédant le fragment d'ADN recherché. Cette opération s'appelle le **criblage**.

3.3. La cellule hôte

La cellule hôte ne doit évidemment pas modifier ou détruire l'ADN recombiné qui y a été introduit. Comme la plupart des bactéries possèdent des enzymes de restriction pour leur propre défense naturelle, il faut utiliser des souches mutantes dépourvues de ces enzymes.

Attention cependant à ne pas oublier que les enzymes de restriction sont indispensables *in vitro* pour fabriquer de l'ADN recombinant, donc des vecteurs, mais ne doivent pas être présentes pour la phase *in vivo*, ce qui détruirait ce vecteur.

3.4. Introduction du vecteur dans la cellule hôte

Pour cette étape que l'on appelle **transformation**, on met une suspension de bactéries en présence du vecteur recombinant. Ces bactéries sont rendues compétentes, c'est-à-dire capables d'accepter le vecteur recombinant, par un traitement chimique qui perméabilise leur membrane (on utilise souvent un sel de calcium).

Il existe évidemment d'autres techniques en fonction du couple vecteur recombinant-cellule hôte choisi.

3.5. Culture *in vitro* des cellules hôtes

Dans le cas des bactéries, sachant qu'une division prend en moyenne 20 minutes, on obtient rapidement une grande quantité d'ADN cloné.

Il faut cependant remarquer que sur une population de cellules hôtes, toutes n'auront pas intégré un vecteur, et en plus, celles qui en ont intégré, peuvent se retrouver infectées par un vecteur qui n'a pas d'ADN recombiné. En résumé, trois populations de cellules hôtes existent : celles qui n'ont pas été infectées par le vecteur, celles qui ont été infectées par un vecteur ne possédant pas d'ADN recombiné, et enfin celles qui ont été infectées par un vecteur avec ADN recombiné ; seule cette dernière catégorie est intéressante pour le clonage.

Le taux de transformation des bactéries est généralement très faible. Il est fondamental de disposer de méthodes permettant d'obtenir des bactéries transformées par les vecteurs et seulement celles-ci. Pour cela, l'artifice consiste à utiliser une résistance à un antibiotique (par exemple l'ampicilline). La transformation d'une bactérie sensible à un antibiotique par des vecteurs portant un gène de résistance au même antibiotique aboutit à l'apparition d'une résistance uniquement pour les bactéries ayant incorporé les vecteurs.

Cette technique permet de séparer les bactéries comportant des vecteurs et les bactéries sans vecteurs car ces dernières sont tuées. Cependant, elle ne permet pas de distinguer les bactéries avec vecteurs intacts des bactéries avec vecteurs recombinants. On utilise pour cela une résistance à un second antibiotique, par exemple une tétracycline. L'insertion du fragment d'ADN dans le vecteur doit inactiver le gène de résistance au deuxième antibiotique. Les bactéries transformées par les plasmides recombinants sont donc résistantes au premier antibiotique (ampicilline) et sensibles au deuxième antibiotique (tétracycline). Il suffit donc de placer un échantillonnage de la colonie bactérienne sur un milieu de culture possédant ce second antibiotique pour détecter si cette colonie a été infectée par des vecteurs recombinants, auquel cas ces bactéries ne se développeront pas. Les bactéries non transformées sont quant à elles sensibles aux deux antibiotiques ».

4. MÉTHODE PCR

Cette technique *(Polymerase Chain Reaction)* développée en 1985 par Mullis (prix Nobel de chimie en 1993) permet d'amplifier une quantité d'ADN de manière très importante de manière beaucoup moins lourde qu'avec le clonage traditionnel, puisque l'ensemble de l'opération se fait *in vitro.*

L'inconvénient est que l'on amplifie que de petits fragments d'ADN de quelques milliers de bases, et que l'on obtient des quantités d'ADN bien inférieures à celles obtenues par le clonage cellulaire, mais cependant suffisantes pour réaliser une analyse qualitative.

> **Remarque**
>
> Dans le cas où l'on travaille avec de l'ARN, on utilise une technique analogue appelée RT-PCR (RT pour *Reverse Transcriptase*). Un fragment d'ADNc est donc synthétisé à partir d'un ARNm.

Il faut connaître la séquence de l'ADN (sur une vingtaine de nucléotides) qui encadre le fragment que l'on désire amplifier. On pourra donc synthétiser des séquences complémentaires de celles-ci qui permettront à l'ADN polymérase de commencer la synthèse.

© Dunod – La photocopie non autorisée est un délit.

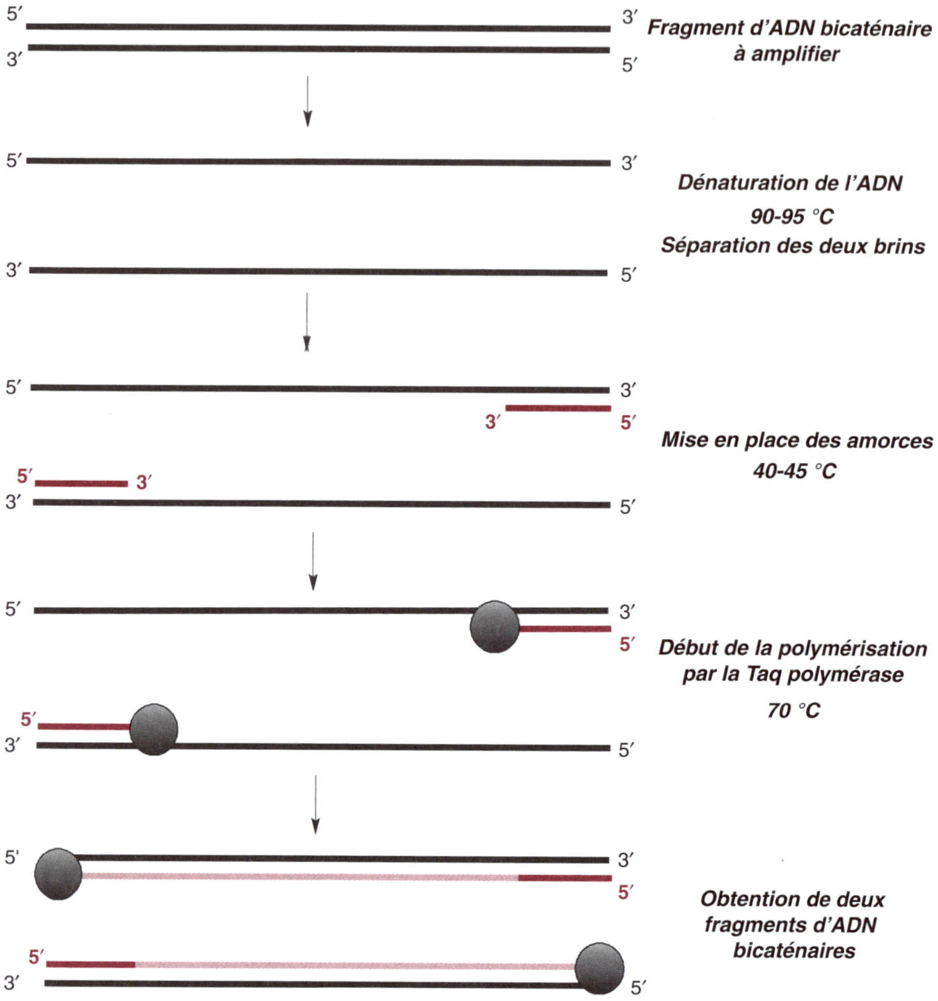

Figure 11.5 Principe de la PCR.

La technique se fait par une succession de cycles comportant les étapes suivantes (Fig. 11.5) :

- dénaturation de l'ADN à la chaleur (95 °C) pour séparer les deux brins ;
- hybridation de chaque brin avec une amorce spécifique (50 à 60 °C) ;
- extension de ces amorces grâce à une ADN polymérase (70 °C).

La technique a gagné en rapidité quand on a pu travailler avec une ADN polymérase non inhibée par la chaleur, ce que l'on sait faire depuis 1988 avec la *Taq polymérase* (isolée d'une bactérie vivant dans les sources d'eau chaude, *Thermus aquaticus*). Ceci a permis une automatisation de la technique en laissant l'ADN polymérase en permanence durant les cycles, y compris celui de dénaturation qui n'affecte pas cette polymérase résistante à la chaleur.

Les appareils de PCR ne sont donc que des incubateurs programmables qui permettent de gérer les temps d'exposition à des températures évolutives. Il suffit de placer dans un tube l'ensemble des matières premières nécessaires à la PCR, à savoir des Taq polymérases, un fragment d'ADN à amplifier, des désoxyribonucléotides et des amorces encadrant la séquence à amplifier.

À la fin de chaque cycle d'une durée de 2 à 3 minutes, la quantité d'ADN a été amplifiée par 2, donc de manière exponentielle à la fin de l'ensemble des cycles.

5. L'HYBRIDATION MOLÉCULAIRE

On utilise des fragments d'ADN appelés **sonde** qui ont la propriété, comme tout ADN simple brin, de se lier par complémentarité avec une autre séquence d'ADN simple brin, par une réaction dite d'**hybridation moléculaire**.

Ces sondes possèdent les propriétés suivantes :

- ce sont des segments d'ADN monobrin de quelques dizaines à quelques centaines de nucléotides ;
- leur séquence est complémentaire de la séquence avec laquelle elles doivent s'apparier ;
- elles sont repérées le plus souvent par marquage radioactif, ou par fluorescence.

5.1. Technique de Southern Blot

Cette technique mise au point par Southern en 1975, consiste à traiter le fragment d'ADN que l'on désire étudier à l'aide d'enzymes de restriction de manière à le réduire en petits segments. On réalise ensuite une électrophorèse de ces segments, puis le gel est dénaturé pour rendre l'ADN monobrin (indispensable à la fixation des sondes), et enfin on transfère *(Blot)* le tout sur une membrane de nylon.

On met ensuite à incuber dans les conditions physico-chimiques adéquates cette membrane en présence de la sonde, puis un lavage permet d'éliminer l'excès de sonde. La sonde ne va évidemment s'apparier qu'avec la séquence d'ADN dont on recherche la présence dans tout le fragment d'ADN de départ.

Il ne reste plus qu'à mettre en évidence la présence des sondes hybridées pour repérer la séquence d'ADN recherchée (Fig. 11.6).

Police scientifique

C'est cette technique est employée par la police scientifique pour détecter des séquences minisatellites. En effet, il suffit d'une différence d'un seul nucléotide dans une séquence pour que l'appariement avec la sonde soit incorrect.

© Dunod – La photocopie non autorisée est un délit.

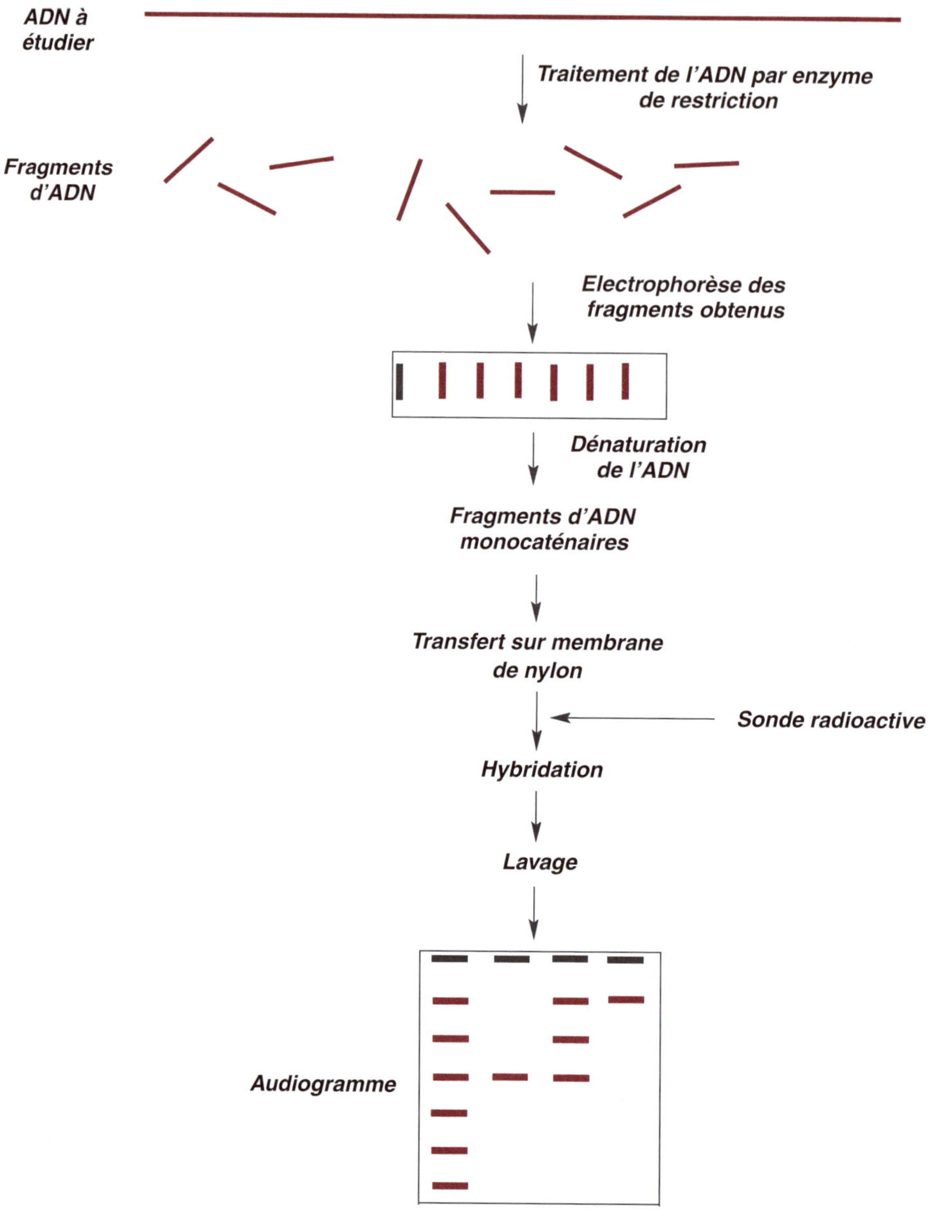

Figure 11.6 Principe de la technique de Southern Blot.

5.2. Technique de Northern Blot

Cette technique utilise des fragments d'ARN, et a été appelée Northern par analogie et par plaisanterie avec la technique de Southern Blot.

Remarque

Il existe également le western blot permettant le repérage des protéines à l'aide d'anticorps.

6. SÉQUENÇAGE D'ADN *(BLOTTING)*

Plusieurs méthodes sont possibles, mais l'une des plus employée est la méthode dite de Sanger.

La technique consiste à effectuer la synthèse d'un brin complémentaire d'un fragment d'ADN monobrin que l'on désire séquencer. On fournit donc à l'ADN polymérase une amorce et des désoxyribonucléotides triphosphates qui pourront être identifiés (par marquage radioactif ou par fluorescence).

Le point remarquable de cette technique et l'insertion dans le milieu d'un peu de nucléotides modifiés en didésoxynucléotides triphosphates (il manque l'hydroxyle en 3′, et évidemment celui en 2′). On utilise évidemment quatre tubes différents pour chaque base modifiée.

Lorsque l'ADN polymérase va intégrer un nucléotide modifié, la polymérisation va s'arrêter juste après lui. Comme l'intégration de ces nucléotides modifiés est aléatoire pour les quatre bases, on obtiendra un mélange de fragments d'ADN de tailles différentes en fonction du point d'arrêt de la polymérisation, et qui seront terminés par l'une des quatre bases possibles de l'ADN.

Exemple

Prenons le tube correspondant à la cytosine marquée et contenant donc évidemment ce didésoxyribonucléotide à cytosine. Lorsque l'ADN polymérase, en lisant le brin matrice, arrive au niveau d'une guanine, elle va alors incorporer un nucléotide à cytosine. Mais elle a pour cela deux possibilités :

- Un désoxyribonucléotide « normal » après lequel la synthèse se poursuivra.
- Un didésoxyribonucléotide après lequel la synthèse est définitivement stoppée.

Statistiquement, les deux phénomènes vont se produire puisque l'on dispose dans chaque tube d'un grand nombre de fragments d'ADN. Ainsi, dans ce tube, à chaque guanine présente dans le brin matriciel, le même choix sera fait par l'ADN polymérase.

Bien évidemment, ce qui se produit dans un tube se produira dans les trois autres.

Il suffit ensuite de faire migrer ces différents fragments dans un gel de polyacrylamide, puis de les analyser pour connaître la séquence du fragment d'ADN étudié. L'audiogramme contient donc quatre colonnes pour les résultats obtenus dans les quatre tubes, les plus petits fragments migrant toujours le plus vite (le pouvoir de résolution de cette technique est tel que des fragments ne différant que d'un seul nucléotide ne migrent pas au même niveau).

© Dunod – La photocopie non autorisée est un délit.

On lit ensuite l'audiogramme du bas vers le haut dans le sens $5' \rightarrow 3'$ pour le brin complémentaire (radioactif ou fluorescent). Il suffit d'en déduire la séquence du brin matriciel par complémentarité dans le sens $3' \rightarrow 5'$, puis de l'écrire dans le sens conventionnel $5' \rightarrow 3'$.

> ⚠ La lecture des audiogrammes à l'issue de la technique de Sanger constitue une question classique de QCM. Il ne faut pas vous tromper à la fois sur le sens de lecture de l'audiogramme, mais aussi sur le sens d'écriture des fragments d'ADN.

Il existe une technique parallèle qui consiste à rendre phosphorescents les quatre types de didésoxynucléotides, mais avec des colorations différentes (grâce à un laser). On peut donc travailler avec un seul tube, puisque la nature des différentes bandes pourra être identifiée.

Synthèse

Je sais définir

- Enzyme de restriction ;
- Extrémités cohésives ;
- Électrophorèse d'ADN ;
- Clonage moléculaire ;
- Vecteurs ;
- Phages ;
- Plasmides ;
- ADN recombiné ;
- PCR ;
- Hybridation moléculaire ;
- Séquencage d'ADN.

Je connais

- L'importance des enzymes de restriction et leur mode d'action ;
- Le principe d'une électrophorèse d'ADN ;
- Le principe et l'intérêt du clonage moléculaire ;
- Le principe et l'intérêt de la PCR ;
- Le principe et l'intérêt du Southern Blot ;
- Les différentes techniques de séquencage d'ADN.

Je sais

- Expliquer le principe des techniques importantes de la biologie moléculaire ;
- Expliquer l'intérêt de chaque technique et les résultats qu'elles permettent d'obtenir ;
- Quelles avancées les techniques ont permis d'obtenir dans la connaissance de l'ADN.

Questions à choix multiples

1 Parmi les propositions suivantes, indiquez celle(s) qui est (sont) vraie(s).

❒ **a.** La technique par PCR est une technique de polymérisation de l'ADN par une ADN polymérase.

❒ **b.** Il est nécessaire de connaître la séquence de l'ADN encadrant le fragment que l'on désire amplifier pour pouvoir créer des amorces indispensables à l'ADN polymérase.

❒ **c.** Toutes les ADN polymérases peuvent être utilisées dans cette technique.

❒ **d.** À la fin de chaque cycle, la quantité d'ADN est multipliée par deux.

❒ **e.** On obtient à la fin d'une PCR de grands fragments d'ADN, obtenus de manière exponentielle.

2 Parmi les propositions suivantes, indiquez celle(s) qui est(sont) vraie(s).

❒ **a.** La technique par PCR est plus pratique que le clonage moléculaire car réalisée entièrement *in vivo*.

❒ **b.** Le clonage moléculaire se déroule totalement *in vivo*, puisqu'il nécessite de faire se développer des cellules.

❒ **c.** La PCR produit des quantités d'ADN supérieure à celles obtenues avec le clonage moléculaire.

❒ **d.** La PCR utilise des fragments d'ADN plus petits que ceux utilisés dans le clonage.

❒ **e.** La PCR ne peut se faire qu'avec de l'ADN à amplifier.

3 Parmi les propositions suivantes, indiquez celle(s) qui est(sont) vraie(s).

❒ **a.** Le clonage consiste à multiplier des cellules contenant naturellement dans leur génome un gène utile que l'on désire étudier.

❒ **b.** Le fragment d'ADN est inséré dans un vecteur qui va se multiplier, multipliant ainsi ce fragment en quantité importante.

❒ **c.** Le clonage permet de multiplier des fragments d'ADN de taille importante.

❒ **d.** Toutes les cellules hôtes n'intègrent pas le vecteur.

❒ **e.** Tous les vecteurs intégrés ne sont pas recombinants.

4 Toutes les propositions suivantes concernant le clonage moléculaire sont vraies sauf une, laquelle ?

❒ **a.** Le clonage moléculaire a pour objectif la production d'un grand nombre de copies d'un segment d'ADN d'intérêt.

❒ **b.** Le clonage moléculaire est une technique exclusivement *in vitro*.

❒ **c.** Cette technique utilise la machinerie de réplication du vecteur pour pouvoir répliquer l'ADN d'intérêt.

❒ **d.** Le clonage est basé sur la production *in vitro* d'un ADN recombinant avant sa réplication *in vivo*.

❒ **e.** Pour réaliser un clonage on a besoin d'un vecteur, d'un ADN d'intérêt et d'une cellule hôte.

→

© Dunod – La photocopie non autorisée est un délit.

5 Parmi les propositions suivantes définissant un vecteur laquelle ou lesquelles est (sont) exacte(s) ?

❒ **a.** C'est une colonie bactérienne.
❒ **b.** C'est un rétrovirus.
❒ **c.** C'est un phage.
❒ **d.** C'est un plasmide.
❒ **e.** C'est un cosmide.

6 Quelles sont les caractéristiques obligatoires d'un vecteur de clonage cellulaire ?

❒ **a.** Il doit pouvoir intégrer un fragment d'ADN étranger.
❒ **b.** Il doit contenir une résistance à un antibiotique.
❒ **c.** Il doit pouvoir être introduit ou s'introduire dans un organisme hôte.
❒ **d.** Il doit pouvoir se répliquer dans cet organisme hôte.
❒ **e.** Il doit pouvoir détruire son organisme hôte.

7 Trouver parmi la liste ci-dessous quels sont les outils indispensables à la réalisation d'un clonage moléculaire :

❒ **a.** Un ADN d'intérêt.
❒ **b.** Une ADN polymérase.
❒ **c.** Un vecteur.
❒ **d.** Des enzymes de restriction.
❒ **e.** Des dNTP.
❒ **f.** Une ligase.
❒ **g.** Des cellules hôtes.

8 Parmi les affirmations suivantes à propos des qualités requises pour un vecteur de clonage, citer lesquelles sont exactes.

❒ **a.** Un vecteur doit avoir un bon rendement de réplication.
❒ **b.** Il doit être très grand pour avoir un bon rendement.
❒ **c.** Il doit être petit pour avoir un bon rendement.
❒ **d.** Il ne doit comporter que les séquences essentielles afin de laisser suffisamment de place pour intégrer l'ADN étranger.
❒ **e.** Le choix du vecteur dépend de la taille de l'ADN à cloner.

9 Associer à chaque vecteur son hôte :

1. phage **2.** plasmide **3.** rétrovirus
a. cellule procaryote **b.** cellule eucaryote

10 Parmi les affirmations suivantes à propos des qualités requises pour une cellule hôte dans le contexte d'un clonage moléculaire, citer lesquelles sont exactes.

❒ **a.** Une cellule hôte doit comporter de nombreuses enzymes de restriction pour pouvoir insérer l'ADN d'intérêt afin de le répliquer.

→

❒ **b.** Une cellule hôte doit activer de manière efficace son système de réparation post-réplicative RecA afin de réparer les erreurs lors de la réplication de l'ADN d'intérêt.

❒ **c.** Une cellule hôte doit être préalablement transformée (rendue compétente) pour pouvoir accepter le vecteur contenant l'ADN d'intérêt.

❒ **d.** Une cellule hôte doit être exempte d'enzymes de restriction afin de ne pas risquer de détruire l'ADN d'intérêt.

❒ **e.** Une cellule hôte doit être exempte de système de réparation RecA afin d'éviter tout risque de recombinaison de l'ADN d'intérêt.

11 Lors du clonage moléculaire, qu'entend-on par cellule hôte compétente ?

❒ **a.** Une cellule capable de se répliquer rapidement.

❒ **b.** Une cellule capable d'intégrer un vecteur recombinant.

❒ **c.** Une cellule traitée préalablement par du Mg^{2+} afin d'augmenter le rendement de la réplication.

❒ **d.** Une cellule traitée par du Ca^{2+} afin de favoriser sa perméabilisation et la captation du vecteur recombinant.

12 Quelles sont les affirmations vraies ?

❒ **a.** Il existe des plasmides naturels se répliquant dans les bactéries.

❒ **b.** On utilise un plasmide pour amplifier un fragment d'ADN dans une bactérie.

❒ **c.** Dans une culture liquide de bactéries il y aura autant de copies du plasmide que de bactéries.

❒ **d.** Tous les plasmides infectant les bactéries sont recombinants.

❒ **e.** On introduit artificiellement un gène de résistance à un antibiotique dans le plasmide afin de sélectionner les clones recombinants.

13 Quelles sont les affirmations vraies ?

❒ **a.** Les sites de coupure des enzymes de restriction sont le plus souvent des zones palindromiques.

❒ **b.** La coupure se fait toujours au centre du site de restriction.

❒ **c.** Les enzymes de restriction sont issues de bactéries dans lesquelles on a modifié le patrimoine génétique pour permettre leur production.

❒ **d.** La séquence AluI correspond à un site de restriction.

❒ **e.** Ces enzymes sont indispensables au clonage.

14 À propos de la technique du *Southern Blot*, indiquez-la (ou les) proposition(s) exacte(s).

❒ **a.** Elle nécessite une amplification préalable de l'ADN d'intérêt par PCR.

❒ **b.** Elle utilise un clivage de l'ADN d'intérêt par des endonucléases de restriction de type II.

❒ **c.** Elle nécessite une électrophorèse en gel d'agarose.

→

© Dunod – La photocopie non autorisée est un délit.

❒ **d.** Elle utilise une sonde marquée.

❒ **e.** C'est une technique simple pour la détection de la mutation fréquente de la mucoviscidose : del F508.

15 À propos de la technique de séquençage, relevez-la (ou les) proposition(s) exacte(s).

❒ **a.** C'est une technique qui réalise la réplication d'un brin matrice d'ADN *in vitro*.

❒ **b.** Elle nécessite une ADN polymérase, de faibles quantités de désoxyribonucléotides triphosphates et de fortes quantités de didésoxyribonucléotides triphosphates.

❒ **c.** Elle crée dans le milieu réactionnel de très nombreux fragments d'ADN possédant à leur extrémité 3′ un didésoxyribonucléotide.

❒ **d.** Les fragments sont séparés par électrophorèse dans un gel de polyacrylamide capable de séparer des fragments dont la longueur ne diffère que d'un nucléotide.

❒ **e.** Elle est utilisée pour la détection de mutations dans le diagnostic de la chorée de Huntington.

16 Parmi les propositions relatives à la PCR, laquelle (lesquelles) est (sont) exacte(s) ?

❒ **a.** C'est une technique qui consiste à répliquer un brin matrice d'ADN *in vitro.*

❒ **b.** Après 30 cycles d'amplification, une matrice d'ADN est amplifiée environ 100 fois.

❒ **c.** C'est une technique qui nécessite la répétition de cycles alternant dans l'ordre : 1-hybridation, 2-dénaturation, 3-synthèse.

❒ **d.** L'ADN humain peut être amplifié grâce à une ADN polymérase thermostable d'origine bactérienne.

❒ **e.** La PCR permet d'amplifier en une expérience un fragment d'ADN d'une mégabase.

17 La méthode d'amplification PCR ne possède pas certaines des caractéristiques suivantes. Lesquelles ?

❒ **a.** Elle utilise des cycles successifs d'amplification.

❒ **b.** Chaque cycle comporte les étapes suivantes : dénaturation de l'ADN à 90-95 °C, hybridation à environ 50 °C des amorces avec l'extrémité 5′ de chaque brin de segment d'ADN à amplifier, copie par l'ADN polymérase à 70 °C.

❒ **c.** Les amorces sont des oligonucléotides de synthèse complémentaires de séquences encadrant la partie de l'ADN à amplifier.

❒ **d.** L'ADN polymérase utilisée est la Taq polymérase, enzyme stable à des températures élevées (90-95 °C).

❒ **e.** Le taux d'amplification augmente selon la formule Y = 2 n (n : nombre de cycles d'amplification).

→

18 Parmi les applications de la PCR, relevez la (ou les) proposition(s) exacte(s) ?

- ❒ **a.** C'est une technique de clonage cellulaire.
- ❒ **b.** Elle permet l'amplification de n'importe quel fragment d'ADN dont la séquence est connue.
- ❒ **c.** Elle est très utile au diagnostic des génopathies.
- ❒ **d.** Elle peut être utilisée à partir de l'ADN contenu dans une seule cellule.
- ❒ **e.** Elle peut être utilisée pour la détection de l'ADN d'un agent infectieux.

19 À propos de l'électrophorèse des acides nucléiques, retrouvez la (ou les) proposition(s) exacte(s).

- ❒ **a.** Les fragments d'ADN migrent vers l'électrode négative en milieu alcalin.
- ❒ **b.** Les molécules de petite taille migrent plus loin dans le gel que les molécules de grande taille.
- ❒ **c.** Elle permet de séparer les molécules d'ADN selon leur taille.
- ❒ **d.** Le gel d'agarose permet de séparer des fragments de moins de 100 pb.
- ❒ **e.** Elle permet de visualiser les acides nucléiques après amplification par PCR.

20 À propos de la technique de séquençage, retrouvez la (ou les) proposition(s) exacte(s).

- ❒ **a.** Elle utilise le principe de la terminaison de chaîne.
- ❒ **b.** Elle nécessite l'action d'une ADN polymérase.
- ❒ **c.** Elle utilise exclusivement des didésoxyribonucléotides triphosphate.
- ❒ **d.** Elle permet l'identification des mutations dans les maladies héréditaires dont le gène est connu.
- ❒ **e.** Chaque fragment est marqué par un nucléotide fluorescent à son extrémité 5′.

Exercices

1 Quelles sont les principales étapes de la constitution d'une banque d'ADNc ?

2 Qu'est-ce qu'une banque génomique ?

3 Dans les techniques de génie génétique qu'appelle t-on ADN recombiné ?

4 Que signifie le terme vecteur d'expression ?

5 Dans quel but un gène de résistance à l'ampicilline est-il introduit dans un vecteur de clonage ?

6 Soit un vecteur d'expression λgt11 où l'on a inséré une séquence d'ADN humain
Cet ADN recombiné peut-il infecter directement un colibacille ?
Est-ce que la longueur de l'insert peut être quelconque ?

→

© Dunod – La photocopie non autorisée est un délit.

7 Pour pouvoir utiliser l'ADN du phage λ comme vecteur de clonage, quelles modifications essentielles faut-il lui faire subir ?

8 L'audioradiographie d'une électrophorèse en gel de polyacrylamide réalisée pour déterminer la séquence d'un fragment d'ADN selon la méthode de Sanger est représentée ci-dessous.
Chaque indication en haut du gel : T, C, G et A correspond à l'incubation en présence d'un didésoxyribonucléotide : ddTTP (T), ddCTP (C), ddGTP (G) et ddATP (A).
Quelle est la séquence du fragment d'ADN ?

ATGTACTACGAGCA.
ACGAGCATCATGTA.
TACATGATGCTCGT.
TGCTCGTAGTACAT.

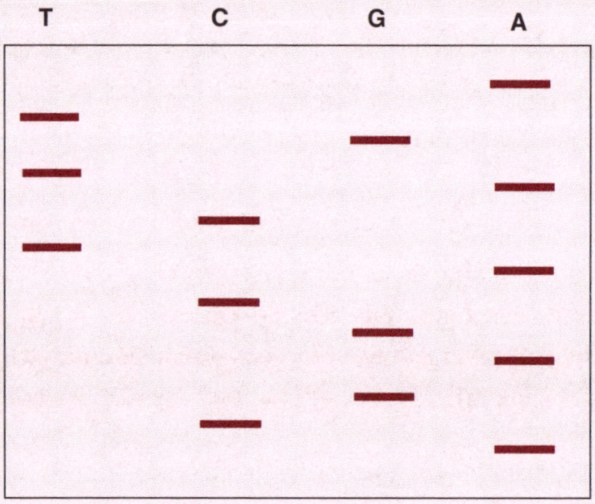

9 L'hémoglobine S de la drépanocytose est due à une substitution de l'acide glutamique par une valine en position 6 de la chaîne bêta de l'hémoglobine A. Le codon numéro 6 normal GAG devient CTG. Cette mutation abolit un site de clivage par l'enzyme de restriction Mst II. Ci-dessous sont représentés schématiquement le gène bêta, la position des trois sites de clivage par Mst II (flèches), et celle de la mutation bêta S, la position de la sonde et la taille des fragments obtenus par coupure par Mst II.

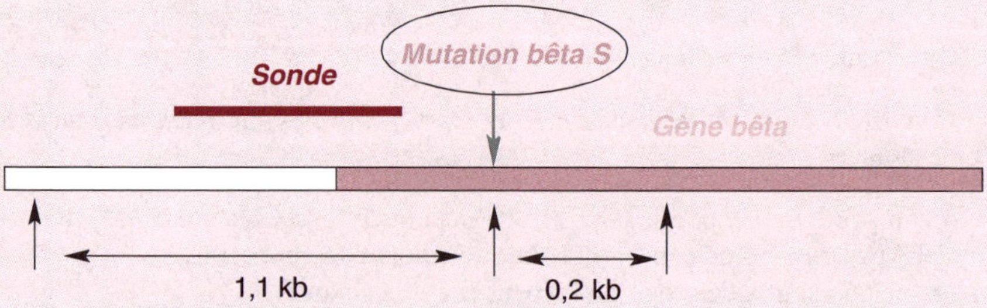

→

Sur la carte de restriction suivante, obtenue après clivage par Mst II, électrophorèse en agarose, et Southern Blot avec la sonde, indiquez dans l'ordre :
Un sujet normal.
Un sujet hétérozygote pour la mutation bêta S.
Un sujet homozygote pour la mutation bêta S.

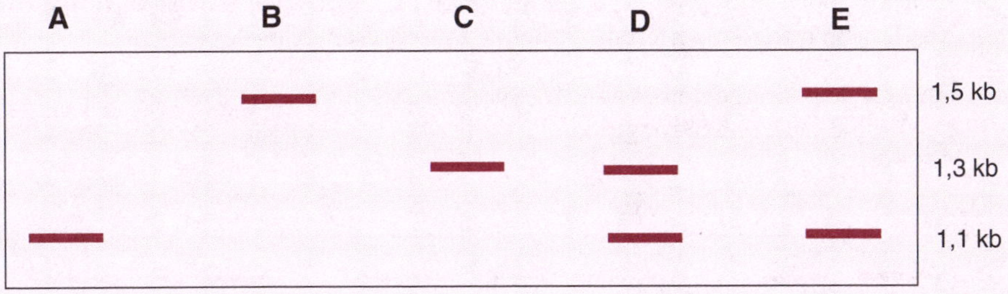

10 La thalassémie peut être caractérisée sur le plan génique par la fusion de deux gènes α1 et α2 identiques codant pour la chaîne α de l'hémoglobine, avec production d'un seul gène au lieu des deux gènes α1 et α2. La coupure par l'enzyme Bam H1 (1) produit, dans une organisation génique normale, un fragment de 14,5 kb reconnu par une sonde spécifique des gènes α.

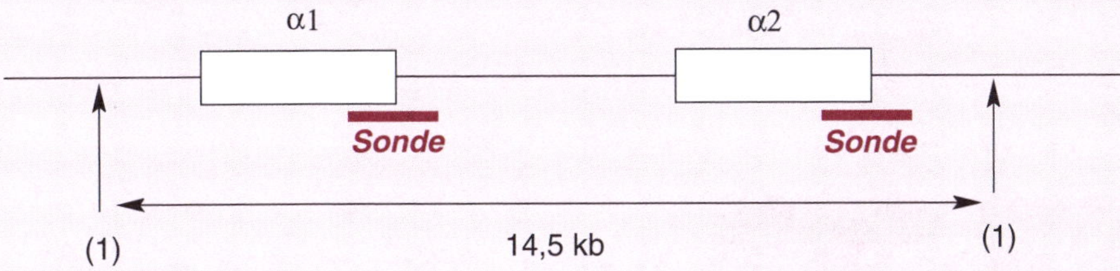

Les sites de coupure par l'enzyme Bam H1 sont préservés par la fusion α1-α2 caractéristique d'un gène α thalassémique.
Parmi les profils suivants obtenus en Southern Blot, quel est celui qui correspond à un homozygote pour l'anomalie (présence de deux gènes de fusion α1-α2) ?

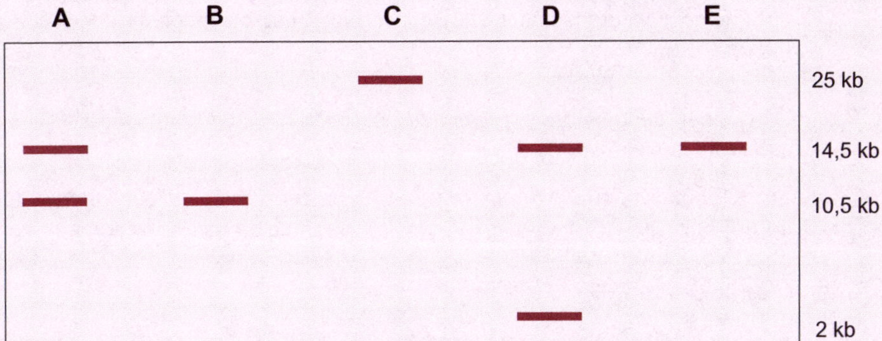

→

© Dunod – La photocopie non autorisée est un délit.

11 Une séquence d'un exon d'un gène de susceptibilité à une maladie permet de distinguer trois types d'allèles caractéristiques 1, 2 et 3. L'amplification de l'ADN contenant cette séquence, par méthode PCR, produit un fragment de 220 paires de bases. Ce fragment est clivé par l'enzyme Hae III pour les allèles 1 et 2 (fragments de 80 et 140 paires de bases), par l'enzyme Mst II pour les allèles 2 et 3 (fragments de 50 et 170 paires de bases).

L'électrophorèse des produits d'amplification PCR clivés par les enzymes Hae III ou Mst II, obtenus chez différents patients, est représentée ci-dessous.

Quel est le patient hétérozygote 1/2 (porteur des allèles 1 et 2) ?
Quel est le patient hétérozygote 1/3 ?

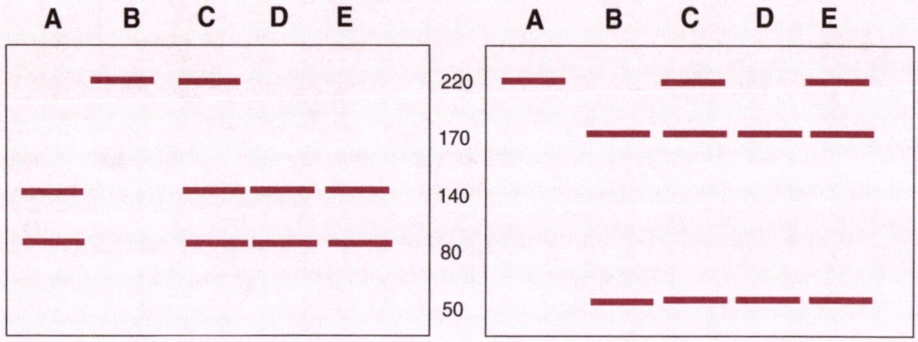

Hae III *Mst II*

Corrigés

Questions à choix multiples

1 ☒ **a.**

☒ **b.**

❒ **c.** On utilise une polymérase résistante à la chaleur, la Taq polymérase, nécessaire puisque cette technique nécessite de travailler à haute température pour dénaturer l'ADN.

☒ **d.**

❒ **e.** On obtient une quantité exponentielle d'ADN, mais les fragments ont la même taille que le fragment de départ.

2 ❒ **a.** La technique est effectivement plus pratique, mais parce qu'elle a lieu *in vitro*.

❒ **b.** La première partie du clonage se fait *in vitro* puisqu'il faut préparer le vecteur d'ADN recombinant.

❒ **c.** C'est le contraire.

☒ **d.**

❒ **e.** La RT-PCR utilise de l'ARN à la place de l'ADN.

3 ❒ **a.** Les cellules que l'on va faire se multiplier contiennent un fragment d'ADN que l'on a inséré, et qu'elles n'ont donc pas naturellement.

❒ **b.** Ce n'est pas le vecteur qui se multiplie, car il ne sert qu'à transporter le fragment d'ADN dans la cellule hôte.

☒ **c.**

☒ **d.** Le taux est d'ailleurs assez faible.

☒ **e.** Une cellule hôte peut très bien être infectée par un vecteur qui n'a pas intégré l'ADN d'intérêt.

4 ☒ **a.**

❒ **b.** Seule l'intégration de l'ADN d'intérêt dans le vecteur se réalise *in vitro*.

☒ **c.** On utilise bien la machinerie de réplication du vecteur et non celle de la cellule hôte comme on pourrait le penser.

> ⚠ Prenez garde au terme « machinerie » ; s'il implique les gènes nécessaires à la réplication (comme nous l'avons pensé ici), c'est le matériel génétique du vecteur qui est employé ; si au contraire ce terme de machinerie implique les différentes enzymes et facteurs de réplication, alors ce sont ceux de la cellule hôte qui sont utilisés, et cette question devient fausse.

☒ **d.**

☒ **e.** Toute la difficulté de la technique consistant à trouver la bonne adéquation entre l'ensemble de ces facteurs.

5 ❒ **a.** Les vecteurs étant les « moyens » d'infecter une cellule hôte, on peut trouver des
☒ **b.** rétrovirus, des phages, des plasmides ou des cosmides (hybrides d'un plasmide
☒ **c.** et du phage l). Les bonnes réponses sont donc de 2 à 5.
☒ **d.**
☒ **e.**

6 ☒ **a.** C'est d'ailleurs son premier rôle.

❒ **b.** Cette particularité est très avantageuse pour sélectionner les bactéries ayant réellement intégré le vecteur avec l'ADN d'intérêt, mais ce n'est pas une obligation.

☒ **c.** Sans cette infection, il ne peut y avoir multiplication, donc clonage.

☒ **d.** C'est ce qui va donner de grande quantité d'ADN.

❒ **e.** Certains virus lyseront leur cellule hôte après l'avoir infectée, mais pas les plasmides par exemple.

7

> ⚠ Le terme outil signifie que l'Homme a apporté « le composé ».

☒ **a.**

❒ **b.** La réplication se faisant dans la cellule hôte, il n'est pas nécessaire d'en utiliser une comme outil.

☒ **c.** Pour former l'ADN recombinant.

☒ **d.** Ces enzymes en générant des extrémités cohésives permettront d'intégrer l'ADN d'intérêt dans le vecteur.

© Dunod – La photocopie non autorisée est un délit.

> Il faut effectivement des enzymes de restriction pour fabriquer l'ADN recombinant, alors qu'il faut des cellules hôtes mutantes qui n'en contiennent pas pour ne pas détruire ce vecteur une fois intégré.

❐ **e.** La cellule utilise sa propre « matière première ».
☒ **f.** Pour relier l'ADN d'intérêt dans le vecteur après action des enzymes de restriction.
☒ **g.** Elles seront infectées par les vecteurs.

8 ☒ **a.**
❐ **b.** Plus le vecteur est grand, plus sa réplication prendra du temps, donc fera baisser le rendement.
☒ **c.**
☒ **d.**
☒ **e.**

9 Bonnes réponses : **1 a**, **2 a** et **3 b**
Les phages et les plasmides peuvent infecter les organismes procaryotiques, les rétrovirus les organismes eucaryotiques.

10 ❐ **a.** Il faut au contraire qu'elles ne contiennent pas d'enzymes de restriction pour ne pas détruire le vecteur *(cf. proposition 4)*.
❐ **b.** Ce système de réparation entraînerait des recombinaisons de l'ADN *(cf. proposition 5)*.
☒ **c.** Il s'agit de rendre la membrane de cette cellule perméable à l'entrée du vecteur.
☒ **d.**
☒ **e.**

11 ❐ **a.** C'est le vecteur qui doit se répliquer rapidement, ce qui peut se faire indépendamment de la réplication de la cellule, comme avec les plasmides.
☒ **b.**
❐ **c.** Le traitement préalable des cellules hôtes ne sert pas à augmenter le rendement de la réplication mais à rendre les cellules perméables ; de plus, il se fait avec des ions calcium et non magnésium.
☒ **d.**

12 ☒ **a.**
☒ **b.** Ce sont des vecteurs fréquemment employés.
❐ **c.** Les plasmides ont la particularité recherchée de pouvoir se répliquer indépendamment de la cellule qui les contient.
❐ **d.** Certains n'auront pas intégré l'ADN d'intérêt.
☒ **e.** En faisant se développer les cellules sur un milieu pourvu de cet antibiotique, seules celles ayant intégré le vecteur se multiplieront.

13 ☒ **a.**
❐ **b.** Cette coupure peut être dissymétrique, avec formation d'extrémités cohésives.
❐ **c.** Ces enzymes sont naturellement présentes dans certaines bactéries.
☒ **d.**
☒ **e.** Elles permettent la fabrication de l'ADN recombinant.

14 ❐ **a.** Il n'est absolument pas nécessaire d'obtenir un fragment d'ADN en quantité importante pour cette technique.

☒ **b.** Les enzymes de restriction de type II sont bien des endonucléases puisqu'elles coupent (clivent) l'ADN au sein de sa structure, et leur action préalable est indispensable pour obtenir des petits fragments d'ADN à mettre en présence de la sonde.

☒ **c.** Une fois que les fragments de l'ADN d'intérêt ont été obtenus, il faut effectuer une électrophorèse pour pouvoir séparer ces différents fragments.

☒ **d.** La sonde doit être marquée pour pouvoir identifier si celle-ci s'est appariée avec l'ADN que l'on étudie.

❐ **e.** Cette maladie est due à une mutation dans l'ADN qui entraîne la délétion (del) d'un acide aminé en position 508 dans la protéine finale.

15 ☒ **a.** Le brin matrice doit être copié, donc répliqué, par une ADN polymérase pour analyser les copies obtenues.

❐ **b.** Il faut bien une ADN polymérase, mais les quantités sont inversées. Il faut beaucoup de désoxyribonucléotides et peu de didésoxyribonucléotides.

☒ **c.** Les fragments d'ADN ayant intégré un didésoxyribonucléotide ont vu leur synthèse stoppée du côté 3′, puisque la polymérisation se fait toujours de 5′ vers 3′ pour le brin néosynthétisé.

☒ **d.**

❐ **e.** Car cette maladie est due à la répétition anormalement élevée d'un triplet de nucléotides. Un séquençage ne permettra donc pas de détecter la maladie.

16 ☒ **a.** C'est l'un des intérêts de cette technique par rapport au clonage qui demande une phase plus complexe *in vivo*.

❐ **b.** À chaque cycle, la quantité d'ADN est multipliée par 2, donc après 30 cycles, la quantité d'ADN a été multipliée par 2^{30}, soit près de 100 millions de fois.

❐ **c.** La dénaturation de l'ADN, donc l'obtention d'ADN monocaténaire, doit précéder l'hybridation.

☒ **d.** Il s'agit évidemment de la Taq polymérase.

❐ **e.** Les fragments amplifiés par cette technique sont de petites tailles de l'ordre de quelques kb.

17 ☒ **a.**

❐ **b.** Tout est correct sauf que l'hybridation doit se faire avec l'extrémité 3′, pour que la synthèse se fasse dans le sens $5' \rightarrow 3'$.

☒ **c.**

☒ **d.**

☒ **e.**

18 ❐ **a.** C'est une technique d'amplification de l'ADN.

☒ **b.** L'expression « n'importe quel » se rapporte au type d'ADN, et non à la taille du fragment. Car alors, la réponse aurait été fausse ; puisque l'on ne peut traiter en PCR que de petits fragments.

☒ **c.** La PCR est suivie d'une analyse des fragments mutés.

☒ **d.** Cette technique ne nécessite que peu d'ADN au départ.

☒ **e.** On détecte l'ADN « étranger » parmi l'ADN normal.

© Dunod – La photocopie non autorisée est un délit.

19 ❑ **a.** L'ADN état négatif, il migre vers l'électrode positive.
☒ **b.**
☒ **c.**
❑ **d.** Il s'agit du gel de polyacrylamide.
☒ **e.**

20 ☒ **a.**
☒ **b.**
❑ **c.** Il faut aussi des désoxyribonucléotides pour avoir une polymérisation « normale ».
☒ **d.**
❑ **e.** La polymérisation ayant lieu dans le sens 5′-3′, le nucléotide fluorescent est situé sur l'extrémité 3′.

Exercices

1 Une banque d'ADNc est constituée de différents clones bactériens ayant intégré différents ADNc représentatifs de l'expression des gènes dans un tissu donné :

- on extrait l'ARNm du tissu ;
- on le rétrotranscrit en ADNc ;
- on l'insert dans le vecteur (enzymes de restriction, ligase).

2 C'est une collection d'ADN recombinés représentative du patrimoine génétique d'une espèce donnée. Elle contient l'ensemble des séquences codantes et non codantes (le phage λ est souvent utilisé pour les banques génomiques).

3 C'est un ADN que l'on a fabriqué *in vitro* en associant 2 fragments d'ADN appartenant à 2 espèces différentes (ex : ADN humain et ADN de plasmide bactérien). L'ADN recombiné est ensuite introduit dans une cellule hôte (ex : *E. coli*) en vue d'un clonage.

4 C'est un vecteur qui contient des signaux bactériens permettant la transcription et la traduction du gène inséré dans le vecteur. Il sera exprimé en une protéine hybride appelée protéine de fusion contenant d'une part la protéine bactérienne suivie de la protéine recherchée.

5 C'est un moyen de sélection des bactéries ayant incorporé un plasmide. En effet, le rendement d'infection n'étant pas de 100 %, seules seront éliminées par traitement du milieu par l'antibiotique les bactéries n'ayant pas incorporé le plasmide.

6 Non, car l'ADN nu d'un phage n'est pas infectieux. Il doit être empaqueté, c'est-à-dire revêtu des protéines de la tête et de la queue du phage.
Non, car l'ADN du phage ne peut accepter une augmentation de sa longueur de plus de 5 % car sinon il ne tient pas dans la tête du phage (insert = 10 à 20 kb).

7

- Ne laisser que les séquences indispensables au clonage.
- Ne laisser qu'un site de restriction identique (ex : EcoR1) qui sert à l'insertion de l'ADN ; en effet s'il y a plusieurs sites, l'ADN étranger pourrait se mettre sur des sites non spécifiques.
- Supprimer la partie centrale du génome. Ne garder que les gènes de la tête, de la queue, les gènes du cycle lytique, de la réplication.

- On peut ajouter des gènes de résistance à un antibiotique pour sélectionner les bactéries infectées.
- On peut aussi ajouter un gène codant pour la β-galactosidase afin de repérer les clones avec insert.

8 Il suffit de lire l'audiogramme du bas vers le haut, ce qui donne la séquence du brin synthétisé dans le sens 5′ → 3′. On écrit alors le brin complémentaire de cette séquence qui correspond donc au brin d'ADN dont on veut déterminer la séquence. Il faut cependant prendre garde au fait que ce brin est maintenant écrit dans le sens 3′ → 5′. Une simple inversion permettra de l'écrire dans le sens demandé :

Séquence lue du bas vers le haut :	5′ ACGAGCATCATGTA 3′
Séquence complémentaire :	3′ TGCTCGTAGTACAT 5′
Séquence dans le sens demandé :	5′ TACATGATGCTCGT 3′

La proposition correcte est donc la troisième.

9 Pour un sujet normal, on obtient deux fragments de 1,1 kb et de 0,2 kb, dont seul le premier s'apparie avec la sonde. On ne doit donc voir sur la carte de restriction qu'un seul fragment de 1,1 kb. Il s'agit donc du profil A.

Pour un sujet hétérozygote, on obtiendra à la fois le résultat d'un sujet normal, mais également celui d'un sujet muté, c'est-à-dire un seul fragment de 1,3 kb avec lequel la sonde s'est appariée. Il s'agit donc du profil D.

Pour un sujet homozygote, ne doit apparaître que le fragment de 1,3 kb, soit le profil C.

> **!** N'oubliez pas que seuls les fragments d'ADN qui sont appariés avec tout ou partie de la sonde seront détectés dans l'audiogramme. Les autres fragments, aussi importants soient-ils, n'apparaîtront pas dans l'audiogramme.

10 Le sujet étant homozygote, il ne peut plus contenir le fragment de 14,5 kb caractéristique d'un individu normal. Par contre, doit apparaître un gène de fusion reconnu par la sonde, mais qui doit logiquement être de taille légèrement inférieure au fragment « normal ». Il ne peut donc s'agir que du profil B avec un fragment de 10,5 kb.

11 Hétérozygote 1/2 :

Les allèles 1 et 2 étant coupés par Hae III, il ne doit plus rester de fragment de 220 pb, ce qui peut correspondre aux profils A, D et E. Mais avec Mst II qui ne coupe que les allèles 2 et 3, il doit donc rester d'une part un fragment non clivé de 220 pb correspondant à l'allèle 1, et deux fragments de 50 et 170 pb pour l'allèle 2. Il ne peut donc s'agir que du profil E.

Hétérozygote 1/3 :

Comme Hae III ne coupe que les allèles 1 et 2, il doit rester après action de cette enzyme un fragment non clivé de 220 pb, mais également deux fragments de 80 et 140 pb. Le seul profil est donc le C.

© Dunod – La photocopie non autorisée est un délit.

12 Applications de la biologie moléculaire

Plan

Objectifs

- Connaître deux grandes maladies expliquées par la biologie moléculaire

Cours

La biologie moléculaire a des applications dans des domaines très variés comme la pharmacologie, la médecine, la police scientifique, la recherche…

Nous ne verrons ici que quelques cas parmi tous ceux existants.

1. CAS DE GÉNÉTIQUE INVERSE : LA MUCOVISCIDOSE

Il s'agit d'un cas de génétique inverse, puisque la séquence du gène, donc la séquence en AA de la protéine, a été connue avant même que la protéine ne soit isolée.

Cette maladie se traduit par la sécrétion d'un mucus beaucoup trop visqueux au niveau du pancréas et de l'épithélium bronchitique, ce qui gène le malade pour respirer.

Il s'agit d'une maladie récessive autosomique, ce qui signifie que si les deux parents sont porteurs sains, ils auront une chance sur quatre d'avoir un enfant totalement sain ne possédant pas l'allèle défectueux du gène, deux chances sur quatre d'avoir des enfants porteurs d'un seul exemplaire de l'allèle défectueux du gène donc d'être comme eux porteurs sains, et enfin un risque sur quatre d'avoir un enfant porteur des deux allèles défectueux du gène et qui sera donc malade.

Le gène a été identifié en 1989 ; il est localisé sur le chromosome 7 et s'étend sur 280 kb, contient 27 exons et code une protéine, la CFTR *(Cystic Fibrosis Transmembrane Conductance Regulator)* d'environ 1 480 AA. Cette protéine transmembranaire est impliquée dans le transport des chlorures de l'intérieur vers l'extérieur des cellules.

On connaît plusieurs centaines de mutations différentes sur ce gène qui affectent la protéine CFTR qui ne peut donc plus assurer son rôle ; les ions chlorures s'accumulent donc dans le milieu intracellulaire, ce qui provoque la rétention d'eau dans la cellule. Le mucus produit par ces cellules et donc trop visqueux car pas assez hydraté.

La mutation la plus connue produit une protéine dépourvue de l'AA en position 508, une phénylalanine. Cette absence empêche d'une part la fixation de l'ATP, ce qui perturbe le canal aux ions chlorure, et d'autre part positionne mal la protéine au niveau de la membrane.

Cette mutation est une mutation sans changement du cadre de lecture, puisqu'il y a délétion de trois nucléotides, donc d'un codon sur l'ARN, ce qui correspond bien à la perte d'un AA.

Pour détecter cette mutation, il suffira d'amplifier par PCR une zone du gène concerné de 100 pb, puis d'effectuer une électrophorèse en gel de polyacrylamide qui permettra de distinguer des fragments différents de trois nucléotides. Les fragments de 97 pb seront caractéristiques de la perte d'un codon, donc de la délétion de la phénylalanine.

2. CHORÉE DE HUNTINGTON

Nous avons déjà parlé de cette maladie dégénérative, qui se caractérise notamment par des mouvements anormaux dus à l'accumulation dans les neurones d'une protéine modifiée, l'huntingtine. La transmission est autosomique dominante (la présence de la mutation sur un seul des chromosomes provoque la maladie) et la présence de la mutation provoque toujours la maladie.

Le gène d'une taille de 20 kb est situé sur le chromosome 4, qui code une protéine possédant 67 exons. Le triplet CAG est normalement répété jusqu'à 30 fois chez un individu sain, et de 37 à une centaine de fois chez l'individu malade.

Là encore, on amplifie en PCR un fragment du gène (l'exon 1), et on observe après électrophorèse la présence éventuelle de fragments plus grands, traduisant la répétition anormale signe de la mutation.

Questions à choix multiples

1 Dans le principe de diagnostic de la mucoviscidose (mutation delta F 508), relevez la (ou les) proposition(s) exacte(s) ?

❒ **a.** On utilise l'amplification de l'ADN par PCR.
❒ **b.** La détection de la mutation utilise une séparation des fragments amplifiés par électrophorèse.
❒ **c.** L'allèle muté se distingue de l'allèle normal par une taille supérieure de 3 pb.
❒ **d.** Les individus atteints sont toujours homozygotes.
❒ **e.** La mutation delta F 508 entraîne la délétion d'une phénylalanine du produit du gène *CFTR*.

2 Parmi les affirmations relatives au diagnostic de la chorée de Huntington, retrouvez la (ou les) proposition(s) exacte(s) ?

❒ **a.** Il nécessite l'emploi d'un test génétique.
❒ **b.** Le test nécessite le séquençage du gène.
❒ **c.** L'allèle muté diffère de l'allèle normal par une variation de taille.
❒ **d.** Les individus atteints sont toujours porteurs de la mutation à l'état homozygote.

Corrigés

1 ☒ **a.**
☒ **b.** Le fragment muté ayant perdu trois nucléotides, la taille des fragments normaux et mutés n'est pas la même. Ils peuvent donc être séparés par électrophorèse.
❒ **c.** La taille est au contraire inférieure de 3 pb.
☒ **d.** Puisque la maladie est autosomique récessive.
☒ **e.**

2 ☒ **a.**
❒ **b.** La détection se fait par la taille des fragments.
☒ **c.** De taille supérieure du aux répétitions trop élevées.
❒ **d.** Les individus sont le plus souvent hétérozygotes.

Partie 4

Synthèse des protéines

La transcription 13

Plan

Cours

1. Transcription procaryotique :
   - Initiation
   - Élongation
   - Terminaison
   - Modifications de l'ARN après transcription
2. Transcription eucaryotique :
   - ARN polymérase I
   - ARN polymérase III
   - ARN polymérase II
3. Inhibiteurs de transcription

Synthèse

QCM

Corrigés des QCM

Objectifs

- Différencier la transcription chez les Procaryotes et les Eucaryotes
- Connaître les grandes étapes de la transcription qui permettent de passer de l'ADN à l'ARNm
- Connaître, pour chaque étape, les différentes protéines associées

Cours

Il s'agit de la première étape dans la synthèse des protéines, elle est suivie de la traduction : 1. Transcription de l'ADN en ARN messager, 2. Traduction de l'ARN messager en protéines.

La fonction capitale de l'ADN d'une cellule vivante est de contenir l'information génétique nécessaire au fonctionnement cellulaire. Ce fonctionnement est assuré, dans les cellules eucaryotes d'un organisme humain, par environ 30 000 protéines distinctes.

Le mécanisme général de formation des ARN qui seront nécessaires à la synthèse protéique nécessite :

- ARN messager (ARNm) ;
- ARN de transfert (ARNt) ;
- ARN constitutifs des ribosomes (ARNr).

Des études ont montré que le mécanisme de copie décrit chez les bactéries est valable aussi chez les Eucaryotes à quelques nuances près. Cependant une différence fondamentale existe : l'absence de noyau chez les bactéries et sa présence dans la cellule eucaryote.

De ce fait, chez les bactéries, l'ARN messager produit est directement accessible à la machinerie de synthèse protéique : ribosomes, ARN de transfert, et la synthèse des protéines démarre avant même que l'ARN messager ne soit intégralement transcrit.

Chez les Eucaryotes, le processus de transcription est limité au compartiment nucléaire. De plus, la plupart des ARN sont modifiés avant d'entrer dans le cytoplasme. C'est ainsi que l'ARN messager subit les transformations suivantes :

- découpage en segments (excision) et recollage de certains segments (épissage) ;
- addition de groupements chimiques aux extrémités.

C'est pourquoi nous décrirons tout d'abord la transcription chez les Procaryotes puis nous aborderons la transcription chez les Eucaryotes ainsi que les mécanismes de la maturation de l'ARN messager (et des autres ARN) dans le noyau des cellules eucaryotes.

Les particularités des ARN polymérases sont :

- Qu'elles n'ont pas besoin d'amorces pour fonctionner.
- La polymérisation se fait dans le sens $5' \rightarrow 3'$, donc lecture du brin d'ADN dans le sens $3' \rightarrow 5'$.
- L'ARN ne reste pas apparié au brin d'ADN pendant la synthèse.
- Les ARN polymérases n'ont pas d'activité de relecture (activité exonucléasique $3' \rightarrow 5'$).
- La vitesse de synthèse est inférieure à celles des ADN polymérases (environ 50 nucléotides/seconde).

On peut d'emblée se poser une question : quel brin sera traduit ? Si l'on considère le brin d'ADN $3' \rightarrow 5'$ antisens (transcrit), l'ARN lui sera complémentaire et antiparallèle. Si l'on considère l'autre brin d'ADN en $5' \rightarrow 3'$ (non transcrit, informatif), le brin d'ARN écrit en $5' \rightarrow 3'$ lui sera identique, à l'exception toutefois de T remplacé par U.

Notons toutefois que lors d'une transcription, l'un des brins d'ADN est transcrit et l'autre pas, mais que ce ne sera pas toujours le même brin. Dans une autre transcription, les rôles pourront fort bien être inversés (Fig. 13.1)…

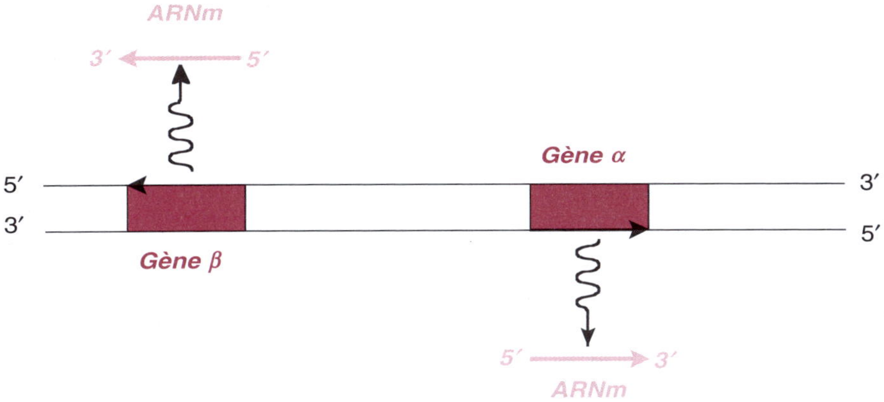

Figure 13.1 Lecture des brins d'ADN lors de la transcription.

Pour les gènes α et β, ce n'est pas le même brin d'ADN qui est lu, mais la lecture se fait toujours dans le sens 3′ → 5′, et la synthèse de l'ARNm de 5′ vers 3′.

Lors de l'étude de la réplication, nous avions vu que les ADN polymérases des Eucaryotes étaient identifiées par des lettres grecques et celles des Procaryotes par des chiffres romains. Pour la transcription, c'est la règle contraire qui s'applique ; les ARN polymérases eucaryotiques sont identifiées par des chiffres romains et celles des Procaryotes par des lettres grecques.

L'explication la plus souvent avancée pour cette « inversion » est que ces polymérases (ADN pol et ARN pol) font un travail « opposé ».

1. TRANSCRIPTION PROCARYOTIQUE

La transcription s'effectue chez les bactéries grâce à une enzyme, l'ARN polymérase. C'est une enzyme de grande de taille (PM 450 000) contenant 5 sous-unités :

α :	36 500
β :	151 000
β′:	155 000
ω :	11 000
σ :	70 000

La sous-unité σ est faiblement liée à l'enzyme, dont elle peut se dissocier temporairement. C'est, nous le verrons, très important pour le fonctionnement de l'enzyme.

© Dunod – La photocopie non autorisée est un délit.

1.1. L'initiation : fixation de l'ARN polymérase sur les sites promoteurs

Chez toutes les bactéries, le démarrage de la transcription est conditionné par la reconnaissance de séquences spécifiques de l'ADN appelées *sites promoteurs*. L'analyse de nombreuses séquences d'ADN situées en amont du site de démarrage de la transcription, et d'autres expériences comportant l'étude de l'ADN après sa liaison à l'ARN polymérase (détermination des séquences d'ADN protégées par l'ARN polymérase) ont permis de définir des séquences « type » ou séquences consensus de liaison de l'ARN polymérase. Ces séquences constituent le site promoteur (Fig. 13.2).

5′ –35 – 12 à 10 0 **3′**

------------------**TTGACA**----------------**TATAAT**GTGTGGAAT--------------

6 nucléotides *6 nucléotides*
Boîte de Pribnow
ou « TATA BOX »

Figure 13.2 Représentation du site promoteur des Procaryotes.
Les chiffres indiquent la position des séquences par rapport à l'extrémité 3′ de la TATA box prise comme référence. En gras apparaissent les nucléotides les plus conservés.

La sous-unité σ se lie au site promoteur. Les séquences – 10 et – 35 sont reconnues par la sous-unité sigma σ de l'ARN polymérase. La sous-unité σ rentre en contact avec les deux séquences, mais semble également rentrer en contact avec une zone adjacente située sur l'autre brin.

Les points de contact sont situés du même côté de la double hélice. Ce sont essentiellement des groupements chimiques donneurs ou accepteurs de liaisons hydrogènes situés dans le grand sillon.

L'attachement se fait en deux temps :

- d'abord à la région – 35, où une liaison relativement faible s'établit, puis à la région – 10 où une liaison très forte se produit ;
- cette deuxième liaison se traduit par une ouverture de la double hélice sur 15 paires de bases environ.

Des points de contact supplémentaires entre l'ARN polymérase (les autres sous-unités) et l'ADN se forment, et la transcription va pouvoir commencer. La sous-unité σ se séparera alors de l'enzyme (dès que la chaîne d'ARN aura quelques nucléotides) pour aller se lier à une autre molécule d'ARN polymérase.

Sans (ou avec) la sous-unité σ, l'ARN polymérase a une affinité faible pour l'ADN ; elle « glisse » donc sur l'ADN jusqu'à ce que la sous-unité σ reconnaisse le site promoteur, ce qui facilite la reconnaissance du site promoteur.

La sous-unité σ se trouve d'un côté de la double hélice. C'est cette orientation qui va permettre la copie du brin matrice orienté $3' \rightarrow 5'$. C'est ce qui explique que l'ARN polymérase ne copie qu'un seul brin. Il y a donc reconnaissance de la TATA Box dans le sens $3' \rightarrow 5'$, pour que l'ARN polymérase polymérise l'ARN dans le sens $5' \rightarrow 3'$.

C'est aussi l'orientation du site promoteur qui explique que dans une molécule d'ADN bactérien, l'une ou l'autre des chaînes sera copiée (Fig. 13.3).

5′	-----------TATAAT----------------------------ATCAGTAAAC	3′	brin codant
3′	-----------ATATTA--------------------------- TAGTCATTTG	5′	brin matrice
5′	*pppAUCAGUAAAC*	3′	*ARN*
3′	*CGUAAUAppp*	5′	*ARN*
5′	--------------------GCATTAT-------------------------------------	3′	brin matrice
3′	--------------------CGTAATA----------------------TAATAT----	5′	brin codant

Figure 13.3 Principe de la transcription suivant l'un des deux brins d'ADN.
On notera notamment l'orientation des différents brins, et donc du fragment d'ARNm.

Suivant que la séquence du site promoteur se rapproche plus ou moins de la séquence « type » (dite encore « consensus »), la fixation de la sous-unité σ sera plus ou moins forte, et donc la fréquence avec laquelle l'ADN sera copié en ARN sera plus ou moins élevée. Il existe donc des promoteurs plus ou moins efficaces, ce qui est un élément fondamental pour comprendre que des gènes seront plus ou moins exprimés.

Des séquences d'ADN situées plus loin, entre – 50 et – 150 nucléotides, sont aussi très importantes pour que l'activité du site promoteur soit maximale (elles influencent la vitesse de l'initiation).

1.2. L'élongation

L'ouverture de la double hélice va permettre, environ 12 nucléotides après la TATA box, l'addition de nucléotides complémentaires au brin orienté 3′-5′.

Le premier nucléotide fixé est le plus souvent ATP ou GTP plutôt que CTP et exceptionnellement UTP.

La sous-unité sigma va se dissocier de l'enzyme et plusieurs protéines, dont la principale est *nus A*, serviront à passer à l'étape d'élongation.

© Dunod – La photocopie non autorisée est un délit.

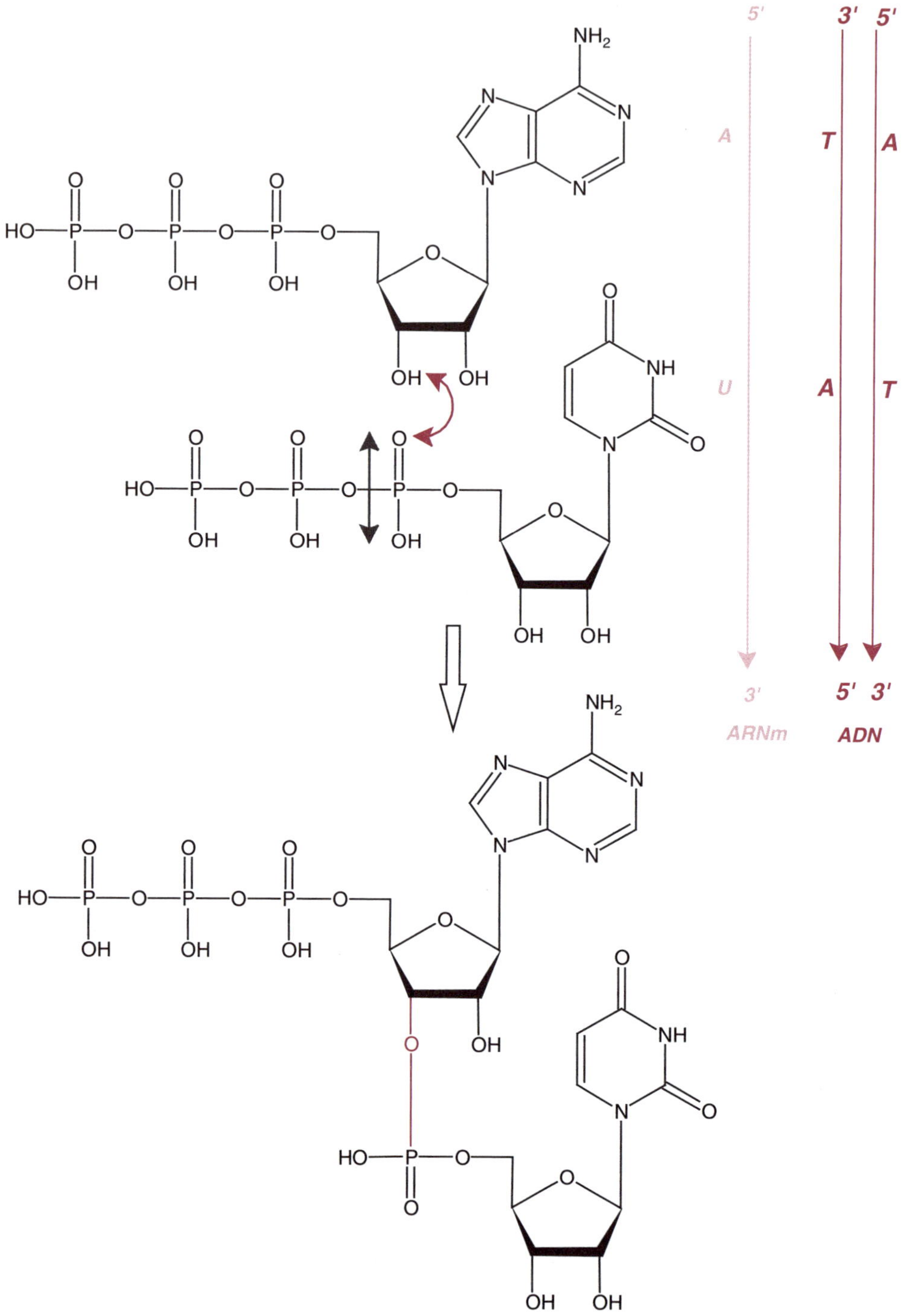

Figure 13.4 Transcription de l'ADN en ARNm.
Seule la synthèse des deux premiers nucléotides a été représentée.

L'ADN ouvert sert de matrice pour les nucléosides triphosphate. On notera que la synthèse d'ARN se fait selon le même principe que celle d'ADN, c'est-à-dire avec une orientation $5' \rightarrow 3'$ (pour l'ARN synthétisé) et la formation de liaison phosphodiester 3′-5′ entre molécules de ribose. C'est la rupture de la liaison anhydride d'acide qui fournit l'énergie nécessaire à la réaction (Fig. 13.4).

Les conditions de la formation de l'ARN par l'ARN polymérase sont :

- présence d'une matrice d'ADN ;
- présence des 4 ribonucléosides triphosphate (en excès) : ATP, GTP, UTP, CTP ;
- présence d'ions métalliques Mg^{2+} ou Mn^{2+}.

On remarque qu'une amorce n'est pas nécessaire, que l'ARN polymérase n'a pas d'activité exonucléasique (pas de correction de copie, déjà évoqué dans l'étude des ADN polymérases), et que la matrice d'ADN est entièrement conservée.

Il se forme un hybride ADN-ARN transitoire d'environ 12 paires de bases, puis cet hybride se dissocie et la double hélice d'ADN se reforme.

Parmi les sous-unités de l'ARN polymérase, c'est la sous-unité β qui joue le rôle catalytique, alors que β′ servirait essentiellement à maintenir la liaison entre l'ADN et l'ARN polymérase.

Antibiotiques

Certains antibiotiques inhibent le fonctionnement de la sous-unité β tels que la rifampicine et la steptolydigine. Ces substances permettent donc d'inhiber le développement des bactéries en empêchant la synthèse des protéines qui leur sont nécessaires lors de leur croissance.

Remarques

1. Les premiers nucléotides de la chaîne d'ARN formée, ne sont pratiquement jamais ceux que l'on retrouve dans l'ARN traduit.
2. Des nucléases enlèvent quelques nucléotides ; parfois un clivage plus éloigné se produit. Ce qui sera important, en fait, c'est le codon d'initiation pour la traduction, et les séquences d'ARN permettant l'interaction avec le ribosome.

1.3. La terminaison

La terminaison de la chaîne est assurée par des séquences particulières appelées **signaux de terminaison**. Un signal de terminaison est précédé par des sites dits de pause où la polymérase sera ralentie. Ces sites sont, soit des séquences riches en G-C, difficiles à ouvrir, soit des structures à caractère palindromique, c'est-à-dire présentant une symétrie.

© Dunod – La photocopie non autorisée est un délit.

On en distingue deux types :

- Signaux ayant une structure d'ADN particulière comportant un centre de symétrie d'ordre 2.

  Ces séquences particulières, lorsqu'elles seront transcrites en ARNm, permettront à celui-ci de se boucler sur lui-même puisque ses séquences seront complémentaires et pourront donc s'apparier grâce à des liaisons hydrogènes.

  Quand cette structure en épingle à cheveux se forme (Fig. 13.5), elle correspond à une dissociation du complexe ADN-ARN sur environ 20 nucléotides. Il reste alors une séquence poly U liée à l'ADN. C'est un hybride très instable qui pourra se dissocier immédiatement de l'ADN (donc tout l'ARN est dissocié de l'ADN).

```
      5'  AGCCCGC------------------------------GCGGGCTTTTTTTT
          TCGGGCG------------------------------CGCCCGAAAAAAA
ARNm      AGCCCGC------------------------------GCGGGCUUUUUU  3'

                                  C--G
                                  G--C
                                  C--G
                                  C--G
                                  C--G
                  ----------------G—C-- UUUUU ------
```

Figure 13.5 Terminaison de transcription chez les Procaryotes.
En haut les deux brins d'ADN, dont l'un est transcrit en ARNm qui contient des nucléotides capables de former la structure en épingle à cheveu.

- Certains signaux de terminaison ont une structure en épingle à cheveu insuffisante pour entraîner une dissociation immédiate de l'ARN. Ils ont besoin de la liaison d'une protéine, la protéine ρ. La protéine ρ se fixe, dans une réaction impliquant l'hydrolyse d'ATP, sur l'ARN, alors que l'ARN polymérase est dans un site de pause ; l'ARN entoure la protéine ρ sur 80 nucléotides ; elle interagit aussi avec les protéines associées et détache l'ARN de sa liaison à l'enzyme (l'ATP sert de donneur d'énergie dans cette réaction).

1.4. Modifications de l'ARN après transcription

Elles diffèrent selon la nature de l'ARN :

- l'ARNm ne subit pas de modification ;
- les ARNt et ARNr subissent une maturation qui correspond à une coupure à partir de précurseurs :

  1. Pour les ARNt, le précurseur contient plusieurs séquences d'ARNt et, dans certains cas, des séquences d'ARNr.

  2. Pour les ARNr, la maturation implique aussi le clivage et l'élagage d'un précurseur contenant tous les ARNr et des ARNt.

Enfin, les bases de l'ARN peuvent subir de nombreuses modifications :

- méthylation de l'uracile la transformant en thymine, formation de 5-méthylcytosine, de méthyladénine, diméthyladénine, etc. ;
- réduction de l'uracile en dihydro-uracile, etc. ;
- transformation de l'uridine en pseudo-uridine.

Ces modifications touchent essentiellement les ARNt et ARNr et jouent un rôle très important pour la fonction de ces molécules.

2. TRANSCRIPTION EUCARYOTIQUE

Trois points fondamentaux distinguent la transcription des Eucaryotes et des Procaryotes :

1. Chez les Eucaryotes, l'ADN est contenu dans le noyau et la transcription s'effectue dans celui-ci alors que la traduction en protéines s'effectue dans le cytoplasme. Transcription et traduction ne sont donc pas des phénomènes associés comme c'est le cas chez les Procaryotes. De plus, l'ADN des Eucaryotes est présent sous forme d'une structure dont nous avons parlé, la chromatine. La transcription de l'ADN en ARN implique une structure décondensée de la chromatine, c'est-à-dire une chromatine où il existe peu d'histone H1, où la structure est en collier de perles avec des zones sans nucléosomes.

2. La transcription d'un gène en ARN, ARN ribosomal ARNr, ARN de transfert ARNt, ARN messager, ne produit pas immédiatement une molécule fonctionnelle. Dans le noyau, c'est un précurseur (ou transcrit primaire) qui est produit dans la grande majorité des cas. Il subira plusieurs modifications avant son entrée dans le cytoplasme. Une modification extrêmement importante est la maturation de l'ARN messager qui nécessite notamment un épissage, c'est-à-dire un processus d'élimination de séquences non utiles (introns) et une ligature des séquences qui coderont pour une protéine (exons).

3. Chez les Eucaryotes, il existe trois ARN polymérases distinctes (alors qu'une seule fait «tout le travail» chez les bactéries)

- ARN polymérase I : ARNr (sauf l'ARN 5S) ;
- ARN polymérase III : ARNt, ARN 5S et petits ARN nucléaires (en partie) ;
- ARN polymérase II : ARNm et petits ARN nucléaires (en partie).

Ces polymérases ne fonctionnent correctement (en particulier pour la fixation sur des sites promoteurs) qu'en présence de très nombreuses protéines supplémentaires appelées facteurs de transcription.

Nous ne reviendrons pas sur la catalyse de la formation d'ARN par les différentes polymérases qui procède du même mécanisme biochimique que celui utilisé par la polymérase bactérienne.

© Dunod – La photocopie non autorisée est un délit.

2.1. Transcription par l'ARN polymérase I

La synthèse de l'ARN ribosomal s'effectue dans un compartiment spécialisé du noyau, le nucléole. Cette synthèse représente plus de la moitié de l'ARN total cellulaire avec près de 80 % de tous les ARN.

Elle s'effectue sous forme d'un précurseur de grande taille (en moyenne 45S) qui sera converti en ARNr 18S, 5,8S et 28S. Ces ARN, avec l'ARN 5S transcrit sous contrôle d'une autre ARN polymérase (ARN polymérase III), vont former les constituants non protéiques du ribosome.

Cette synthèse est sous contrôle d'une ARN polymérase spécialisée, l'ARN polymérase I.

Fonctionnement de la transcription

Le site promoteur comporte deux séquences situées vers – 140 (site distal) et vers – 35 (site proximal). Le premier site est le plus important pour la transcription, mais une transcription très active ne peut avoir lieu sans le deuxième site (Fig. 13.6).

```
        SL1          UBF           SL1                          Pol I
-------- –140 ------------------------------ –35 ------------------ 0 ----------------------------
                                                         TF1C
```

Figure 13.6 Structure du site d'initiation de transcription pour l'ARN pol I.

La séquence de ces deux sites est spécifique de l'espèce, ce qui correspond à une fixation de facteur(s) de transcription qui ne reconnaissent que le site promoteur de l'espèce dont ils proviennent.

Deux protéines se lient au promoteur :

- SL1 ou TFI D ou TFI B (fixation sur les deux sites) ;
- UBF (fixation entre les deux sites ?).

Seule la protéine SL1 a la spécificité d'espèce.

> Remarque
>
> Un autre facteur protéique TFI C semble nécessaire à ce démarrage de la transcription. La structure ressemble à la sous-unité σ de la polymérase d'*E. coli*.

Enfin l'ARN polymérase I est nécessaire. Elle est composée de 65 sous-unités chez les vertébrés. La plus grande ressemble à β d'*E. coli*.

La terminaison est assurée par une structure composée de deux parties :

- une première où se fixe une protéine qui a été identifiée aussi bien chez un Eucaryote inférieur, la Levure *S. cerevisiae* (Reb-1p), que chez les Mammifères (TTF-1) ;

- une seconde qui est indispensable aussi à la libération du transcrit d'ARN et qui est une séquence riche en paire A-T.

La protéine va bloquer la polymérase en situation de « pause » et cette dernière va reculer ce qui va créer un hybride ARN-ADN instable et dissocier l'ARN de sa liaison avec l'ADN et avec l'ARN polymérase.

Maturation du précurseur 45 S et assemblage

Quand la copie de l'ADN en pré-ARNr est faite, le pré-ARNr est incorporé dans un grand complexe ribonucléoprotéique qui clive ce pré-ARNr. Ce complexe contient la ribonucléoprotéine U3 : découpage d'abord dans la partie 5′ puis du côté 3′, puis entre les deux. Ce n'est pas une élimination d'introns sous forme d'épissage, mais une action de type nucléasique. Après transcription, le pré-ARNr ou ARN 45 S (environ 14 000 bases) subit aussi des modifications post-transcriptionnelles : méthylation, réduction, formation de pseudo-uridine, etc. comme chez les Procaryotes.

L'assemblage des ARNr obtenus après maturation avec les protéines constitutives des deux sous-unités ribosomales 40S et 60S (85 protéines différentes) et avec l'ARN 5S (qui s'associe à la grande sous-unité 60S) se fait dans le nucléole. Ce n'est que lorsque l'assemblage est terminé que les sous-unités vont quitter le nucléole pour aller vers le cytoplasme.

2.2. Transcription par l'ARN polymérase III

L'ARN polymérase III copie :

- l'ARN 55 constitutif des ribosomes ;
- les ARN de transfert ;
- certains ARN nucléaires appelés petits ARN nucléaires ou ARNsn.

Le site promoteur pour l'ARN 5S et la fixation de l'ARN pol III

On sait qu'il est situé à l'intérieur du gène et qu'il se lie à un facteur de transcription TFIII A.

La liaison de ce facteur à l'ADN est une structure dite doigt de zinc Cys 2-His 2 (deux Cys et deux His en interaction avec un ion zinc II) qui se lie au grand sillon de l'ADN.

La partie C-terminale de TFIII A se lie à TFIII B et C. L'ensemble va ensuite interagir avec l'ARN polymérase III. Le complexe recouvre alors la totalité du gène 5S.

C'est en définitive l'interaction ARN pol III-TFIII B qui permet à celle-ci de commencer la transcription. Il est à noter que cette transcription se fait sans dissociation du complexe TFIII A-ADN.

© Dunod – La photocopie non autorisée est un délit.

La transcription des ARNt

Le site promoteur pour l'ARNt est constitué de deux séquences (+ 10 à + 20) et (+ 50 à + 60) qui vont fixer le facteur de transcription TFIII C.

L'interaction se fait en plusieurs étapes :

- TFIII C se lie à l'ADN ;
- après fixation, TFIII B se fixe à TFIII C ;
- le complexe stable formé permet alors la liaison de la polymérase III.

La transcription des ARNsn

Elle fait participer d'autres facteurs que ceux vus précédemment sauf TFIII B. Par ailleurs, le site promoteur est situé en 5′ par rapport au gène. Il implique le facteur de transcription que nous verrons pour la transcription par pol II, c'est-à-dire TFII D.

La transcription et la maturation du transcrit primaire

- 5S, ARNsn : pas de maturation.
- L'ARN de transfert subit un processus d'épissage : élimination d'une séquence « inutile » (intron) et « recollage » des séquences « utiles », avant de passer dans le cytoplasme. Ce processus d'élimination de l'intron est assez différent de celui utilisé pour l'ARNm que nous décrirons ensuite. Ce n'est qu'après l'élimination de l'intron que l'ARNt passe dans le cytoplasme.

2.3. Transcription par l'ARN polymérase II

Site promoteur

Il faut bien distinguer, étant donné le niveau d'expression variable de ces gènes, deux zones distinctes :

- le site promoteur proximal ;
- les sites de régulation.

L'éventualité la plus fréquente est le promoteur dit TATAbox (séquence TATAAT). On sait maintenant que la première étape correspond à la mise en place d'une protéine se liant à la TATAbox, la protéine TBP *(TATA Binding Protein)*, qui est associée à un ensemble d'autres facteurs protéiques dont la nature et le nombre sont variables d'un site promoteur à un autre, les TAF *(TBP Associating Factors)*. L'association TBP-TAF constitue le facteur de transcription général TFII D.

Le recrutement de la polymérase II est très compliqué. Jusqu'à récemment, on considérait l'accrochage séquentiel suivant pour les gènes : TFII D, puis TFII A qui augmente la liaison de TFII D à TATA, puis TFII B qui reconnaît TBP et permet le recrutement de l'ADN pol II avec II F, II E, faiblement associé, II H et II B.

En fait, il semble que la mise en place du complexe d'initiation de la transcription puisse se faire de deux façons :

- soit, d'une part, un assemblage des constituants de TFII D, faisant suite à la fixation de TBP sur le site promoteur (TATAbox) ; d'autre part, un assemblage de ce qui est appelé l'holoenzyme, composé de l'ARN polymérase II et d'un nombre important de facteurs de transcription : le groupe des protéines SRB, les facteurs TFII B, E, F, H ; ces 2 composants TFII D et holoenzyme s'assemblent ensuite. Dans cet assemblage final, le facteur TFII B jouerait un rôle clef : il se lie à TFII D par une interaction impliquant TBP et l'un des TAFs ;
- soit un assemblage de TFII D et de l'holoenzyme suivi de la fixation de l'ensemble sur le site promoteur.

Il est capital de comprendre que la transcription effectuée en présence de ces différents facteurs est très faible. Le rôle de différentes protéines régulatrices qui s'associent à des séquences situées en amont ou en aval, voire à l'intérieur du gène, sera essentiellement d'augmenter la stabilité du complexe d'initiation de la transcription : liaison à TBP mais surtout aux TAF, liaison aux SRB, etc. La fixation de différents facteurs de régulation va augmenter de 100 à 1 000 le taux de transcription.

L'élongation

Le passage de la phase d'initiation à la phase d'élongation et le déroulement de cette phase dépendent d'un grand nombre de protéines différentes.

Pour résumer une situation qui se révèle actuellement fort complexe, on peut considérer les éléments essentiels suivants :

- La phosphorylation d'un domaine C-terminal de la polymérase (domaine CTD, pour *C-Terminal Domain*) est un des événements « clef » du passage à l'élongation. Un des facteurs du complexe d'initiation, TFII H, y est impliqué. Il est lui-même stimulé par des facteurs protéiques considérés comme régulateurs de l'expression génique. Une autre protéine, dénommée PTEFb, a une activité kinase au niveau du CTD et stimule le passage à l'élongation ;
- D'autres protéines récemment identifiées vont « aider » la polymérase durant son parcours, soit en facilitant son passage à travers le nucléosome (FACT), soit en augmentant son activité catalytique (TFII F, elongin, ELL, ELL2), soit encore en la faisant repartir lorsqu'elle s'arrête en cours de route à des séquences riches en paires A-T.

La terminaison

Elle est intimement liée à ce que nous verrons dans le paragraphe suivant, c'est-à-dire la modification de l'extrémité 3′ du transcrit primaire. Le clivage de l'ARN par le système associé à la machinerie de transcription et qui permettra l'addition de l'extrémité poly-A, va avoir pour conséquence indirecte l'activation d'une phosphatase qui va déphosphoryler le domaine CTD. C'est probablement cette déphosphorylation qui va détacher l'ARN polymérase II.

© Dunod – La photocopie non autorisée est un délit.

Addition de la coiffe en 5′ (phénomène de Capping)

L'extrémité 5′ est modifiée par le processus d'addition de la « coiffe » ou de « capping », c'est-à-dire essentiellement l'addition d'une 7-méthylguanosine (provenant d'un GTP hydrolysé en GMP) liée au ribose du nucléoside suivant par une liaison mettant en jeu trois groupements phosphate (donc création d'une liaison anhydride d'acide), mais aussi une méthylation éventuelle des deux hydroxyles en 2′ des riboses 1 et 2 de la chaîne d'ARN (Fig. 13.7).

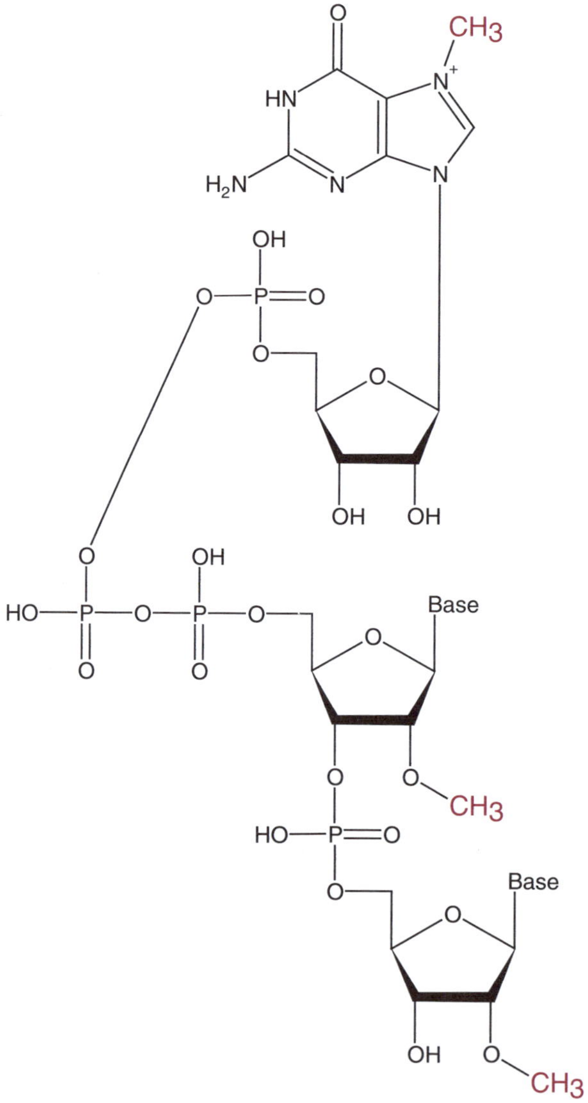

Figure 13.7 Phénomène de capping sur l'extrémité 5′ de la chaîne d'ARN. On remarquera en rose les groupes méthyls, et la liaison inhabituelle anhydride d'acide 5′-5′ avec la méthyl guanine.

Cette modification se produit alors que la chaîne d'ARN est en cours de transcription, après la polymérisation d'environ 30 nucléotides.

Cette coiffe a plusieurs rôles :

- protéger contre les exonucléases, puisqu'il n'y a plus d'extrémité 5′ phosphate libre ;
- rendre l'ARN accessible au processus d'excision-épissage ;
- permettre l'interaction de l'ARNm avec la petite sous-unité du ribosome. Les ARNr et ARNt dépourvus de cette coiffe ne sont ainsi pas traduits.

Polyadénylation en 3′

L'extrémité 3′ est modifiée par addition de 100 à 200 résidus d'acide adénylique (extrémité poly A) grâce à l'action d'une enzyme, la poly A-polymérase (PAP), qui utilise des ATP comme donneurs d'adénine.

Le mécanisme implique la prise en charge de deux séquences de l'ARN dont l'une, AAUAAA (séquence consensus retrouvée à la fin de tous les gènes), appelée *signal de polyadénylation*, est située approximativement à 15 nucléotides en amont d'un site de clivage endonucléasique, qui servira ensuite de site d'addition de poly-A alors que l'autre, une séquence riche en U ou en G/U est située en aval du site de coupure. Ces deux séquences sont reconnues chez les Mammifères par deux complexes protéiques interagissant l'un avec l'autre : CPSF *(Cleavage and Polyadenylation Specify Factor)*, reconnaissant AAUAAA et CstF *(Clivage Stimulation Factor)* reconnaissant la séquence riche en G/U. À cet ensemble vient s'ajouter la poly A-polymérase et deux autres protéines probablement responsables du clivage endonucléasique : CFI et CFII.

> Certains ARNm, en particulier ceux codant pour les séquences des histones, ne possèdent pas de queue poly A.

La queue de polyadénine aurait plusieurs rôles :

- protection de l'ARNm lors de la traduction ;
- aide au passage de l'ARNm du noyau vers le cytoplasme.

Maturation du transcrit primaire ou de l'ARN prémessager (épissage)

L'épissage de l'ARN messager nucléaire est une étape majeure de sa maturation. En effet, l'ARN messager nucléaire « transcrit primaire » est une copie fidèle d'un gène, mais comme nous l'avons déjà vu, le gène est formé de séquences codantes, les exons, et de séquences non codantes, les introns.

L'élimination des introns se fait par un processus dit d'épissage, dont le principe est celui d'une transestérification. Nous avons déjà dit que ce processus pouvait exister pour l'ARNt, mais le mécanisme d'épissage de l'ARNm est tout à fait particulier.

© Dunod – La photocopie non autorisée est un délit.

Prix Nobel

Le prix Nobel de médecine fut attribué en 1993 à Roberts et Sharp pour leur découverte de la structure discontinue des gènes eucaryotiques, c'est-à-dire à la découverte de l'organisation en exons et introns.

Il faut en effet que cet épissage soit parfait, car une erreur d'un seul nucléotide aboutirait à un changement du cadre de lecture, et donc à une protéine totalement différente.

On sait maintenant que plusieurs ribonucléoprotéines (RNPsn pour *small nuclear ribonucleoproteins*, ou *snurps*) interviennent dans le processus d'épissage. Elles sont organisées en une structure complexe à laquelle on a donné le nom de « splicéosome » ou complexe d'épissage.

Ce splicéosome comporte cinq ribonucléoprotéines : U1, U2, U4, U5 et U6. En plus de ces RNPsn, d'autres protéines qui représentent plus de la moitié de la masse totale du splicéosome interviennent pour stabiliser l'édifice (ce sont les RNPhn).

Les séquences de début de l'intron (GTAAGT dans l'ADN, GUAAGU dans l'ARN) et de fin de l'intron (AG) sont invariantes. De plus, il existe toujours une adénine située près de l'extrémité 3′ de l'intron située à environ – 20 à – 30 nucléotides. Ces séquences sont reconnues dans l'ARN prémessager par différentes RNPsn au sein du complexe d'épissage. En fonction de leur rôle dans le processus d'épissage, les séquences de début d'intron, de fin d'intron et celles où se trouve l'adénine sont respectivement appelées : site donneur, site accepteur et point de branchement.

La fixation des RNPsn s'effectue grâce à des appariements entre bases de l'ARN messager et de l'ARN de la ribonucléoprotéine (Fig. 13.8).

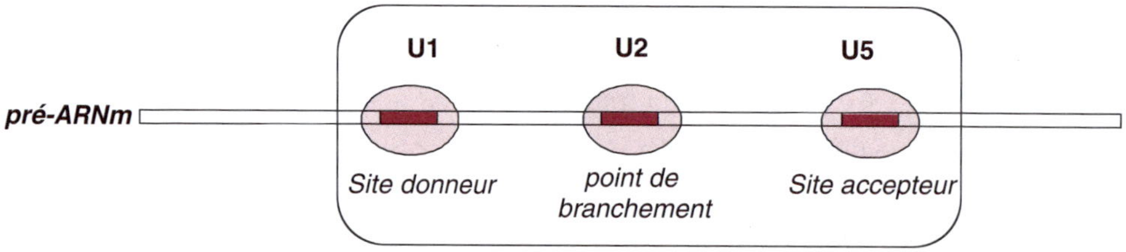

Figure 13.8 Interaction des ARNsn du splicéosome avec l'ARN prémessager.

Les étapes principales de l'épissage sont les suivantes (Fig. 13.9) :

1. U1 se fixe sur le site donneur (5′ de l'intron).
2. U2 se lie au point de branchement, puis les protéines U4 et U6 s'associent à U2.
3. U5 se fixe près du site accepteur.

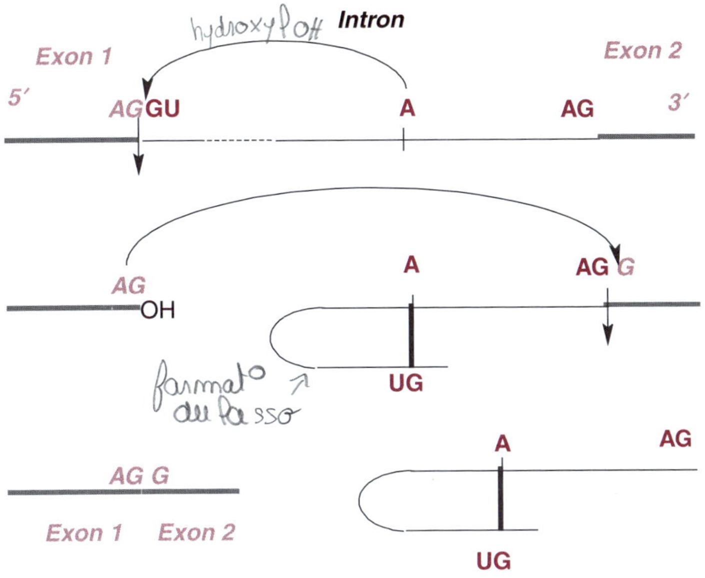

Figure 13.9 Mécanisme d'excision épissage.

1re étape : clivage du côté 5′ de l'intron par l'attaque de l'hydroxyle OH situé en 2′ de l'adénine du branchement sur le groupe phosphodiester (cette attaque est rendue possible par des phénomènes de repliement dans la chaîne). Il se forme alors une liaison 2′-5′ entre l'adénine et la guanine à l'extrémité de l'intron qui crée un lasso.

2e étape : le 3′ OH de la guanine en fin de l'exon 1 attaque le groupe phosphodiester qui relie la guanine de l'exon 2 à l'intron du côté 3′, ce qui provoque le clivage de cette liaison.

3e étape : il se produit alors une soudure des deux exons, et libération du lasso qui sera dégradé par des nucléases cellulaires.

4. La première transestérification se produit avec ouverture de la liaison phosphodiester 3′-5′ de la jonction exon-intron et formation du « lasso ».
5. Changement conformationnel de la position de U4-U6.
6. Deuxième transestérification : attaque par le 3′ OH de la fin de l'exon n sur l'extrémité 5′ de l'exon n + 1, formation d'une liaison phosphodiester entre l'extrémité 3′ OH de l'exon n et l'extrémité 5′P de l'exon n + 1, élimination du « lasso » correspondant à l'intron.

Les splicéosomes maintiennent l'ARNm tant que l'ensemble des introns n'est pas éliminé. C'est seulement quand tout le processus est terminé que l'ARN messager mature se dissocie du splicéosome et passe dans le cytoplasme pour y être traduit.

> On remarque au cours de cette réaction que le nombre de liaisons phosphodiester reste le même, ce qui explique que ce mécanisme ne nécessite pas l'apport d'ATP.

© Dunod – La photocopie non autorisée est un délit.

Phénomène d'épissage alternatif

Il est possible, en utilisant des combinaisons différentes d'exons, d'aboutir à un grand nombre de protéines différentes (Fig. 13.10). On estime que près de 50 % des gènes subissent ce phénomène avec différentes possibilités :

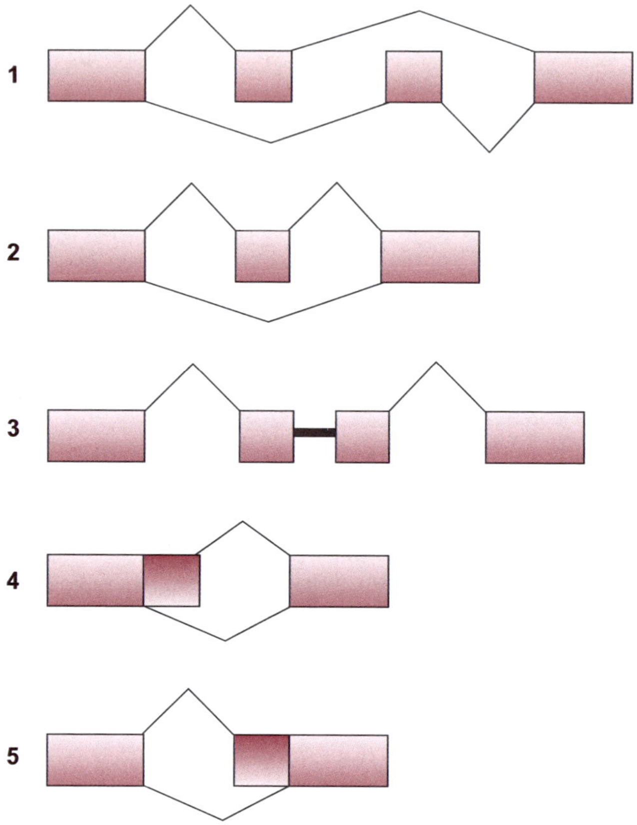

Figure 13.10 Différents modes d'épissage alternatifs.

Les rectangles représentent les différents exons séparés par des introns (espaces vides)

1 et 2 : le clivage peut avoir lieu, au choix, suivant le mode du haut ou celui du bas. Certains exons peuvent donc « disparaître » au cours de l'épissage.

3 : Le petit intron (en gras) peut ne pas être épissé, et donc être inclus, et donc exceptionnellement traduit.

4 et 5 : les rectangles en foncé représentent des morceaux d'exons qui sont encadrés par des séquences qui sont toutes les deux soit des sites donneurs, soit des sites accepteurs. L'épissage à donc le choix entre ces deux séquences, ce qui peut éventuellement éliminer un morceau d'exon (en gris foncé).

4 : compétition entre deux sites donneurs du côté 5′.

5 : compétition entre deux sites accepteurs du côté 3′.

Le cas n° 3 est problématique car il engendre deux exceptions à ce qui est communément admis : un intron peut donc être traduit en protéine, les exons ne sont pas tous mitoyens après l'épissage. On peut cependant admettre que ce cas rarement décrit ne doit pas être pris en compte pour les QCM, sauf évidemment avis contraire du professeur.

3. INHIBITEURS DE TRANSCRIPTION

Il existe certains antibiotiques qui se comportent comme des inhibiteurs de la transcription, en agissant à des niveaux différents :

- *La rifampicine,* qui inhibe l'étape d'initiation de la transcription, en se plaçant dans le site actif de l'ARN polymérase.
- *L'actinomycine D,* s'intercale entre les plans des bases de l'ADN, et l'empêche alors de servir de matrice à la fabrication de l'ARN.
- La toxine de l'amanite phalloïde (champignon vénéneux), *l'alpha amanitine* inhibe l'ARN polymérase II des Eucaryotes en s'y fixant avec une très grande affinité.

Synthèse

Je sais définir

- Transcription ;
- Site promoteur ;
- Maturation des ARNm ;
- Épissage et épissage alternatif ;
- Splicéosome.

Je connais

- La structure et le rôle de la TATA box ;
- Le principe de la polymérisation de l'ARN ;
- Les modifications subies par l'ARNm après sa transcription ;
- Le principe de l'épissage des ARNm ;
- Quelques inhibiteurs de la transcription et leur utilisation.

Je sais

- Comparer et souligner les points communs et les différences de la transcription procaryotique et eucaryotique ;
- Connaître les différences entre les polymérisations d'ADN et d'ARN ;
- Décrire le principe et le rôle de l'ensemble des modifications que subissent les ARNm pour devenir matures.

Questions à choix multiples

1 Parmi les propositions suivantes relatives à la transcription, relevez celle(s) qui est (sont) vraie(s).

❒ **a.** Les Procaryotes utilisent un seul type d'ARN polymérase alors que chez les Eucaryotes, il en existe trois différentes.

❒ **b.** Chez les Procaryotes, un facteur protéique dénommé TFI C est nécessaire pour que l'ARN polymérase s'attache au site promoteur.

❒ **c.** Chez les Eucaryotes, la transcription des ARN de transfert est réalisée par l'ARN polymérase I.

❒ **d.** Certaines ARN polymérases possèdent une activité exonucléasique.

❒ **e.** Quelle que soit l'unité de transcription, un seul des deux brins de la double hélice sert de matrice pour la copie.

2 Associez à chaque type de transcription eucaryotique, le facteur protéique reconnaissant la ou les séquences d'ADN du site promoteur.

Transcription du pré ARN 45 s.

Transcription de l'ARN 5 s.

Transcription des ARNm.

TFII D.

TFIII A.

SL 1.

3 Quelle est l'ARN polymérase responsable de la transcription de l'ADN en ARN prémessager chez les Eucaryotes ?

❒ **a.** ARN polymérase alpha.

❒ **b.** ARN polymérase bêta.

❒ **c.** ARN polymérase delta.

❒ **d.** ARN polymérase I.

❒ **e.** ARN polymérase II.

❒ **f.** ARN polymérase III.

4 Écrire dans le sens standard 5′ vers 3′ la séquence d'ARN copiée par l'ARN polymérase II des Eucaryotes à partir de la matrice d'ADN suivante : AATGTTCAGGGTT.

❒ **a.** UUACUUGUCCCAA.

❒ **b.** TTACTTGTCCCAA.

❒ **c.** UUACAACUCCCAA.

❒ **d.** AACCCUGAACAUU.

❒ **e.** AACCCUGUUCAUU.

→

5 Quelle(s) propriété(s) particulière(s) est (sont) portée(s) par cette séquence d'ARN de la question 4 ?

- ❒ **a.** Présence d'un codon stop.
- ❒ **b.** Site donneur d'épissage.
- ❒ **c.** Site accepteur d'épissage.
- ❒ **d.** Signal de polyadénylation.
- ❒ **e.** Présence d'un codon d'initiation.

6 Dans la structure simplifiée d'un intron de l'ARN prémessager suivant, quelle est (quelles sont) la (les) ribonucléoprotéine(s) s'associant au site de branchement A ?

- ❒ **a.** U1.
- ❒ **b.** U2.
- ❒ **c.** U4.
- ❒ **d.** U5.
- ❒ **e.** U6.

7 Écrire dans le sens standard 5′ vers 3′ la séquence d'ARN copiée par l'ARN polymérase à partir de la matrice d'ADN suivante :
AGCCCGCTTCGATGCGGGCT.

- ❒ **a.** AGCCCGCATCGAAGCGGGCT.
- ❒ **b.** AGCCCGCUACGAAGCGGGCU.
- ❒ **c.** TCGGGCGAAGCTACGCCCGA.
- ❒ **d.** UCGGGCGAAGCUACGCCCGA.
- ❒ **e.** AGCCCGCAUCGAAGCGGGCU.
- ❒ **f.** AGCCCGCAUCGUUCGCCCGA.

8 Parmi les motifs de liaison à l'ADN, quel est celui qui est présent dans le facteur de transcription TFIII A ?

- ❒ **a.** Hélice-tour-hélice.
- ❒ **b.** Doigt à zinc Cys 2-His 2.
- ❒ **c.** Doigt à zinc Cys 4.
- ❒ **d.** Leucine zipper.
- ❒ **e.** Hélice-boucle-hélice.

9 La transcription de l'ARN 5S par l'ARN polymérase III des Eucaryotes possède les propriétés suivantes sauf :

- ❒ **a.** Le site promoteur est situé à l'intérieur du gène codant pour l'ARN 5S.
- ❒ **b.** L'activité promotrice dépend de la liaison au gène du facteur de transcription TFIII A.
- ❒ **c.** Un seul facteur de transcription suffit pour que l'ARN polymérase III effectue sa transcription.
- ❒ **d.** La liaison à l'ADN du facteur de transcription se fait au niveau du grand sillon sous la forme de boucles stabilisées par un atome de zinc.
- ❒ **e.** La transcription par l'ARN polymérase III s'effectue sans que le facteur de transcription se dissocie de sa liaison à l'ADN.

→

© Dunod – La photocopie non autorisée est un délit.

10 Dans le processus de transcription des gènes codant pour des protéines des cellules eucaryotes, associez les facteurs ou modifications protéiques aux événements suivants :

Reconnaissance de la boîte TATA.
Transition de l'initiation à l'élongation.
Reconnaissance du signal dit de polyadénylation.

Protéine TBP.
Phosphorylation du domaine CTD de l'ARN polymérase II.
Protéine CPSF.

11 Parmi les protéines suivantes, quelle(s) est (sont) celle(s) qui ne fait (font) pas partie du complexe protéique appelé holoenzyme de l'ARN polymérase II ?

❒ **a.** SRB 10.
❒ **b.** TFII B.
❒ **c.** TFII D.
❒ **d.** TFII F.
❒ **e.** TFII H.

12 Parmi les ribonucléoprotéines suivantes, quelle(s) est (sont) celle(s) qui est (sont) utilisée(s) pour la maturation du transcrit primaire préARNr 45S des cellules eucaryotes ?

❒ **a.** U1.
❒ **b.** U2.
❒ **c.** U3.
❒ **d.** U4.
❒ **e.** U5.
❒ **f.** U6.

13 Parmi ces mêmes protéines, quelle(s) est (sont) celle(s) dont l'ARN s'apparie de façon complémentaire avec la séquence du point de branchement des introns du transcrit primaire d'ARN messager ?

14 Parmi les protéines suivantes, quelle est celle qui permet l'interaction entre TFII D et l'holoenzyme de l'ARN polymérase II ?

❒ **a.** TFII A.
❒ **b.** TFII B.
❒ **c.** TFII I.
❒ **d.** TFII H.
❒ **e.** TFII F.

15 Parmi les protéines suivantes, quelle(s) est (sont) celle(s) qui fait (font) partie du complexe d'initiation de la transcription des gènes des cellules eucaryotes codant pour les ARNt ?

❒ **a.** TFII A.
❒ **b.** TFII B.
❒ **c.** TFIII A.
❒ **d.** TFIII B.
❒ **e.** TFIII C.

→

16 Parmi les propositions suivantes, quelle(s) est (sont) celle(s) qui s'applique(nt) à l'épissage de l'ARN messager des cellules eucaryotes ?

❒ **a.** Il est effectué par une structure complexe, le splicéosome, qui contient de nombreuses protéines, dont 5 ribonucléoprotéines.
❒ **b.** La ribonucléoprotéine U1 reconnaît une séquence nucléotidique caractéristique de l'extrémité 5′ de l'intron.
❒ **c.** La ribonucléoprotéine U2 reconnaît une séquence nucléotidique incluant le point de branchement.
❒ **d.** L'épissage de tous les introns est nécessaire pour la production d'un ARN messager susceptible d'être traduit dans le cytoplasme.
❒ **e.** Au cours de l'épissage, une liaison phosphodiester 2′-5′ se forme entre un résidu d'adénosine du point de branchement et un résidu de guanosine situé à l'extrémité 3′ de l'intron.

17 Parmi les ARN ribosomaux suivants, quel(s) est (sont) celui (ceux) qui provien(nen)t de la maturation du précurseur pré-ARNr 45S des cellules eucaryotes ?

❒ **a.** ARN r 5S.
❒ **b.** ARN r 5,8S.
❒ **c.** ARN r 16S.
❒ **d.** ARN r 18S.
❒ **e.** ARN r 28S.

18 Où se trouve(nt) la (les séquences) à laquelle (auxquelles) correspond dans l'ARN messager la séquence dite signal de polyadénylation ?

❒ **a.** ACGTAAGT.
❒ **b.** TCAGCAC.
❒ **c.** AATGCCC.
❒ **d.** CCTGAAT.
❒ **e.** CAATAAAT.

19 Où est (sont) la ou les séquence(s) qui, dans le transcrit primaire d'ARN messager (ARN prémessager), est (sont) reconnue(s) par la ribonucléoprotéine U1 ?

❒ **a.** ACGTAAGT.
❒ **b.** TCAGCAC.
❒ **c.** AATGCCC.
❒ **d.** CCTGAAT.
❒ **e.** CAATAAAT.

20 Soit la séquence d'ADN d'un brin codant : 5′ ACGTTC 3′ :
Quelle(s) affirmation(s) est ou sont exacte(s) ?

❒ **a.** La séquence de l'ARN messager est 5′ ACGUUC 3′.
❒ **b.** La séquence du brin antisens est 5′ TGCAAG 3′.
❒ **c.** La séquence du brin complémentaire est 5′ TGCAAG 3′.

→

© Dunod – La photocopie non autorisée est un délit.

❒ **d.** La séquence du brin matrice lors de la transcription est 5′ TGCAAG 3′.
❒ **e.** La séquence répliquée lors du séquençage de ce brin est 5′ TGCAAG 3′.

21 Parmi les propriétés de l'ARN polymérase de type II, relevez la (ou les) proposition(s) exacte(s).

❒ **a.** Elle nécessite une courte amorce d'ARN.
❒ **b.** Elle se fixe au niveau d'une « bulle » où les deux brins de l'ADN génomique sont séparés sur une longueur d'environ 1,6 tour d'hélice.
❒ **c.** Elle recopie uniquement les exons des gènes.
❒ **d.** Son produit de catalyse est un ARN prémessager.
❒ **e.** Au cours de la phase d'élongation se déroulent des phénomènes de correction d'erreurs.

22 Parmi les propositions suivantes relatives à l'épissage des pré-ARNm, indiquez la (ou les) proposition(s) exacte(s).

❒ **a.** Il combine deux réactions de *trans*-estérification.
❒ **b.** Le « lasso » est formé par l'établissement d'une liaison 2′-5′ phosphodiester entre le nucléotide A du site de branchement et l'extrémité 5′-P du premier intron.
❒ **c.** Il met en œuvre différents ARN nucléaires de petites tailles.
❒ **d.** Les ARNsn U2 et U6 forment le centre catalytique du splicéosome.
❒ **e.** Le site 5′ donneur est reconnu et fixé par U2.

23 Dans la liste suivante relative à la transcription des gènes, relevez la (ou les) proposition(s) exacte(s) ?

❒ **a.** L'ARN polymérase est l'enzyme spécifique de la transcription.
❒ **b.** Lors de l'épissage sont éliminées des séquences intercalaires situées entre les introns.
❒ **c.** L'ARN polymérase recopie le brin codant de l'ADN en allongeant l'ARNm dans le sens 5′ vers 3′.
❒ **d.** Les ARNm sont produits chez les eucaryotes par l'ARN polymérase de type II.
❒ **e.** Les limites 5′ et 3′ d'un intron sont repérées par des sites d'épissage.

24 Dans la liste suivante, indiquez la (ou les) proposition(s) exacte(s) ?

❒ **a.** Lors de la formation de la coiffe des ARNm, une guanyltransférase introduit un nucléotide à guanine par une liaison 3′-5′ phosphodiester.
❒ **b.** La polyadénylation nécessite une PolyA polymérase.
❒ **c.** La maturation des ARNm nécessite une protection efficace de leur extrémité 5′ contre l'action des nucléases.
❒ **d.** L'épissage nécessite le clivage des introns par les ribosomes.
❒ **e.** Les splicéosomes contiennent des petits ARN nucléaires d'action catalytique.

→

25 Dans la liste suivante, indiquez la (les) proposition(s) exacte(s) ?

❒ **a.** Le promoteur désigne l'endroit précis où se termine la transcription d'un gène.
❒ **b.** La maturation des ARNm se déroule dans le cytoplasme.
❒ **c.** La formation de la coiffe nécessite l'addition d'une guanine méthylée à l'extrémité 3′ du pré-ARNm.
❒ **d.** La taille des introns est généralement plus grande que celle des exons.
❒ **e.** L'épissage nécessite l'intervention d'ARNsn capables de cliver le pré-ARNm.

26 À propos de la transcription des gènes, relevez la (ou les) proposition(s) exacte(s).

❒ **a.** Les facteurs généraux de l'initiation reconnaissent des séquences cibles du promoteur.
❒ **b.** L'ARN polymérase de type II est fortement sensible à l'action de l'alpha-amanitine.
❒ **c.** La vitesse de catalyse des ARN polymérases est plus faible que celle des ADN polymérases.
❒ **d.** Le site promoteur est situé en position 5′ du gène.
❒ **e.** L'ARN polymèrase recopie le brin codant.

27 Parmi les étapes de la transcription, retrouvez la (ou les) proposition(s) exacte(s) ?

❒ **a.** Les ARNm sont des molécules double-brin, possédant un message génétique issu de la transcription d'un gène.
❒ **b.** Les ARNm matures ont très souvent une taille supérieure aux pré-ARNm correspondants.
❒ **c.** Le brin matrice d'un gène possède une séquence complémentaire de l'ARNm qu'il transcrit.
❒ **d.** La protéine TFIID est un facteur général de transcription.
❒ **e.** Lors de l'épissage alternatif avec exon optionnel, les transcrits synthétisés contiennent toujours cet exon.

© Dunod – La photocopie non autorisée est un délit.

Corrigés

1 ☒ **a.** On connaît les ARN polymérases I, II et III.
❐ **b.** Ce facteur intervient chez les Eucaryotes pour le démarrage de la transcription.
❐ **c.** L'ARN polymérase I s'occupe principalement des ARNr ; les ARNt sont transcrits par l'ARN polymérase III.
❐ **d.** Les ARN polymérases n'ont pas cette activité, et n'ont donc pas la possibilité de relire et d'enlever le dernier nucléotide ; il semble cependant que des facteurs protéiques indépendants des ARN polymérases soient capables de retirer de un à plusieurs nucléotides pour corriger d'éventuelles erreurs.
☒ **e.**

2 Le préARN 45S nécessite le facteur SL1 (ARN polymérase I), l'ARN 5S le facteur TFIII A (ARN polymérase III), et l'ARNm le facteur TFII D (ARN polymérase II).

3 ❐ **a.** ❐ **b.** ❐ **c.** ❐ **d.** ☒ **e.** ❐ **f**

Nous pouvons déjà éliminer toutes les enzymes désignées par une lettre grecque, puisque cette annotation est réservée aux Procaryotes.
L'ARN polymérase II est chargée de la formation de l'ARNm, donc le transcrit d'abord en ARN prémessager.

4 ❐ **a.** ❐ **b.** ❐ **c.** ☒ **d.** ❐ **e.**

La séquence matricielle, correspondant donc au brin transcrit, est écrite dans le sens $5' \rightarrow 3'$, et l'ARN polymérase lira donc ce brin dans le sens inverse $3' \rightarrow 5'$ pour que le brin d'ARN soit synthétisé dans le sens $5' \rightarrow 3'$. Il suffit donc de lire la séquence matricielle de la droite vers la gauche en remplaçant T par U. La bonne proposition est donc la quatrième.

5 ❐ **a.** On distingue au milieu de la séquence le codon stop UGA.
❐ **b.** On ne trouve pas la séquence GU.
❐ **c.** On ne trouve pas la séquence AG.
❐ **d.** On ne trouve pas la séquence AAUAAA.
❐ **e.** Il ne peut pas y avoir de codon d'initiation de la transcription sur un ARN, mais seulement sur un ADN.

6 ❐ **a.** ☒ **b.** ☒ **c.** ❐ **d.** ☒ **e.**

On sait que c'est le facteur U2 qui se fixe le premier sur le site de branchement A. Puis ensuite U4 et U6.

7 ❐ **a.** ❐ **b.** ❐ **c.** ❐ **d.** ☒ **e.** ❐ **f.**

C'est la cinquième proposition qui est la bonne (*cf. réponse du QCM 13.4*).

8
- ❒ **a.**
- ☒ **b.**
- ❒ **c.**
- ❒ **d.**
- ❒ **e.**

C'est une structure dite à doigt de zinc Cys 2-His 2 qui est impliquée dans la liaison de ce facteur avec l'ADN pour le fonctionnement de l'ARN polymérase III.

9
- ☒ **a.**
- ☒ **b.**
- ❒ **c.** Il faut également TFIII B et C.
- ☒ **d.**
- ☒ **e.**

10 La reconnaissance de la TATA box nécessite la protéine TBP *(TATA Box Binding Protein)*, la transition de l'initiation à l'élongation la phosphorylation du domaine CTD de la polymérase et la reconnaissance du signal de polyadénylation la protéine CPSF.

11
- ❒ **a.**
- ❒ **b.**
- ☒ **c.**
- ❒ **d.**
- ❒ **e.**

Le facteur TFII D est à part des autres puisque contenant le facteur TBP pour la reconnaissance de la TATA box ; cependant, certains auteurs considèrent tout de même que l'ensemble des facteurs fait partie d'un complexe protéique global.

12
- ❒ **a.**
- ❒ **b.**
- ☒ **c.**
- ❒ **d.**
- ❒ **e.**
- ❒ **f.**

C'est la ribonucléoprotéine U3 qui est impliquée (toutes les autres se retrouvent au niveau du splicéosome pour la maturation de l'ARN prémessager).

13
- ❒ **a.**
- ☒ **b.**
- ❒ **c.**
- ❒ **d.**
- ❒ **e.**
- ❒ **f.**

Il s'agit du facteur U2.

14
- ❒ **a.**
- ☒ **b.**
- ❒ **c.**
- ❒ **d.**
- ❒ **e.**

Après TFII D qui a reconnu la TATA box et l'arrivée de TFII A qui augmente la liaison de TFII D avec la TATA box, on pense que c'est TFII B qui permet la mobilisation de l'enzyme.

15
- ❒ **a.**
- ❒ **b.**
- ☒ **c.**
- ☒ **d.**
- ☒ **e.**

Il ne peut s'agir que des facteurs III, puisque c'est l'ARN polymérase III qui est impliquée dans la transcription des ARNt, soit TFIII A, B et C.

© Dunod – La photocopie non autorisée est un délit.

16 ☒ **a.** Il s'agit des ribonucléoprotéines U1, U2, U4, U5 et U6.
☒ **b.** La reconnaissance du site donneur se fait grâce à U1.
☒ **c.**
☒ **d.**
❐ **e.** La liaison se fait avec la guanosine située sur l'extrémité 5′ de l'intron.

17 ❐ **a.** Il s'agit des ARN 5,8S, 18S et 28S.
☒ **b.**
❐ **c.**
☒ **d.**
☒ **e.**

18 ❐ **a.** La dernière séquence d'ADN proposée contient bien la séquence AATAAA, qui
❐ **b.** sera transcrite dans l'ARN par la séquence AAUAAA, signal de polyadénylation.
❐ **c.**
❐ **d.**
☒ **e.**

> ⚠ Dans cette question, ainsi que dans les suivantes, les séquences d'ADN écrites correspondent au brin sens non transcrit. Pour trouver la séquence d'ARN correspondante, il faut donc faire très attention *(cf. réponse du QCM 13.20)*.

19 ☒ **a.** U1 reconnaît le site donneur de l'épissage, soit la première séquence, qui trans-
❐ **b.** crite en ARN donnera GUAAGU.
❐ **c.**
❐ **d.**
❐ **e.**

20 Le piège de cette question est que la séquence d'ADN proposée est celle de l'ADN codant, donc celui qui n'est pas transcrit (ADN sens). On peut donc résumer la situation de la manière suivante :

ADN codant	**5′ACGTTC3′**
ADN antisens, transcrit, complémentaire	3′TGCAAG5′, donc
	5′GAACGT3′
ARN	**5′ACGUUC3′**

☒ **a.**
❐ **b.** La séquence est inversée.
❐ **c.** C'est en fait la même question que la précédente.
❐ **d.** Encore une inversion de séquence.
❐ **e.** Toujours une inversion de séquence

21 ❐ **a.** Ce sont les ADN polymérases qui ont besoin d'une courte amorce d'ARN (synthétisée par une primase), mais pas les ARN polymérases.
☒ **b.**
❐ **c.** Pour les Eucaryotes, la transcription se fait sur la totalité de l'ADN, introns et exons.
☒ **d.** Ce pré ARN devra ensuite subir une maturation.
☒ **e.**

22 ☒ **a.**
☒ **b.**
☒ **c.** U1, U2, U4, U5 et U6.
☒ **d.**
❐ **e.** U2 reconnaît le site de branchement, c'est U1 qui reconnaît le site donneur.

23 ☒ **a.** Sans oublier qu'elles sont de différents types.
❐ **b.** L'épissage élimine les introns situés entre les exons.
❐ **c.** Le brin codant étant le brin d'ADN non lu. Par contre, la polymérisation de l'ARNm se fait bien de 5' vers 3'.
☒ **d.**
☒ **e.** Puisque les extrémités d'un intron sont aussi celles d'exons.

24 ❐ **a.** La liaison est de type anhydride d'acide 5'-5'.
☒ **b.**
☒ **c.** D'où l'ajout de la coiffe.
❐ **d.** Les introns sont clivés par le splicéosome.
☒ **e.**

25 ❐ **a.** La transcription débute au niveau du promoteur.
❐ **b.** Seuls les ARN matures sortiront dans le cytoplasme.
❐ **c.** La coiffe se situe du côté 5'.
☒ **d.**
☒ **e.**

26 ☒ **a.**
☒ **b.**
☒ **c.**
☒ **d.** En amont du gène.
❐ **e.** La RNA polymérase recopie le brin matrice.

27 ❐ **a.** Ce sont des molécules monocaténaires.
❐ **b.** Ils ont une taille inférieure.
☒ **c.** Puisque c'est le brin qui est lu par l'ARN polymérase.
☒ **d.** TF signifiant *Transcription Factor.*
❐ **e.** Ils contiennent parfois cet exon optionnel.

© Dunod – La photocopie non autorisée est un délit.

14 La régulation de la transcription

Plan

Cours

1. Contrôle au niveau du site promoteur :
   - Structure des activateurs
   - Les inhibiteurs
2. Modelage de la chromatine :
   - Méthylation de la chromatine
   - Modifications chimiques des histones
3. Transduction du signal
4. Mode d'action des hormones liposolubles
5. Contrôle de l'épissage
6. Correction de l'ARN
7. Contrôle par ARN interférence

Synthèse

QCM

Corrigés des QCM

Objectifs

- Comprendre que la transcription peut être régulée à des niveaux différents
- Connaître ces niveaux de régulation
- Connaître les mécanismes précis de ces régulations

Cours

Nous avons, dans le chapitre précédent, étudié la transcription d'un point de vue machinerie transcriptionnelle (étude des outils nécessaires à la transcription). Nous allons maintenant nous intéresser aux régulateurs de cette transcription.

On trouvera un exemple de régulation chez les Procaryotes dans les annexes *(cf. Annexe 4, Opérons lactose et tryptophane)*, le chapitre qui suit traitant du cas des Eucaryotes.

1. CONTRÔLE AU NIVEAU DU SITE PROMOTEUR

En plus du site promoteur de transcription (TATA box le plus souvent), se trouvent de courtes séquences de quelques nucléotides dispersées près de ce site promoteur (sur le brin sens non transcrit du côté 5′) appelées **éléments cis-régulateurs**. Sur ces domaines viendront se fixer des facteurs dits **trans-régulateurs**. Ces éléments trans-régulateurs vont, le plus souvent, activer la transcription et, plus rarement, l'inhiber.

On peut évidemment citer comme exemple immédiat d'élément *cis*-régulateur la TATA box avec comme facteur *trans*-régulateur le facteur TFII D.

> Remarque
>
> Certains auteurs désignent sous le nom de trans-régulateurs les séquences d'ADN qui codent les facteurs protéiques régulateurs.

On distingue les enhancers qui sont des séquences *cis*-régulatrices activatrices, et les silencers qui sont inhibitrices.

1.1. Structure des activateurs

Il faut distinguer dans ces facteurs le domaine de liaison à l'ADN (noté DBD pour *DNA Binding Domain*), et un ou plusieurs domaines d'activation.

Protéines à « Leu Zipper »

Il s'agit de deux hélices α formant ainsi un dimère, reliées entre elles par des liaisons impliquant des AA hydrophobes tels que la leucine, ce qui crée des liaisons faibles susceptibles d'être assez facilement rompues puis recréées, ce qui évoque le système d'une fermeture éclair (Fig. 14.1). En amont de cette région « Leu Zipper », on trouve une zone riche en AA basiques (chargés positivement) qui vont interagir avec les charges négatives de l'ADN, là encore par des liaisons faibles. C'est principalement par cette région que la liaison à l'ADN se fera.

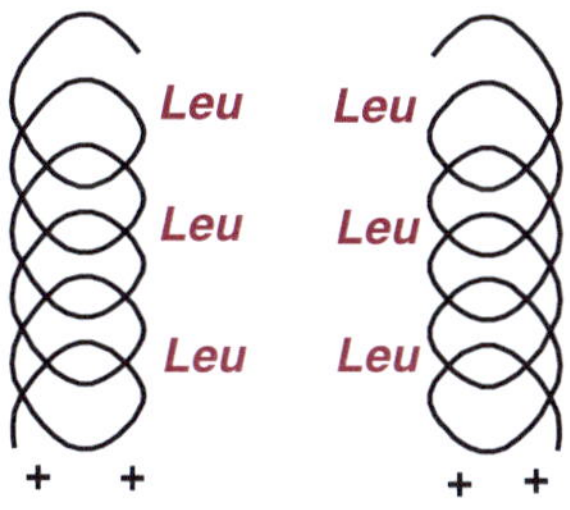

Figure 14.1 Structure des Leu Zipper.

© Dunod – La photocopie non autorisée est un délit.

Protéines à « doigts de zinc »

Il s'agit d'une chaîne peptidique repliée sur elle-même en boucle sur une trentaine d'AA, stabilisée par un ion Zn^{2+} situé à la base du doigt (Fig. 14.2). Cet ion échange des liaisons de coordination[1] avec quatre AA eux aussi situés à la base du doigt (cystéine ou histidine). Ceci stabilise le reste du doigt qui entre en interaction avec l'ADN par l'intermédiaire d'AA hydrophobes chargés positivement.

L'utilisation du zinc dans les structures biologiques est assez rare, et on pense d'ailleurs que c'est pour cela qu'il est utilisé ici ; en effet, ne faisant pas partie de chaînes d'oxydoréduction « classiques », cet ion zinc ne risque pas d'interagir avec l'ADN et d'y provoquer éventuellement des mutations.

On peut noter que certaines protéines possèdent plusieurs de ces structures en doigt de zinc, comme les hormones stéroïdiennes qui en comptent deux.

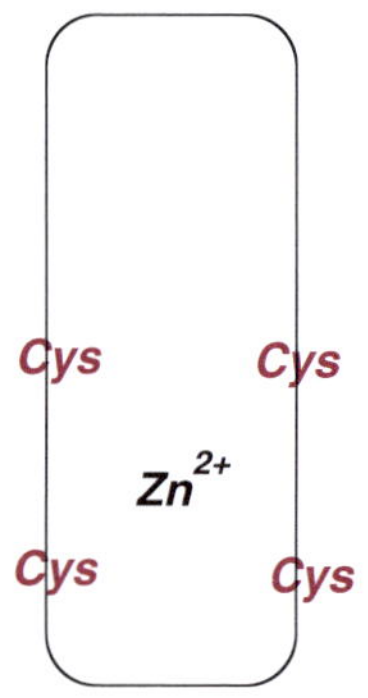

Figure 14.2 Structure des doigts de zinc.

Certains doigts de zinc sont formés avec quatre cystéines, d'autres avec un mélange de cystéine et d'histidine (2 à 2).

Protéines à homéodomaines

Ces protéines ont été tout d'abord rencontrées comme facteurs de régulation de gènes impliqués dans le développement embryonnaire, puis dans d'autres facteurs.

Leur structure est du type « hélice-boucle-hélice » (hélice α – boucle – hélice α) appelée domaine HLH (*helix-loop-helix*). Il y a en fait deux structures de ce type qui forment un dimère, et qui prendront en « tenaille » la molécule d'ADN.

Ces facteurs protéiques sont utilisés pour les gènes dits homéobox, et sont donc impliqués dans le développement, mais également dans la forme du corps chez les vertébrés. Ces gènes sont donc très actifs lors de la phase embryonnaire.

1. Dans la liaison de coordination, c'est un seul atome qui apporte le doublet pour former la liaison, ce qui nécessite que l'autre atome dispose d'une case quantique vide. L'ion zinc possédant quatre cases quantiques libres pourra donc établir quatre liaisons de coordination avec quatre résidus d'acide aminé qui disposent de doublets non liants.

Protéines à domaine hélice-tour-hélice

La structure est de type « hélice α – coude β – hélice α », dont une des chaînes interagit grâce à ses charges positives avec les charges négatives du grand sillon de l'ADN. Il semble que la structure contienne au total trois hélices α et deux coudes β, et que ce soit l'hélice n° 3 qui interagisse principalement avec le grand sillon de l'ADN par des charges positives.

1.2. Les inhibiteurs

Ils peuvent agir suivant différents modes en fonction de l'endroit où ils se fixent et des interactions qui peuvent s'établir.

Inhibiteurs compétitifs

La zone de fixation de l'inhibiteur et celle de l'activateur sont très proches, voire se chevauchent. La fixation de l'inhibiteur va donc empêcher, ou tout du moins gêner, la fixation de l'activateur (Fig. 14.3).

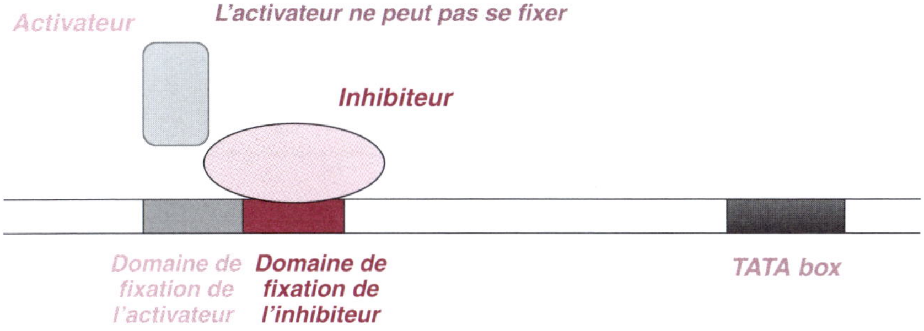

Figure 14.3 Fixation de l'inhibiteur qui gêne la fixation de l'activateur.

Il se peut également que l'inhibiteur ne gêne pas la fixation de l'activateur, mais empêche ensuite les interactions avec les autres facteurs protéiques impliqués dans la transcription (Fig. 14.4).

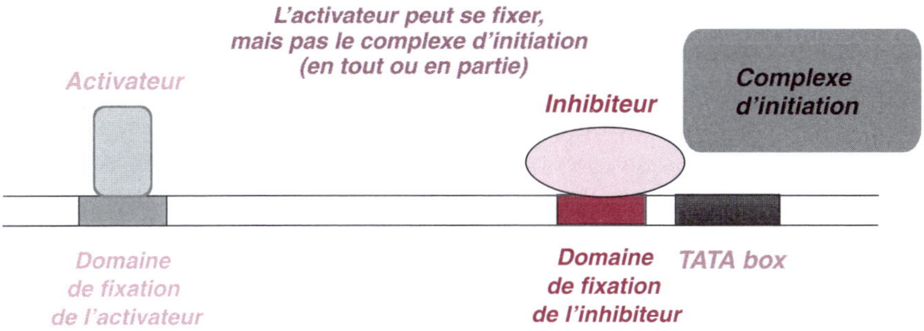

Figure 14.4 Fixation de l'inhibiteur qui empêche la fixation du complexe d'initiation.

© Dunod – La photocopie non autorisée est un délit.

Répression directe

L'inhibiteur se fixe sur son site, ne gêne pas la fixation de l'activateur, ni la fixation des facteurs généraux de la transcription (tel que TFII D), mais interagit ensuite avec ces facteurs de transcription pour l'inhiber (Fig. 14.5).

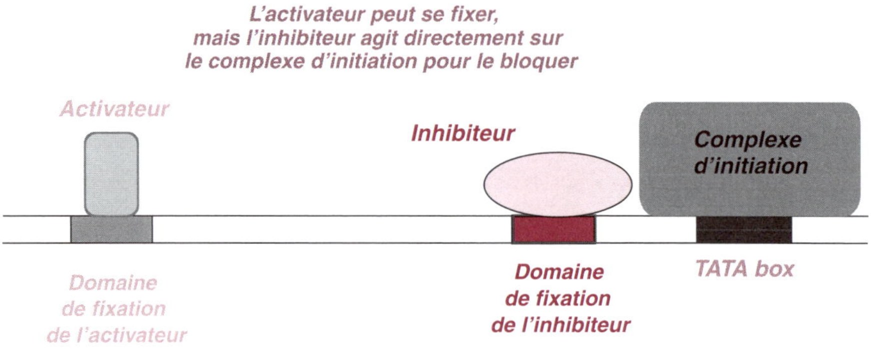

Figure 14.5 Fixation de l'inhibiteur qui gêne l'approche du complexe d'initiation.

Répression indirecte

Là encore, l'inhibiteur se fixe sur un site propre, mais en modifiant la structure de la chromatine (en opérant des modifications chimiques sur les histones, ou encore en recrutant des protéines de remodelage) inhibent la transcription. Nous allons d'ailleurs voir le rôle du modelage de la chromatine dans le contrôle de la transcription.

2. MODELAGE DE LA CHROMATINE

Nous avons déjà parlé des deux états de la chromatine, notamment de l'hétérochromatine condensée, située principalement dans les centromères et les télomères des chromosomes.

Si les zones de fixation des différents activateurs ou inhibiteurs sont inaccessibles, la transcription ne pourra avoir lieu. Deux mécanismes sont impliqués, dont un a déjà été abordé :

- les modifications chimiques des protéines histones ;
- la méthylation de l'ADN.

2.1. Méthylation de la chromatine

Chez les Eucaryotes, seule la cytosine est méthylable sur le carbone 5. De plus, cette méthylation touche presque exclusivement les cytosines des îlots CG.

On ne sait cependant pas de manière certaine si la méthylation est une cause ou une conséquence de l'inactivation d'un gène. Il semble cependant que la méthylation soit plutôt une cause de l'inactivation d'un gène, en permettant le recrutement d'histone désacétylases qui vont donc augmenter les interactions avec l'ADN, et donc favoriser la condensation de la chromatine *(cf. chap. 5, Structure tridimensionnelle et composition de la chromatine)*.

On a ainsi trouvé des organes différents où un gène était méthylé pour ne pas synthétiser une protéine, et un autre organe où le même gène était non méthylé pour permettre la synthèse de cette protéine.

Il est évident que lors de la réplication de l'ADN, le brin néosynthétisé n'est pas méthylé au départ. Il faut donc que des enzymes, des *maintenance methylases*, viennent méthyler les cytosines de ce brin pour conserver l'information contenue dans le brin matriciel.

2.2. Modifications chimiques des histones

Nous avons déjà vu que les extrémités N-terminales des histones peuvent subir des modifications chimiques qui vont influer sur la condensation de la chromatine. Les modifications qui vont faire disparaître des charges positives sur les histones (ou faire apparaître des charges négatives) vont donc diminuer les interactions avec les charges négatives de l'ADN, et donc favoriser la décompaction de la chromatine, et donc l'expression des gènes.

Les histones du nucléosome sont les plus concernées par ces modifications, mais on sait que l'histone H1 est également concernée.

L'acétylation, par exemple, favorise la décondensation de la chromatine, et donc l'expression d'un gène.

De même, la méthylation et la phosphorylation des histones vont favoriser la décondensation de la chromatine, mais dans une moindre proportion que l'acétylation.

© Dunod – La photocopie non autorisée est un délit.

Interactions histones-ADN

Il semble qu'en plus des charges, l'encombrement des groupements greffés sur les histones joue un rôle dans la compaction de la chromatine. En effet, ces différents groupements occupent un certain volume qui gêne les interactions avec l'ADN, et donc favorisent la décompaction.

Une fois ces modifications chimiques effectuées, des protéines à bromodomaines ou à chromodomaines (contenant donc des atomes de brome ou de chrome), peuvent se fixer sur les extrémités modifiées des histones (les extrémités acétylées pour les protéines à bromodomaines et les extrémités méthylées pour les protéines à chromodomaine). Cette fixation permet alors la mobilisation de protéines permettant de nouvelles modifications chimiques des histones comme des acétyltransférases, accentuant donc la décompaction de l'ADN.

On peut ainsi penser que la méthylation et la phosphorylation, insuffisantes seules, permettent, par l'intermédiaire des protéines à bromo et chromodomaines, de mobiliser des histones acétylases, qui auront un effet beaucoup plus marqué.

3. LA TRANSDUCTION DU SIGNAL

La cellule comporte à sa surface des récepteurs membranaires pouvant reconnaître de manière spécifique une molécule. Ces molécules n'ont donc pas besoin de pénétrer dans la cellule, car c'est le récepteur lui-même qui va relayer le message dans le milieu intracellulaire ; c'est ce phénomène que l'on appelle la **transduction**.

Les messagers concernés sont en général des hormones hydrosolubles ne pouvant donc pas passer la paroi lipidique des membranes cellulaires.

On connaît deux types de transduction :

- La transduction directe

  Le récepteur reconnaît le messager extracellulaire, mais va également le transduire dans le milieu intracellulaire.

- La transduction indirecte

  Le récepteur ne possède que la fonction de reconnaissance du signal extracellulaire. Une autre protéine intracellulaire, en général une enzyme, assure la production du message intracellulaire. Il faut cependant une troisième protéine pour assurer la liaison entre les deux premières ; ce rôle est dévolu aux protéines G.

Le récepteur est constitué de trois domaines (Fig. 14.6) :

1. un domaine externe N-terminal ;
2. un domaine transmembranaire constitué de 7 segments hydrophobes correspondant à 7 hélices α. Celles-ci sont reliées par des boucles hydrophiles, trois intracellulaires et trois extracellulaires ;
3. un domaine interne C-terminal.

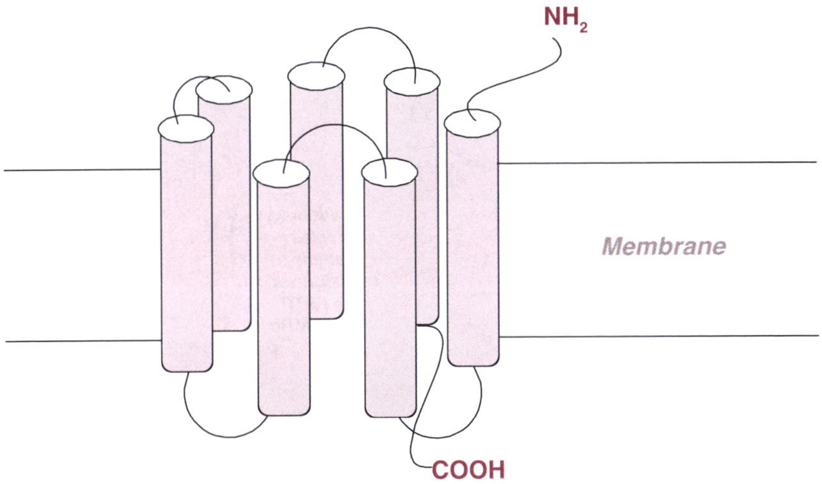

Figure 14.6 Récepteur membranaire.

Les cylindres matérialisent les sept hélices alpha hydrophobes enchâssées dans la double couche lipidique de la membrane. On voit que ces sept hélices délimitent une cavité qui permettra au messager extracellulaire de se positionner et d'interagir avec le réacteur transmembranaire.

Les protéines G contiennent trois domaines intracytoplasmiques α, β et γ. La sous-unité α possède un site de fixation au GDP, mais lorsque l'hormone se fixe sur son récepteur, ce GDP est remplacé par une molécule de GTP. Il y a alors dissociation de la sous-unité α liée au GTP, qui va alors migrer jusqu'à une enzyme, par exemple l'adénylyl cyclase membranaire. Une fois l'activation de l'enzyme réalisée, le GTP redevient GDP (toujours lié à la sous-unité alpha), et l'ensemble reforme la protéine G (Fig. 14.7).

Cette enzyme catalyse alors la formation d'AMPc à partir d'ATP (Fig. 14.8). Cet AMPc est donc un messager secondaire qui peut activer en la phosphorylant une protéine kinase A. Cette dernière peut alors pénétrer dans le noyau et à son tour phosphoryler toute une série de protéines, dont la CREB *(cAMP Response Element Binding Protein)* capable ainsi d'activer la transcription d'un gène.

© Dunod – La photocopie non autorisée est un délit.

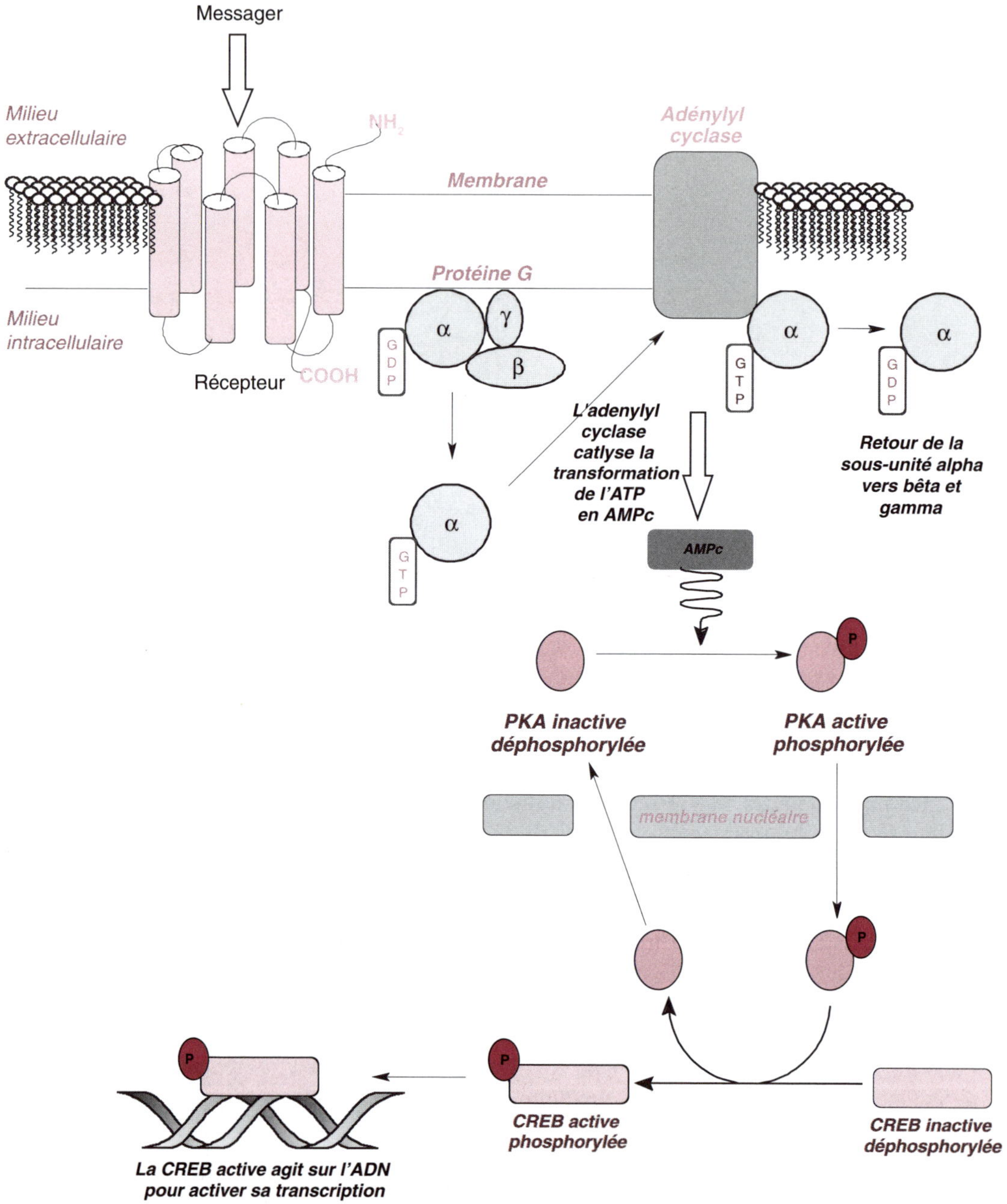

Figure 14.7 Mode d'action des hormones hydrophiles par l'intermédiaire des protéines G.

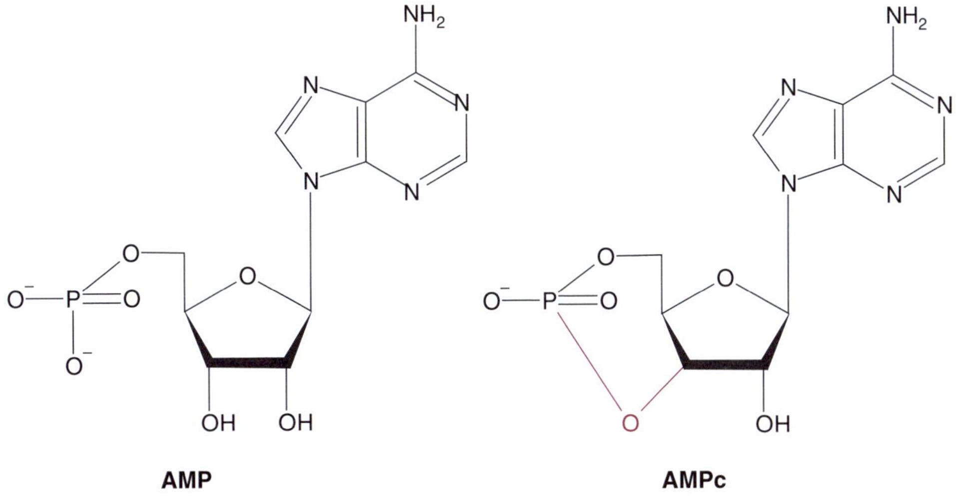

Figure 14.8 Structure de l'AMP et de l'AMP cyclique.

4. MODE D'ACTION DES HORMONES LIPOSOLUBLES

Elles agissent au niveau nucléaire en régulant la transcription du gène cible situé à l'intérieur des cellules cibles. Ce sont donc des molécules très hydrophobes qui pénètrent dans le cytosol en traversant la membrane plasmique de nature lipidique.

L'hormone hydrophobe ne peut être transportée dans le sang, milieu aqueux, sans un système de transport adapté ; il s'agit d'une lipoprotéine spécifique.

L'hormone va alors diffuser à travers la membrane plasmique, puis se combiner avec un récepteur intracellulaire spécifique qui n'existe que dans les cellules cibles. Ce récepteur n'est pas fixé à la membrane plasmique, mais libre dans le cytoplasme.

Il s'agit d'une protéine oligomérique existant sous forme de dimère qui, lorsqu'elle a fixé l'hormone, change de forme. Ce complexe récepteur-hormone pénètre alors dans le noyau et se lie à l'ADN sur des domaines baptisés RE *(Response Element)* précédés de la lettre correspondant au type d'hormone concerné (Fig. 14.9) :

- ERE : *Estrogen Response Element* ;
- TRE : *Thyroid Response Element* ;
- GRE : *Glucocorticoid Response Element*.

Il semble également qu'au moment où l'hormone se fixe sur son récepteur, le changement conformationnel qui s'opère permette également la fixation de coactivateur.

Ces séquences correspondent à deux hexamères répétés directement ou de manière inversée, entre lesquels on trouve de un à quelques nucléotides.

© Dunod – La photocopie non autorisée est un délit.

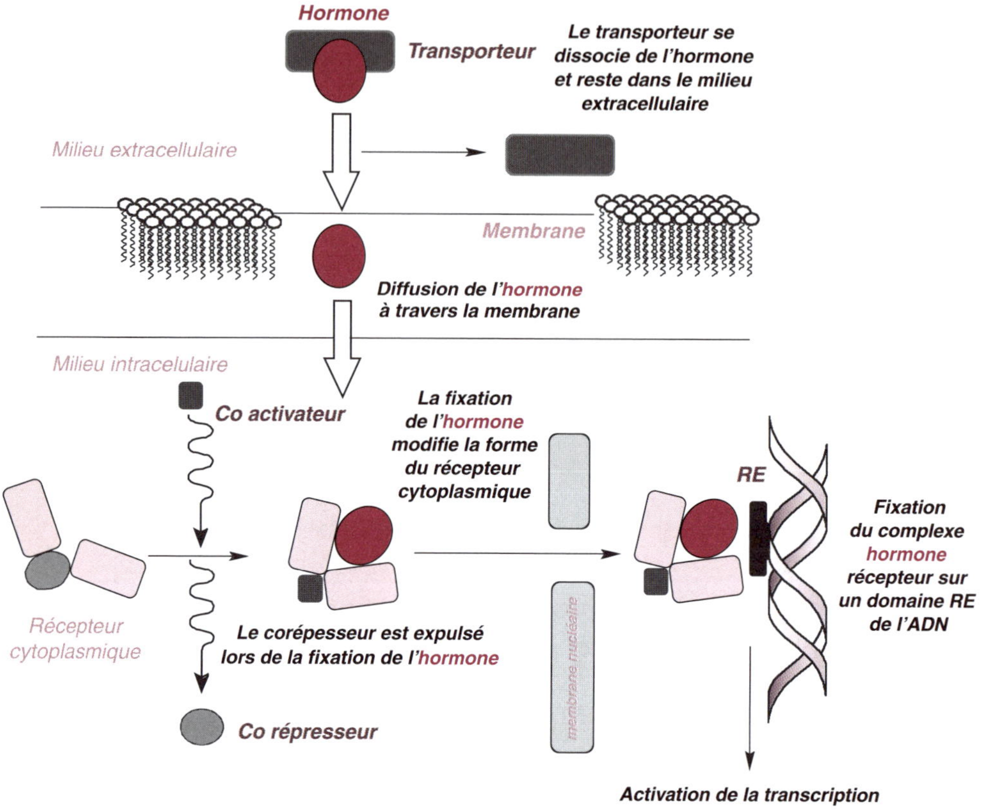

Figure 14.9 Mode d'action des hormones hydrophobes au niveau de l'ADN.

Les récepteurs possèdent trois domaines :

1. Le domaine C-terminal

   Ce domaine est spécialisé dans la reconnaissance et la liaison avec l'hormone. Il est riche en AA hydrophobes (rappelons que l'hormone est lipophile, donc hydrophobe).

2. Le domaine central ou DBD *(DNA Binding Domain)*

   Ce domaine est spécialisé dans la liaison avec l'ADN, et on y trouve des structures en doigts de zinc.

3. Le domaine N-terminal.

   Ce domaine est engagé dans les interactions avec d'autres protéines impliquées dans la régulation de la transcription. Ces autres protéines sont des coactivateurs.

   Il existe également des corépresseurs qui sont fixés sur le récepteur dimérique dans le site de fixation de l'hormone. Lorsque l'hormone sera fixée, le corépresseur sera alors expulsé.

5. CONTRÔLE DE L'ÉPISSAGE

Nous avons déjà vu que le mécanisme d'excision épissage nécessite la fixation du splicéosome qui reconnaît, via ses *snuprs,* des séquences particulières de l'intron *(cf. chap. 13, La transcription, maturation du transcrit primaire)*.

Il existe d'autres protéines capables de reconnaître des séquences proches (sites ESE ou ISE pour *Exonic Splicing Enhancers* et *Intronic Splicing Enhancers*) appelées protéines SR car riches en sérine et arginine. Lorsqu'elles sont fixées, elle aident au recrutement du splicéosome.

De la même manière, des sites ESS ou ISS *(Exonic Splicing Silencers* et *Intronic Splicing Silencers)* peuvent être reconnus par des protéines, cette fois dépourvues de domaines riches en sérine et arginine. Celles-ci ne peuvent donc pas recruter le splicéosome.

6. CORRECTION DE L'ARN *(RNA EDITING)*

Sont regroupés sous ce terme toutes les opérations ayant pour but la modification de l'ARN, et le rendant différent de la séquence d'ADN transcrit, sans tenir compte bien évidemment du mécanisme d'excision-épissage.

L'editing peut se faire soit par insertion de base, soit par délétion de base, soit enfin par substitution de base.

6.1. Substitution

Il suffit de désaminer oxydativement une cytidine pour obtenir une uridine. Par exemple, un codon CAA (codant pour la glutamine) devient un codon UAA (codon stop) (Fig. 14.10). Un codon stop peut donc apparaître au sein de l'ARNm, ce qui permet donc de synthétiser une protéine plus ou moins longue en fonction de la présence ou l'absence de ce « nouveau » codon stop.

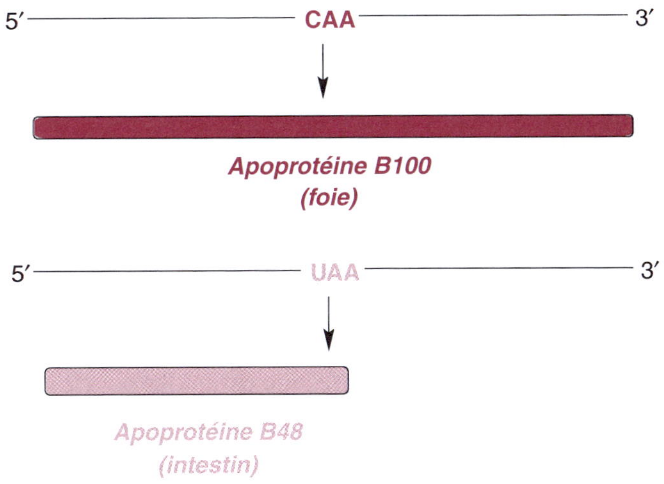

Figure 14.10 *RNA editing* par substitution, exemple des apoprotéines.

© Dunod – La photocopie non autorisée est un délit.

Exemple : apoprotéines plasmatiques

Un même gène pourra donner deux ARNm différents, l'un codant pour l'apoprotéine B48 dans l'intestin, et l'autre codant pour l'apoprotéine B100 dans le foie *(cf. Biochimie, chap. 14, les lipides circulants, Dunod, 2005).*

6.2. Insertion

Il est possible d'insérer, donc d'ajouter, plusieurs uridines dans l'ARNm.

6.3. Délétion

De la même manière, il est possible d'enlever plusieurs uridines.

Ces deux dernières éditions de l'ARNm provoqueront des changements du cadre de lecture, avec des conséquences importantes pour la protéine codée.

Entre le phénomène d'épissage alternatif et celui d'édition, nous comprenons qu'il est très difficile à partir d'une séquence d'ADN de prédire la protéine qui sera codée.

7. CONTRÔLE PAR ARN INTERFÉRENCE

Les ARNsi et ARNmi sont de petites molécules d'ARN non codantes de 21 à 25 nucléotides présentant des similitudes tant du point de vue structural que du point de vue fonctionnel. Les ARNsi *(small interfering RNA)* sont bicaténaires, alors que les ARNmi *(microRNA)* sont eux monocaténaires.

Leur première découverte remontant à 1993, on a notamment montré depuis que tous les deux sont impliqués dans la répression de l'expression des gènes au niveau post-transcriptionnel.

Ces ARN ont en effet la possibilité de s'apparier à l'ARNm dont ils sont complémentaires ; ils pourront alors soit réprimer la traduction en protéine de cet ARNm, soit cliver l'ARNm

Bien que les modes d'action soient différents d'une espèce à l'autre, il est possible de résumer les grandes lignes des deux modes d'action de ces microARN.

7.1. Inhibition de la traduction par ARNmi

Un précurseur appelé pré-ARNmi est transcrit dans le noyau où il subit une maturation qui forme des boucles. Il sort ensuite du noyau vers le cytoplasme où il subit une seconde maturation par la protéine Dicer reconnaissant les boucles, ce qui forme de l'ARNmi monobrin d'une longueur de 22 nt. Cet ARNmi va ensuite s'associer à un complexe RISC (*RNA induced silencing complex*) qui va guider l'ARNmi vers une région de l'ARNm avec laquelle il va s'apparier de manière imparfaite, mais cependant suffisante pour inhiber la traduction en protéine (Fig. 14.11).

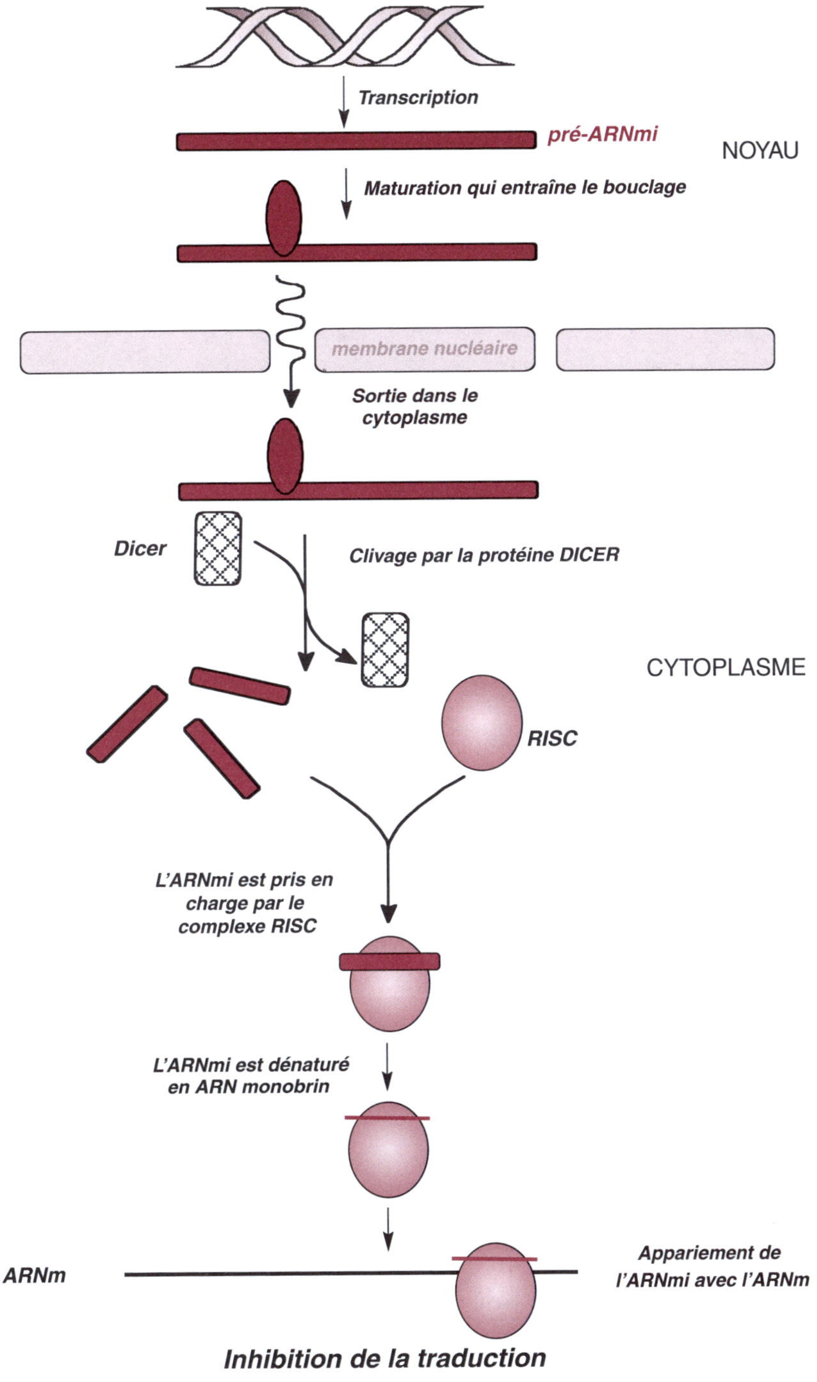

Figure 14.11 Mode d'action des ARNmi sur la traduction.

© Dunod – La photocopie non autorisée est un délit.

7.2. Inhibition de la traduction par les ARNsi

Il semble que ces ARNsi soient capables d'agir de la même manière que les ARNmi (et encore, cela dépend de l'espèce étudiée), mais puissent également agir par clivage de l'ARNm. On pense que c'est la qualité de l'hybridation qui oriente vers une voie plutôt qu'une autre : si l'hybridation est partielle, la traduction sera inhibée, si l'hybridation est parfaite, le clivage aura lieu.

Synthèse

Je sais définir

- Éléments *cis* et *trans*-régulateurs ;
- Fermeture éclair à Leucine ;
- Doigts de zinc ;
- Transduction ;
- Correction de l'ARN ;
- ARN interférence.

Je connais

- Les différents modes de liaison sur l'ADN des activateurs de transcription ;
- Les différents modes d'inhibition de transcription ;
- Le mécanisme d'action des hormones hydrophiles et hydrophobes.

Je sais

- Le rôle des régulateurs de transcription et les mécanismes au niveau de l'ADN ;
- Distinguer les événements qui se produisent directement sur l'ADN, de ceux touchant les histones ou provenant de protéines extérieures telles les hormones.

Questions à choix multiples

1 Parmi les facteurs protéiques se liant aux séquences promotrices et régulatrices de l'expression des gènes transcrits par l'ARN polymérase II, quels sont ceux qui possèdent une structure de liaison à l'ADN de type « doigt à zinc »?

❒ **a.** Facteur AP1.
❒ **b.** Récepteur des hormones glucocorticoïdes.
❒ **c.** Récepteur de l'acide rétinoïque.
❒ **d.** Facteur TFII D.
❒ **e.** Récepteur des hormones thyroïdiennes.

2 Parmi les propositions suivantes relatives à la régulation de la transcription des gènes codant pour les protéines chez les Eucaryotes, retrouvez la (les) vraie(s).

❒ **a.** Le taux de transcription dépend à la fois de l'association à l'ADN de facteurs de transcription généraux (s'associant au site promoteur) et de nombreuses protéines régulatrices.
❒ **b.** Les protéines régulatrices s'associent exclusivement à des séquences situées en 5′ par rapport au site promoteur.
❒ **c.** L'activité des protéines régulatrices peut être modulée par phosphorylation.
❒ **d.** Il existe plusieurs types de motifs de liaison à l'ADN dont des structures dites «doigts à zinc «.
❒ **e.** Pour les protéines régulatrices à effet activateur, le domaine de liaison à l'ADN est en général distinct du domaine activateur.

3 Parmi les protéines ou complexes suivants, quel est celui ou celle qui n'est pas impliqué(e) dans la régulation de la transcription chez les Eucaryotes ?

❒ **a.** Complexe AP1.
❒ **b.** Facteur TFII D
❒ **c.** Protéine AP2.
❒ **d.** Protéine CREB.
❒ **e.** Récepteur nucléaire de la progestérone.

4 Quelle(s) est (sont) la (les) affirmation(s) exacte(s) concernant le contrôle de la transcription et de la traduction chez les Eucaryotes ?

❒ **a.** Certains ARNm ont une durée de vie plus longue que d'autres.
❒ **b.** Les gènes qui codent des enzymes appartenant à une même voie métabolique sont organisés en opérons et transcrits en ARN polycistroniques.
❒ **c.** Tout l'ADN est traduit en protéines.
❒ **d.** L'activité de transcription varie avec l'état de condensation de la chromatine : chromatine dispersée ou chromatine condensée.

→

© Dunod – La photocopie non autorisée est un délit.

5 Quels sont les mécanismes susceptibles d'influencer l'expression d'une protéine dans une cellule eucaryote ?

- ❒ **a.** L'interaction d'un récepteur d'hormone glucocorticoïde avec une séquence régulatrice GRE.
- ❒ **b.** L'interaction d'une séquence située dans la partie 3′ non codante de l'ARNm avec une protéine régulatrice.
- ❒ **c.** La phosphorylation du facteur d'initiation eIF2.
- ❒ **d.** La copie de l'ADN par l'ARN polymérase I.
- ❒ **e.** L'épissage alternatif de l'ARNm nucléaire.

6 Quels sont les mécanismes susceptibles d'influencer l'expression d'une protéine dans une cellule eucaryote ?

- ❒ **a.** La fixation de la coiffe sur l'ARNm.
- ❒ **b.** Le processus d'excision-épissage alternatif.
- ❒ **c.** L'édition de l'ARNm.
- ❒ **d.** L'interaction des séquences stimulatrices (enhancers) avec les récepteurs des hormones stéroïdes.
- ❒ **e.** L'accessibilité de l'ARN polymérase II aux sites promoteurs.

7 Quelles sont les affirmations exactes concernant le phénomène d'édition de l'ARN ?

- ❒ **a.** L'ARN produit peut dépendre de l'organe dans lequel il est transcrit.
- ❒ **b.** L'édition peut se traduire par un changement du cadre de lecture.
- ❒ **c.** Lors de l'édition, la substitution d'une base se fait à l'aide d'un phénomène d'excision épissage.
- ❒ **d.** L'uridine est un des nucléotides les plus concerné par le phénomène d'édition.
- ❒ **e.** L'édition de l'ADN peut se faire par substitution, par addition ou par délétion de base.

8 Indiquez les propositions vraies concernant le mécanisme d'excision de l'ARN.

- ❒ **a.** Lors de la fixation du splicéosome, le facteur TFII D reconnaît la séquence d'initiation de l'épissage.
- ❒ **b.** Le splicéosome est recruté et mobilisé par la sous-unité U2.
- ❒ **c.** Des protéines peuvent inhiber ou activer la fixation du splicéosome.
- ❒ **d.** Les protéines activatrices reconnaissent les séquences au niveau des introns, alors que les protéines inhibitrices reconnaissant plutôt les séquences au niveau des exons.
- ❒ **e.** Ces protéines sont dites protéines SR car riches en sérine et arginine.

9 Indiquez les propositions vraies concernant le mécanisme d'excision de l'ARN.

- ❒ **a.** Les protéines inhibitrices empêchent la fixation du splicéosome.
- ❒ **b.** Les protéines ISS inhibent au niveau des introns.
- ❒ **c.** Les protéines ESE activent au niveau des exons.
- ❒ **d.** Les protéines ISE activent au niveau des introns.
- ❒ **e.** Le splicéosome contient une majorité d'ARNsn.

→

10 Indiquez la (les) proposition(s) vraie(s) concernant le mode d'action des hormones.

❒ **a.** Les hormones stéroïdiennes pénètrent directement dans la cellule grâce à leur nature hydrophobe.

❒ **b.** Le récepteur aux hormones, placé dans la membrane cellulaire, réagit et modifie sa conformation spatiale après la fixation.

❒ **c.** L'inhibiteur rentre en compétition avec l'activateur.

❒ **d.** Le domaine de fixation de l'hormone est hydrophile pour permettre au récepteur de rester libre dans le cytoplasme.

❒ **e.** Le récepteur est de structure dimérique.

11 Concernant la biosynthèse du noyau pyrimidique, quelle(s) est (sont) la (les) proposition(s) vraie(s) ?

❒ **a.** Le récepteur aux hormones stéroïdiennes se fixe à l'ADN par une structure type Leu-zipper.

❒ **b.** Le domaine C-terminal interagit avec d'autres protéines qui sont des coactivateurs.

❒ **c.** C'est le domaine central qui est impliqué dans la liaison avec l'ADN.

❒ **d.** Ce domaine est appelé TRE lorsqu'il s'agit de la thyroïde.

❒ **e.** L'hormone pénètre dans le cytoplasme, puis dans le noyau, avant de se lier à son récepteur.

12 Indiquez la (les) proposition(s) vraie(s) concernant le mode d'action des hormones.

❒ **a.** Les domaines de l'ADN reconnus par les hormones qui vont s'y fixer sont appelés RE pour *Response Element*.

❒ **b.** Ces séquences sont deux hexamères séparés par quelques nucléotides.

❒ **c.** La fixation de l'hormone sur son récepteur entraîne l'expulsion du corépresseur.

❒ **d.** La fixation de l'hormone sur son récepteur entraîne un changement de conformation.

❒ **e.** Le récepteur cytoplasmique est spécifique d'une cellule donnée.

13 Indiquez la (les) proposition(s) vraie(s) concernant le mode d'action des hormones hydrophiles.

❒ **a.** Ces hormones ne pénètrent pas dans la cellule.

❒ **b.** Elles se fixent sur des protéines transmembranaires chargées de transduire le message à l'intérieur de la cellule.

❒ **c.** L'adénylyl cyclase permet la cyclisation de l'AMP en AMPc.

❒ **d.** Les protéines G permettent de relier le récepteur transmembranaire et l'enzyme produisant le messager intracellulaire.

❒ **e.** L'AMPc permet de mobiliser la CREB qui va activer la transcription du gène.

→

© Dunod – La photocopie non autorisée est un délit.

14 Indiquez la (les) proposition(s) vraie(s) concernant le contrôle du site promoteur de la transcription.

❒ **a.** Les séquences dites à doigts de zinc contiennent un ion zinc lié par coordinence à quatre AA.
❒ **b.** Les enhancers sont des facteurs activateurs de la transcription.
❒ **c.** Les protéines à homéodomaines sont codées par des gènes dits homéobox.
❒ **d.** Les activateurs possèdent un domaine de liaison à l'ADN noté DBD.
❒ **e.** Les inhibiteurs empêchent toujours la fixation des activateurs.

15 Indiquez la (les) proposition(s) vraie(s) concernant le contrôle du site promoteur de la transcription.

❒ **a.** La méthylation entraîne toujours l'activation de la transcription d'un gène.
❒ **b.** Tout phénomène entraînant la condensation de la chromatine entraîne l'inactivation du gène.
❒ **c.** Les cytosines méthylées dans l'ADN sont souvent regroupées dans des îlots polyC.
❒ **d.** La méthylation d'un gène peut dépendre de facteurs extérieurs comme la nature de l'organe.
❒ **e.** Chez les Procaryotes comme chez les Eucaryotes, la baisse des interactions entre les histones et l'ADN permet d'activer la transcription du gène.

16 Indiquez la (les) proposition(s) vraie(s) concernant le contrôle du site promoteur de la transcription par modifications des histones.

❒ **a.** Les modifications chimiques concernent surtout les histones H2A et H2B.
❒ **b.** La phosphorylation est la modification chimique présentant le plus de répercussion sur la condensation car elle est la seule apportant des charges négatives sur les histones.
❒ **c.** Des protéines à bromodomaine sont également impliquées.
❒ **d.** La méthylation de la cytosine sur l'ADN permet la mobilisation d'histones acétylases.
❒ **e.** L'acétylation a un effet plus important que la méthylation car ce groupement est plus volumineux, et diminue donc les interactions avec l'ADN.

17 Dans le mécanisme d'action des récepteurs nucléaires aux œstrogènes, indiquez la (ou les) proposition(s) exacte(s).

❒ **a.** Ces sont des protéines régulatrices de la transcription des gènes cibles contrôlés par ces hormones.
❒ **b.** Leur domaine de liaison à l'ADN contient des motifs « fermeture éclair à leucine ».
❒ **c.** Ils se fixent sur des séquences d'ADN situées en amont du promoteur de leurs gènes cibles.
❒ **d.** Ils activent la transcription grâce au recrutement de coactivateurs.
❒ **e.** La fixation de l'hormone entraîne un changement de conformation du domaine de liaison à l'hormone.

→

18 Dans la liste suivante, relevez la (ou les) proposition(s) exacte(s).

❒ **a.** La protéine MeCP2 est impliquée dans l'activation des gènes.

❒ **b.** Une des hélices des protéines à « homéodomaine » interagit directement avec le grand sillon de l'ADN.

❒ **c.** Des activateurs de la transcription possèdent un domaine de liaison à l'ADN de type « doigt de zinc ».

❒ **d.** La protéine CREB est un activateur de gènes cibles agissant par l'intermédiaire du relais intracellulaire de l'AMPc.

❒ **e.** Le domaine « fermeture éclair à leucine » des protéines activatrices de la transcription comporte deux hélices alpha interagissant entre elles par des contacts impliquant des acides aminés hydrophobes.

19 Parmi les affirmations suivantes relatives aux répresseurs de la transcription, relevez la (ou les) proposition(s) exacte(s).

❒ **a.** Ils peuvent interagir avec le complexe d'initiation en inhibant, de ce fait, l'initiation de la transcription.

❒ **b.** Ils peuvent inhiber un activateur en masquant le domaine d'activation de celui-ci.

❒ **c.** Ils peuvent agir de façon indirecte en recrutant des histones acétyl-transférases.

❒ **d.** Ils peuvent entrer en compétition avec le site de liaison à l'ADN d'un activateur.

❒ **e.** Ils appartiennent à la famille des facteurs généraux de la transcription.

20 Laquelle (lesquelles) des affirmations suivantes est (sont) exacte(s) ?

❒ **a.** Dans le contrôle combinatoire de la transcription, l'équipement en différents facteurs est identique dans toutes les cellules.

❒ **b.** La fixation de facteurs sur les sites « enhancers » entraîne une forte activation de la transcription.

❒ **c.** La méthylation des gènes contribue à la répression de leur transcription.

❒ **d.** Le code des histones résulte de modifications post-traductionnelles variées permettant de réguler le degré de condensation de la chromatine.

❒ **e.** L'activation ou la répression d'un gène est commandée par des relais intracellulaires de l'action de molécules de signalisation.

21 Parmi les mécanismes de régulation de la transcription des gènes, retrouvez la (les) proposition(s) exacte(s) ?

❒ **a.** La condensation de la chromatine facilite l'accès du complexe transcriptionnel sur son gène cible.

❒ **b.** La méthylation des îlots CpG entraîne la répression de la transcription des gènes.

❒ **c.** L'absence totale de modifications post-traductionnelles des histones H3 et H4 facilite la décondensation de la chromatine.

❒ **d.** L'*editing* de l'ARNm peut modifier sa séquence après la transcription.

❒ **e.** Les ARNmi peuvent activer la transcription de gènes cibles. →

© Dunod – La photocopie non autorisée est un délit.

22 Parmi les affirmations suivantes relatives au promoteur d'un gène, relevez la (ou les) proposition(s) exacte(s).

- ❒ **a.** C'est une région d'un gène utilisée pour le contrôle de la transcription.
- ❒ **b.** Il contient des séquences *cis*-régulatrices.
- ❒ **c.** Il peut fixer des facteurs de transcription.
- ❒ **d.** Il est situé en amont du site d'initiation de la transcription.
- ❒ **e.** Il peut être reconnu par des protéines répresseurs.

23 À propos du mécanisme d'action des ARNsi, relevez la (ou les) proposition(s) vraies(s).

- ❒ **a.** Il s'agit de molécules d'ARN de grande taille.
- ❒ **b.** Ils agissent en se liant sur les ARNr.
- ❒ **c.** Ils s'assemblent pour former un complexe dénommé RISC.
- ❒ **d.** Les ARNmi sont produits par des gènes spécifiques.
- ❒ **e.** Les ARNsi agissent en bloquant la traduction d'ARNm cibles.

24 Parmi les propositions suivantes relatives aux ARNmi, retrouvez la (ou les) réponse(s) exacte(s) ?

- ❒ **a.** Se sont de petits ARN non codants.
- ❒ **b.** Ils sont capables d'activer la traduction de leurs gènes cibles.
- ❒ **c.** Leurs précurseurs ou pré-ARNmi sont exportés dans le réticulum endoplasmique.
- ❒ **d.** Ils se fixent le plus souvent sur la région 3'UTR des ARNm.
- ❒ **e.** Ils se comportent comme des ARN « interférents ».

Corrigés

1 ❒ **a.** Ce facteur AP1 utilise un système type « Leu zipper ».
☒ **b.**
☒ **c.**
❒ **d.** Le facteur TFII D reconnaît la TATA box, mais ne s'y fixe pas par un mécanisme classique.
☒ **e.** Deux doigts de zinc.

2 ☒ **a.**
❒ **b.** Il existe également des protéines régulatrices se fixant sur les extrémités 3′.
☒ **c.** On pense particulièrement à la CREB, phosphorylée après l'entrée dans la cellule des hormones stéroïdiennes.
☒ **d.**
☒ **e.**

3 ❒ **a.** Le seul facteur qui ne soit pas un facteur régulateur est le facteur TFII D, facteur
☒ **b.** de stabilisation de la transcription lors de la reconnaissance de la TATA box.
❒ **c.**
❒ **d.**
❒ **e.**

4 ☒ **a.**
❒ **b.** Les gènes des Eucaryotes ne sont pas organisés en opérons ; ceci n'est vrai que chez les Procaryotes.
❒ **c.** De nombreux mécanismes rendent cette question fausse, comme par exemple l'épissage.
☒ **d.**

5 ☒ **a.** Cette hormone interagit bien avec la séquence *Glucocorticoid Response Element* de l'ADN.
☒ **b.** La fixation peut se faire aussi bien dans la partie 3′ que dans la partie 5′.
☒ **c.** Il s'agit d'un facteur d'initiation de traduction.
❒ **d.**
☒ **e.** L'épissage alternatif permet la production de protéines différentes à partir du même ARN prémessager, donc influence l'expression du gène.

6 ☒ **a.** Sans cette coiffe, l'ARN serait beaucoup plus sensible aux attaques des nucléases, ce qui ne lui permettrait pas d'être traduit correctement.
☒ **b.**
☒ **c.** C'est un des phénomènes, avec l'épissage alternatif, qui permet de produire une protéine différente à partir d'une même séquence d'ADN.
☒ **d.** Une fois que ce récepteur a fixé l'hormone, il interagit avec une séquence stimulatrice.
☒ **e.** Si l'ARN polymérase ne peut accéder aux sites promoteurs de transcription, celle-ci n'aura pas lieu, et donc la protéine finale ne sera pas produite.

© Dunod – La photocopie non autorisée est un délit.

7 ☒ **a.** Le gène codant l'apoprotéine B100 et B48 subit un phénomène d'édition de l'ARN en fonction de l'organe.

☒ **b.** Notamment en cas d'ajout ou de délétion de base.

❐ **c.** La base substituée est modifiée in situ ; il ne s'agit pas du tout de réellement remplacer une base par une autre en l'enlevant.

☒ **d.**

❐ **e.** Le phénomène d'édition concerne l'ARN et non l'ADN.

8 ❐ **a.** Le facteur TFII D est impliqué dans la reconnaissance du site promoteur de transcription, mais n'est pas du tout concerné par l'excision épissage.

❐ **b.** U2 reconnaît le site de branchement et fait partie intégrante du splicéosome ; il ne peut donc pas mobiliser la structure dont il fait déjà parti.

☒ **c.**

❐ **d.** Les deux types de protéines reconnaissent des séquences aussi bien sur des introns que sur des exons.

☒ **e.**

9 ❐ **a.** Dépourvues de domaines riches en sérine et arginine, elles ne peuvent mobiliser le splicéosome, mais ne l'empêchent pas directement de se fixer.

☒ **b.**

☒ **c.**

☒ **d.**

❐ **e.** On considère qu'il y a 50 % d'ARNsn, et 50 % de protéines.

10 ☒ **a.**

❐ **b.** Les récepteurs sont libres dans le cytoplasme.

❐ **c.** L'inhibiteur se fixe dans le site de fixation de l'hormone, alors que l'activateur se place dans un site spécifique.

❐ **d.** Le site de fixation de l'hormone hydrophobe doit être aussi constitué d'AA hydrophobes.

☒ **e.**

11 ❐ **a.** La structure est de type doigt de zinc.

❐ **b.** Ce domaine est du côté N-terminal.

☒ **c.**

❐ **d.** Le domaine qui s'appelle bien TRE pour la thyroïde est un domaine de l'ADN, pas du récepteur.

❐ **e.** C'est le complexe hormone-récepteur qui passe du cytoplasme au noyau.

12 ❐ **a.** Ce ne sont pas les hormones qui se fixent sur ces domaines RE, mais le complexe récepteur-hormone.

☒ **b.**

☒ **c.**

☒ **d.**

❐ **e.** Ce récepteur est spécifique de l'hormone, pas de la cellule.

13 ☒ **a.** De nature hydrophile, elles ne peuvent passer la membrane plasmique de nature lipidique.
☒ **b.**
❒ **c.** L'AMPc est formé à partir d'ATP.
☒ **d.**
❒ **e.** L'AMPc va mobiliser la protéine kinase qui va phosphoryler la CREB qui peut alors se fixer sur l'ADN.

14 ☒ **a.**
❒ **b.** Les enhancers sont des séquences de l'ADN et non des facteurs protéiques.
☒ **c.**
☒ **d.**
❒ **e.** Le mode d'action de l'inhibiteur est varié.

15 ❒ **a.** Lorsque cette méthylation touche l'ADN, il y a inactivation du gène.
☒ **b.**
❒ **c.** Les cytosines sont plutôt dans des îlots CG.
☒ **d.**
❒ **e.** Il n'y a pas d'histones chez les Procaryotes.

16 ☒ **a.** Ce sont les histones les plus accessibles aux modifications chimiques.
❒ **b.** C'est l'acétylation qui a le plus d'impact sur la condensation.
☒ **c.**
❒ **d.** La méthylation de la cytosine mobilise des histones désacétylases, ce qui condense la chromatine, donc inactive un gène.
☒ **e.**

17 ☒ **a.**
❒ **b.** Ces motifs se trouvent chez les protéines régulatrices, pas chez les récepteurs nucléaires aux hormones liposolubles.
☒ **c.**
☒ **d.**
☒ **e.**

18 ❒ **a.** Elle est impliquée dans l'inactivation des gènes.
☒ **b.**
☒ **c.**
☒ **d.**
☒ **e.** La leucine est d'ailleurs un acide aminé hydrophobe.

19 ☒ **a.** Il s'agit de l'inhibition compétitive.
☒ **b.** Il s'agit d'un autre mode de l'inhibition compétitive.
❒ **c.** Car le recrutement de ces histones acétyl-transférases produira une acétylation des histones, ce qui aura pour conséquence la décompaction de la chromatine, donc une activation de la transcription des gènes.
☒ **d.** Il s'agit de la même proposition que la deuxième question.
❒ **e.**

© Dunod – La photocopie non autorisée est un délit.

20 ❒ **a.** Cela permet une expression différente des gènes suivant les cellules.
☒ **b.**
☒ **c.** Puisque la méthylation de la chromatine entraîne une décondensation de celle-ci.
☒ **d.** Les modifications chimiques des histones permettent de réguler la compaction de la chromatine.
☒ **e.** Les hormones par exemple.

21 ❒ **a.** C'est le contraire.
☒ **b.**
❒ **c.** Ces histones subissent des modifications chimiques post-traductionnelles.
☒ **d.**
❒ **e.** Les ARNmi sont impliqués dans la répression de l'expression des gènes.

22 ☒ **a.**
☒ **b.**
☒ **c.**
☒ **d.**
❒ **e.** Les inhibiteurs se fixent sur des sites spécifiques.

23 ❒ **a.** Petits ARN de 21 à 25 nucléotides.
❒ **b.** Ils se lient à l'ARNm.
☒ **c.**
☒ **d.**
☒ **e.**

24 ☒ **a.**
❒ **b.** Ils ont un rôle inhibiteur.
❒ **c.** Ils sont exportés dans le cytoplasme.
☒ **d.**
☒ **e.**

La traduction 15

Plan

Cours

1. Le code génétique :
   - Caractéristiques du code génétique
   - La sélénocystéine
2. La traduction :
   - L'ARNm
   - L'ARNt
   - Les ARN ribosomaux
3. Les étapes de la traduction :
   - L'initiation
   - L'élongation
   - La terminaison
   - Bilan énergétique
4. La régulation de la traduction :
   - Apparition d'un codon stop
   - Disparition d'un codon stop
   - Utilisation de médicaments

Synthèse

QCM

Corrigés des QCM

Objectifs

- Connaître les caractéristiques du code génétique
- Connaître les éléments nécessaires à la traduction
- Connaître les étapes de la traduction
- Savoir établir le bilan énergétique de la traduction
- Savoir que la traduction est régulée

Cours

Nous avons vu les différents mécanismes qui aboutissent à la formation d'un ARNm : transcription, excision épissage, maturation…

Nous allons maintenant aborder la traduction de cet ARNm en une chaîne peptidique formée de l'assemblage d'acides aminés. C'est le code génétique qui va permettre cette traduction.

Cette opération va changer la nature du message, puisque jusqu'à présent, il restait de nature nucléotidique. Il va maintenant changer de « langage » pour devenir un message de nature peptidique.

1. LE CODE GÉNÉTIQUE

Sachant qu'il n'y a que quatre bases différentes, et que le ribose et l'acide phosphorique sont toujours les mêmes, la nature a dû trouver un système pour coder les 20 AA qui constituent les protéines *(cf. Annexe 5, Code génétique)*.

D'un point de vue théorique, il faut au moins un code à trois lettres ce qui permet de coder $4^3 = 64$ AA, ce qui est amplement suffisant. Trois nucléotides sur l'ARNm (appelés triplet ou codon) seront donc traduits en un AA.

Le code génétique contient donc 64 codons :

- Trois codons ne codent pas pour un AA et sont donc appelés codons stop, puisqu'ils correspondent à un signal de fin de traduction : UAA, UAG et UGA[1].
- Pratiquement tous les autres AA sont donc codés par plusieurs codons (de deux à six). On parle alors de codons synonymes.
- Le codon correspondant à la méthionine (AUG) est appelé codon d'initiation car il débute la traduction.

1.1. Caractéristiques du code génétique

On peut donc résumer les caractéristiques du code génétique en trois points :

Universel

Que ce soit chez une plante, un animal ou encore un virus, le code génétique est le même.

Cependant, depuis les années 1980, cette universalité a été remise en cause par quelques exceptions, découvertes d'abord dans l'ADN mitochondrial *(cf. chap. 4, Organisation du génome)* comme nous l'avons déjà dit. Il y a en effet dans cet ADN quelques codons qui varient.

Depuis, d'autres exceptions ont été découvertes chez des levures, des protozoaires…

> ⚠ L'existence de ces exceptions peut rendre problématique la question sur l'universalité du code génétique. Il faut donc vous référer à votre professeur et aux annales pour savoir exactement ce qu'il faudra répondre à cette question. En général, à la question : « Le code génétique est-il universel ? », il faudra répondre positivement (mais avec des exceptions…).

1. Ces trois codons stop portent également des noms ; UAG ambre, UAA ocre et UGA opale. La légende veut que le premier codon stop ait été appelé ambre puisque le chercheur qui l'a découvert portait le nom de Bernstein, ce qui signifie littéralement ambre jaune en Allemand.

Dégénéré

On parle de dégénérescence puisqu'un même AA peut être codé par plusieurs codons différents, mais on remarque que dans la plupart des cas, c'est la troisième base qui est concernée. Cette dégénérescence est à la base du phénomène de Wooble (ou phénomène de la base fluctuante).

Non ambigu

Alors qu'un même AA peut être codé par plusieurs codons différents (jusqu'à six dans le cas extrême), un même codon ne peut coder que pour un seul AA. C'est pour cette raison que l'on dit qu'il y a absence d'ambiguïté.

Attention à cette phrase dont la réciproque n'est pas vraie : un même codon ne peut coder que pour un seul AA, mais un AA peut être codé par plusieurs codons.

1.2. La sélénocystéine

On peut remarquer à la lecture de ce code génétique que l'un des codons stop, le triplet UGA, peut également coder la sélénocystéine (SeCys).

Cet AA très particulier est indispensable à certaines protéines chez l'Homme, dont la *glutathion peroxydase* jouant un rôle antioxydant dans la lutte contre les radicaux libres (Fig. 15.1).

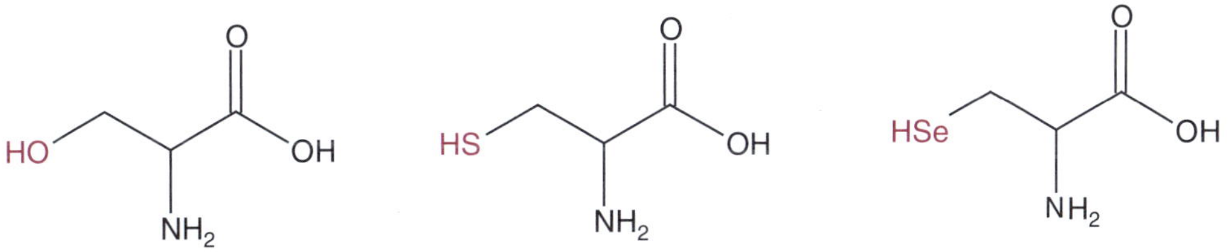

Sérine **(Ser)** Cystéine **(Cys)** Sélénocysteine **(Cys)**

Figure 15.1 Structure de la sérine, de la cystéine et de la sélénocystéine.

On pourrait penser que la sélénocystéine est amenée par un ARNt, ce qui n'est pas possible car une enzyme intracellulaire est capable de dégrader la sélénocystéine libre *(sélénocystéine lyase)*. Il ne s'agit pas non plus d'une modification post-traductionnelle d'une sérine ou d'une cystéine comme on pourrait le penser à la lecture de la structure de ces deux AA.

© Dunod – La photocopie non autorisée est un délit.

Le mécanisme est en fait cotraductionnel, bien qu'il soit mal connu chez les Eucaryotes. Il semblerait que la modification touche une sérine lorsque celle-ci se trouve encore sur l'ARNt, par l'action de la *SeCys synthase*. La transformation ne se produit donc pas *in situ* sur la protéine, mais directement sur l'ARNt avant incorporation dans la protéine.

Là encore, le fait que l'un des codons stop puisse coder pour un AA comme la sélénocystéine pose un problème pour une question demandant si les codons stop codent bien pour un AA. Référez-vous à votre professeur et aux annales de la faculté pour la réponse, sachant que lorsqu'un codon stop joue son rôle d'arrêt de traduction, il ne code aucun AA.

Bien évidemment, on est amené à se poser la question de savoir comment un codon stop peut parfois induire la fin de la traduction d'une protéine, et parfois induire l'incorporation d'une sélénocystéine. On a remarqué que le signal se situe dans la région 3′ située après la fin de l'ORF codant pour la protéine (on parle de zone UTR pour *Untranslated Region*), où la séquence permet la formation d'une boucle d'une centaine de nucléotides qui semble être le signal d'incorporation de la sélénocystéine.

Le sélénium, un métal rare

Le sélénium prend son nom de la déesse de la lune, Sélénée. Ce métal a longtemps été considéré comme toxique, mais on a découvert qu'il s'agissait en fait d'un oligo-élément essentiel à l'Homme (bien qu'il garde sa toxicité au-delà d'une certaine dose).

Grâce à son intervention dans la structure de la glutathion peroxydase, cet élément joue un rôle majeur dans la prévention contre le cancer, et sa carence doit donc être traitée.

2. LA TRADUCTION

Plusieurs types de molécules sont nécessaires à la traduction.

2.1. L'ARNm

C'est l'ARNm qui contient l'enchaînement des codons, et indique donc l'ordre dans lequel les différents AA devront être assemblés. Il sera lu dans le sens 5′→3′.

L'ARNm contient un **ORF** (*Open Reading Frame*) qui délimite le début et la fin de la séquence de l'ARNm qui va être traduit en peptide.

Le début et la fin de l'ORF sont en général différents du début et de la fin de l'ARNm, puisque cet ARNm est souvent plus long que la séquence codant réellement pour le peptide.

Près de l'extrémité 5′ (à quelques centaines de nucléotides), on trouve un codon appelé **codon initiateur**, qui est presque toujours AUG chez les Eucaryotes, codant donc pour une méthionine. C'est lui qui porte le signal de début de traduction. Presque toutes les protéines vont donc débuter par une méthionine pendant un temps bref après leur synthèse, bien que celle-ci soit le plus souvent ôtée après la synthèse de la protéine.

Ce codon a également pour rôle de définir le cadre de lecture de l'ARNm.

Vers la fin des années 1980, Kozak a mis en évidence une séquence consensus encadrant le triplet initiateur appelée **séquence de Kozak** (Fig. 15.2).

GCCGCC(A/G)CC**AUG**G
−3 +1 +4

Figure 15.2 Structure de la séquence de Kozak.

Une mutation sur la base en −3 (adénine ou guanine) ou en +4 (guanine) affecte fortement la traduction, voire l'empêche complètement.

Sortie de l'ARNm dans le cytoplasme

L'ARNm est transcrit dans le noyau en utilisant l'ADN comme matrice, mais la traduction sous forme de peptide ayant lieu dans le cytoplasme, il faudra que cet ARNm sorte du noyau. On a remarqué que suivant la taille du fragment d'ARNm, le mécanisme de sortie n'était pas le même.

Pour les fragments de petite taille, la sortie se fait spontanément, alors que pour les fragments les plus gros, des protéines de transport semblent intervenir.

Chez les Eucaryotes, l'ARNm est monocistronique (donc contient un seul ORF), c'est-à-dire ne code que pour une seule protéine, bien évidemment lorsque l'ensemble des phénomènes de maturation sont terminés. Chez les Procaryotes, on connaît des cas d'ARN polycistronique (grâce à une lecture suivant différents cadres, donc contenant plusieurs ORF).

© Dunod – La photocopie non autorisée est un délit.

2.2. L'ARNt

Il s'agit d'une molécule assurant la liaison entre l'ARNm et l'AA où deux zones en particulier auront deux rôles bien distincts (Fig. 15.3) :

- L'extrémité 3′OH est terminée par le triplet CCA où se produira une liaison ester entre l'ARNt et l'AA.
- Une zone anticodon qui se lie par des liaisons faibles de type liaison hydrogène au codon présent dans l'ARNm.

Leur structure présente des particularités :

- Nucléotides rares

  On trouve dans l'ARNt des bases rares et inhabituelles comme l'hypoxanthine, de la thymine, des bases méthylées comme la guanine, de la pseudo-uridine, de la dihydro-uridine…

  Ces bases sont formées par des modifications chimiques de bases normales qui constituées au départ l'ARNt. Il semble cependant que ces bases inhabituelles ne soient pas essentielles pour le bon fonctionnement de l'ARNt.

- Forme spatiale

  L'aspect général est en forme de trèfle dû à des appariements formés par des liaisons hydrogènes entre des bases complémentaires. Au niveau des boucles, les nucléotides ne sont pas appariés (beaucoup de bases inhabituelles y sont d'ailleurs situées).

On trouve ainsi dans la boucle T de la pseudo-uridine et dans la boucle D de la dihydro-uridine.

L'extrémité 3′, toujours constituée de la même séquence CCA, dépasse du reste de la structure ce qui permettra la fixation se l'AA.

Enfin, la boucle anticodon qui reconnaîtra par complémentarité le codon correspondant lors de la traduction, et s'y appariera par des liaisons hydrogènes.

Nous allons d'ailleurs voir maintenant comment l'ARNt peut fixer l'AA.

La liaison est une liaison ester entre la fonction acide de l'acide aminé et la fonction alcool porté par le dernier nucléotide de l'ARNt, donc de l'AMP. La formation de cette liaison se décompose en deux étapes que nous allons décrire :

- Activation de l'AA (Fig. 15.4)

  Il s'agit d'accrocher l'AA sur l'AMP (à partir d'ATP), ce qui forme l'aminoacyl-AMP. Cette étape est réalisée par des enzymes, les aminoacyl-ARNt synthétases, spécifiques de chaque acide aminé (on en compte donc 20 différentes) que nous étudierons juste après.

  D'un point de vue chimique, la liaison créée est une liaison anhydride d'acide riche en énergie.

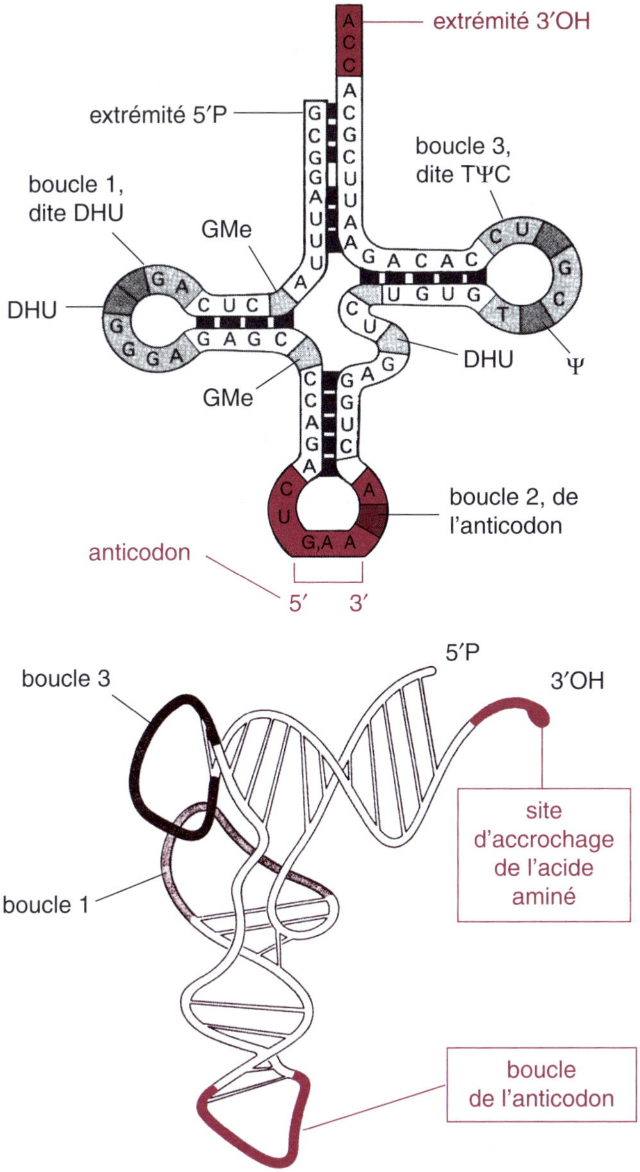

Figure 15.3 Structures secondaire et tertiaire d'une molécule d'ARNt.

La structure secondaire plane, dite en « feuille de trèfle », est formée d'une succession de tiges double brin stabilisées par des paires GC, et de boucles dont la longueur n'excède pas 10 bases (quelques bases modifiées ont été localisées). Cette forme plane s'organise dans l'espace pour donner une structure tertiaire compacte, telle que les boucles 1 et 3 se replient l'une sur l'autre et que la molécule prend l'aspect d'un L majuscule massif. Les deux parties fonctionnellement importantes de celle-ci : l'anticodon et le site d'accrochage de l'acide aminé en 3′ OH, sont situées aux deux extrémités opposées.

Avec l'aimable autorisation de J.-C. Callen, « Biologie cellulaire », Dunod, 2005.

© Dunod – La photocopie non autorisée est un délit.

Le pyrophosphate produit est alors hydrolysé en deux molécules de phosphates inorganiques par une pyrophasphatase, ceci pour éviter que la réaction inverse ne se produise (en éliminant un des produits, celui-ci ne peut plus être disponible pour être le réactif de la réaction inverse).

Le bilan est donc :

$$AA + ATP \rightarrow AA - AMP + PP$$

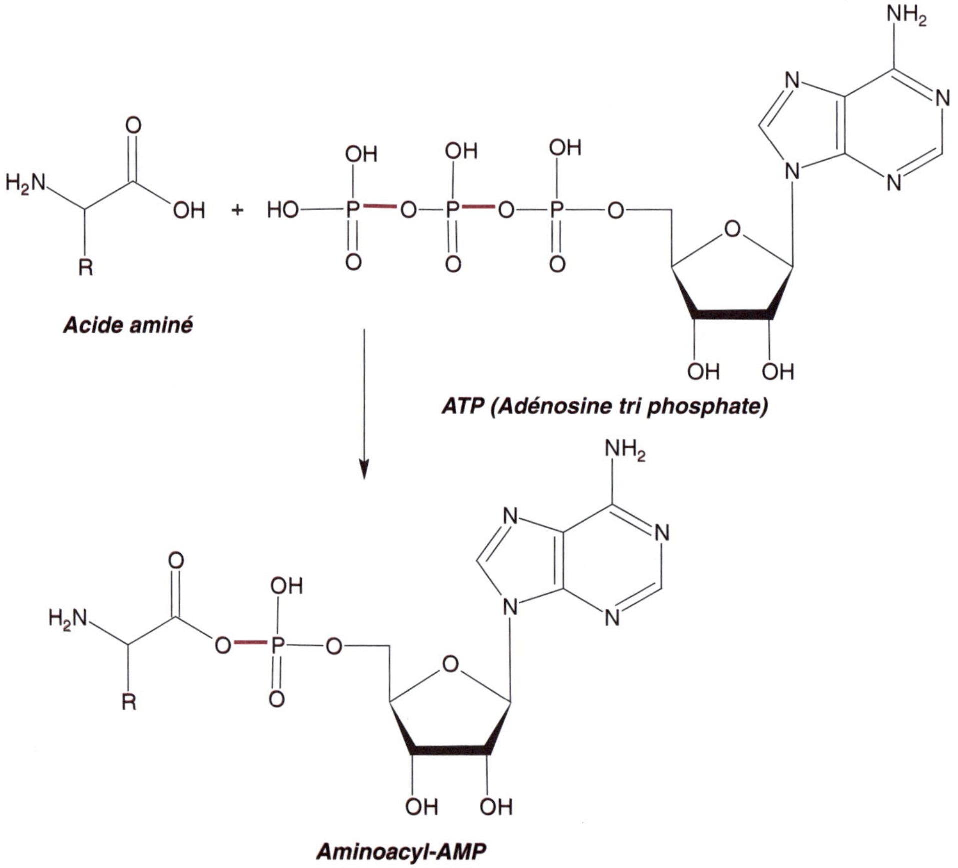

Figure 15.4 Formation de l'aminoacyl-AMP.
En rose sont représentées les liaisons énergétiques.

- Transfert de l'AA sur l'ARNt (Fig. 15.5)

On forme donc l'aminoacyl-ARNt par la création d'une liaison ester entre l'AA et l'un des hydroxyles du dernier nucléotide de l'ARNt (au choix en position 2′ ou 3′).

Cette liaison riche en énergie apportera l'énergie nécessaire pour que la liaison entre les différents AA se fasse.

Le bilan est donc :

$$AA - AMP + tRNA \rightarrow AA - tRNA + AMP$$

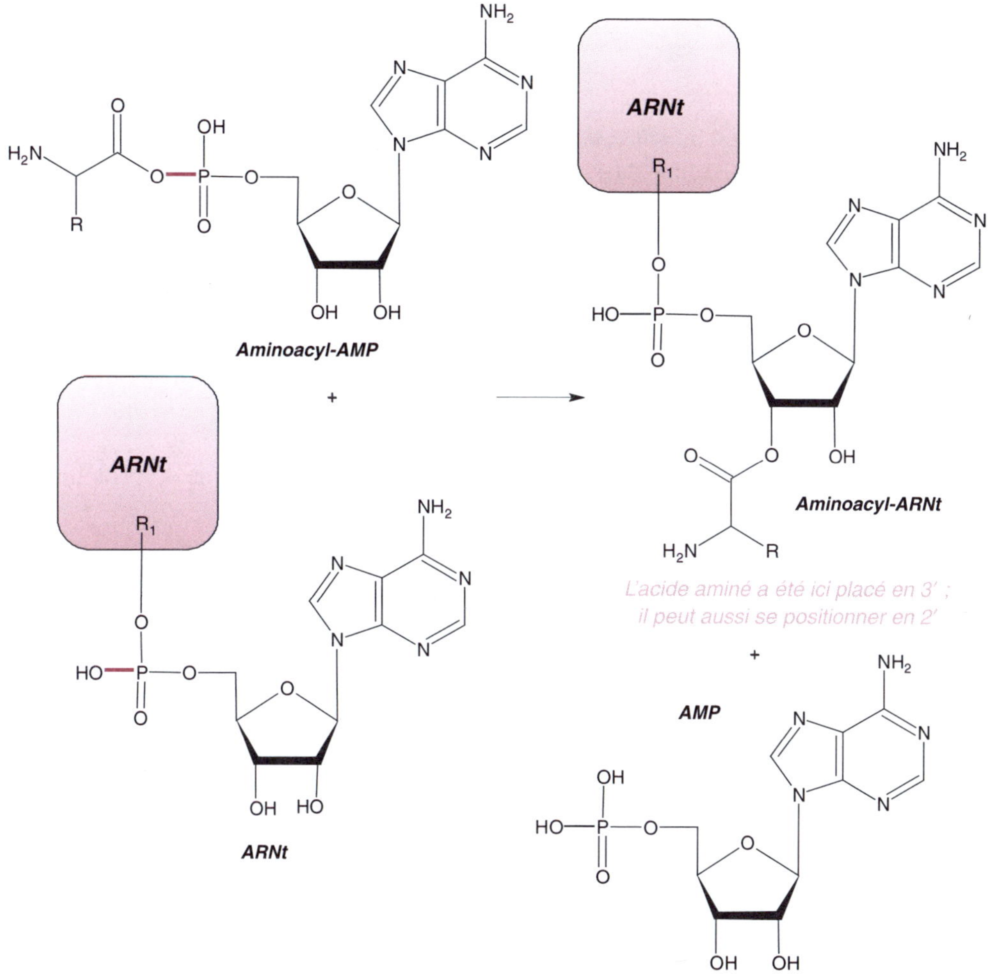

Figure 15.5 Formation de l'aminoacyl-ARNt.

On peut se demander comment le bon AA est greffé sur le bon ARNt, alors que tous terminent par la même séquence CCA. En fait, les enzymes responsables de la réaction reconnaissent à la fois le bon AA et le bon ARNt correspondant. Elles vont en outre permettre à l'ensemble des réactions d'accrochage de se produire sans que les différents intermédiaires n'aient à se détacher d'elle.

L'enzyme possède un site d'activation (de synthèse) qui reconnaît le bon AA ; mais si par malheur un mauvais AA venait se placer dans ce site, l'enzyme possède une activité de relecture dans un autre site dit de correction *(editing)* qui lui permet d'hydrolyser cet AA. On estime ainsi que le taux d'erreur est de 1 pour 10 000.

© Dunod – La photocopie non autorisée est un délit.

2.3. Les ARN ribosomiques

Les ribosomes sont les véritables machineries de la production des protéines ; situés dans le cytoplasme, ils sont caractérisés par leur constante de sédimentation exprimée en unité Svedberg.

> Le svedberg est en fait une unité de temps égale à 10^{-13} s qui est utilisée comme constante de sédimentation.

Les ribosomes sont différents chez les Procaryotes et chez les Eucaryotes ; chez ces derniers, le ribosome est 80S, réparti en deux sous-unités, l'une de 60S dite **grande sous-unité**, et l'autre de 40S dite **petite sous-unité**. Ces sous-unités sont constituées d'ARNr et de protéines (Fig. 15.6).

- la petite sous-unité contient de l'ARNr 18S et 33 protéines ;
- la grande sous-unité contient de l'ARNr 5S, 5,8S et 28S, ainsi que 45 protéines.

> Ces deux sous-unités vont de comporter comme les deux tranches d'un gros sandwich entourant l'ARNm.

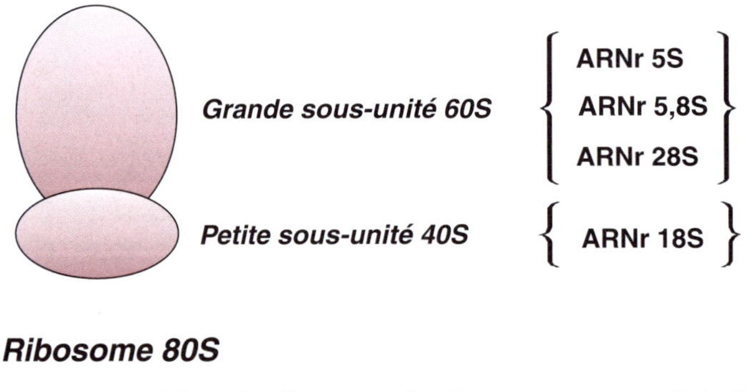

Figure 15.6 Composition du ribosome des Eucaryotes en unités Svedberg.

Ce ribosome contient trois sites de fixation pour les ARNt (Fig. 15.7) :

1. le site A qui fixe le complexe aminoacyl-ARNt ;
2. le site P qui fixe le complexe peptidyl-ARNt. ;
3. le site E (pour *Exit*) qui fixe l'ARNt libre.

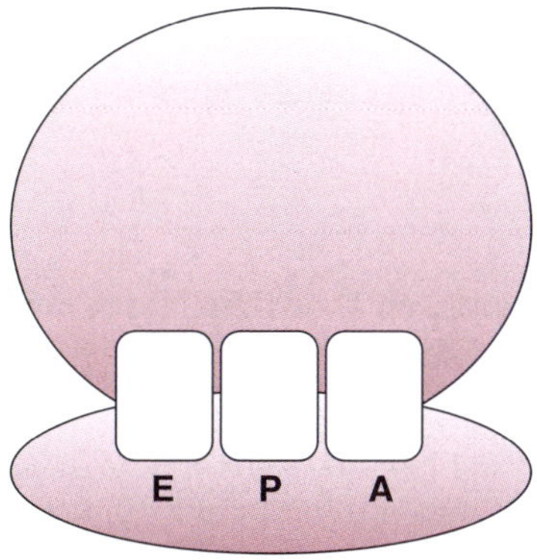

Figure 15.7 Représentation des trois sites de fixation des ARNt dans le ribosome.

Il contient en outre des « tunnels » qui permettent l'entrée et la sortie de l'ARNm, et la sortie de la chaîne polypeptidique.

3. LES ÉTAPES DE LA TRADUCTION

Nous avons déjà vu que l'ARNm contient un codon initiateur de traduction, le codon AUG codant pour la méthionine le plus souvent. Nous allons donc nous intéresser au reste des étapes de la traduction.

3.1. L'initiation

Juste avant que ne commence la traduction, les deux sous-unités du ribosome sont dissociées et libres dans le cytoplasme.

Seule la petite sous-unité formera un complexe avec :

- le codon initiateur porté par l'ARNm ;
- un ARNt porteur de la méthionine dans le site P.

Il faut donc toute une série d'événements pour arriver à ce que la petite sous-unité se positionne correctement au niveau du codon initiateur porté par l'ARNm. De nombreux facteurs appelés eIF vont alors intervenir à différents niveaux :

- interaction entre un domaine de l'ARNm, le domaine **RBS** (*Ribosome Binding Site*), et l'ARNr 18S de la petite sous-unité ;
- liaison de facteurs eIF sur la petite sous-unité ;
- prise en charge du premier ARNt porteur de la méthionine qui sera exceptionnellement placé dans le site P.

© Dunod – La photocopie non autorisée est un délit.

> Ce premier aminoacyl-ARNt est le seul au cours de la synthèse de la protéine qui vient se positionner dans le site P du ribosome. Tous les autres se positionneront dans le site A.

Le facteur eIF-4 reconnaît la coiffe en 5′ de l'ARNm et positionne celui-ci au complexe formé avec la petite sous-unité du ribosome.

Le complexe va alors se déplacer sur l'ARNm à la recherche du codon initiateur AUG (l'un des facteurs eIF possède une activité hélicase). Lorsque ce dernier est identifié, il y a séparation de l'ensemble des facteurs eIF et mise en place de la grande sous-unité 60S (Fig. 15.8).

> Le déplacement de la petite sous-unité du ribosome sur l'ARNm à la recherche du codon initiateur AUG consomme de l'énergie sous forme d'ATP ; cependant, la plupart des auteurs ne font pas intervenir ces molécules d'ATP consommées dans le bilan énergétique de la traduction.
>
> Il faut également prendre en compte l'hydrolyse d'une molécule de GTP pour le positionnement de la grande sous-unité du ribosome.

3.2. L'élongation

Cette élongation peut être décomposée en trois étapes constituant un cycle dont le bilan est toujours le même : créer une liaison peptidique entre deux acides aminés.

Arrivée d'un deuxième aminoacyl-ARNt

Cet aminoacyl-ARNt se fixe dans le site A du ribosome et correspond au deuxième codon situé juste après AUG. Cette étape consomme une molécule de GTP.

Formation de la liaison peptidique

La liaison entre la méthionine et le premier ARNt est rompue ce qui permet l'éjection de cet ARNt. La liaison peptidique se forme alors entre le groupement COOH de l'AA n° 1 et le groupement NH_2 de l'AA n° 2 sous l'action de la *peptidyl transférase*.

Nous nous retrouvons donc maintenant avec deux AA accrochés au deuxième ARNt.

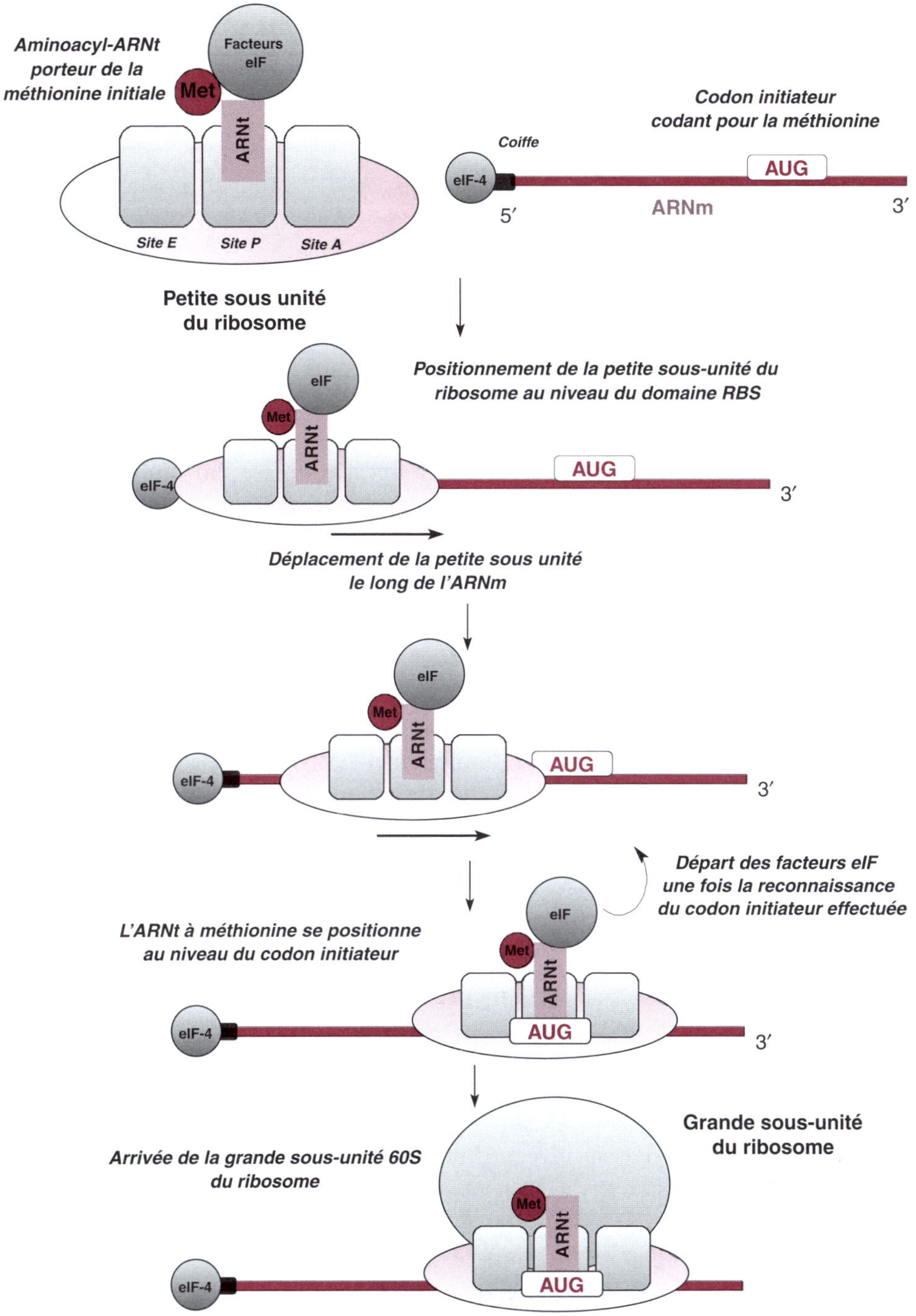

Figure 15.8 Principales étapes de l'initiation de la traduction avec le positionnement du ribosome sur l'ARNm

Par soucis de clarté, l'hydrolyse de la molécule de GTP en GDP n'a pas été placée sur le schéma.

© Dunod – La photocopie non autorisée est un délit.

Au regard de la formation de cette liaison, on constate que c'est la chaîne peptidique en cours d'élongation qui se greffe sur le nouvel AA qui vient de se positionner dans le site A du ribosome, et non le contraire comme on le dit trop souvent. A chaque cycle, il ne faut donc pas dire qu'il y a fixation d'un nouvel AA à la chaîne peptidique, mais fixation de la chaîne peptidique au nouvel AA.

De même, on constate que la méthionine, premier AA est toujours située du côté N terminal de la protéine.

Translocation

Le ribosome va alors avancer d'un codon dans le sens $5' \rightarrow 3'$, ce qui libère le site A pour placer l'ARNt porteur des deux AA dans le site P. Cette translocation consomme une molécule de GTP.

C'est l'ARNr 28S qui possède l'activité peptidyl transférase, puisqu'il s'agit d'un ribozyme (enzyme de nature ARNr, et non pas protéique comme la quasi-totalité des enzymes).

L'ARNr 28S est la seule enzyme connue à ce jour qui ne soit pas de nature protéique.

Des facteurs dits d'élongation sont nécessaires à ce processus ; il s'agit de EF1 et EF2. EF1 permet ainsi la fixation de l'aminoacyl-ARNt au ribosome (en consommant une molécule de GTP), et EF2 agit comme une translocase (en consommant également une molécule de GTP). Ces facteurs font vraisemblablement partie des protéines G que nous avons déjà rencontrées lors de l'étude de la transduction du message (Fig. 15.9).

Exemple

Si un fragment d'ARNm code une protéine de 100 acides aminés, il faudra 99 cycles pour que la traduction soit complète.

3.3. La terminaison

Lorsque le ribosome arrive au niveau d'un des trois codons stop, aucun ARNt ne correspond à ces codons ; il n'y a donc aucun acide aminé qui viendra se placer dans le site A.

Il y aura alors rupture de la liaison entre le dernier AA et le dernier ARNt.

Là encore, des facteurs de terminaisons appelés eRF sont impliqués dans le processus en se positionnant dans le site A du ribosome.

Il y aura alors séparation du complexe ribosome-ARNm, le ribosome se séparant en petite et grande sous-unité, à nouveau disponibles pour une nouvelle traduction (Fig. 15.10).

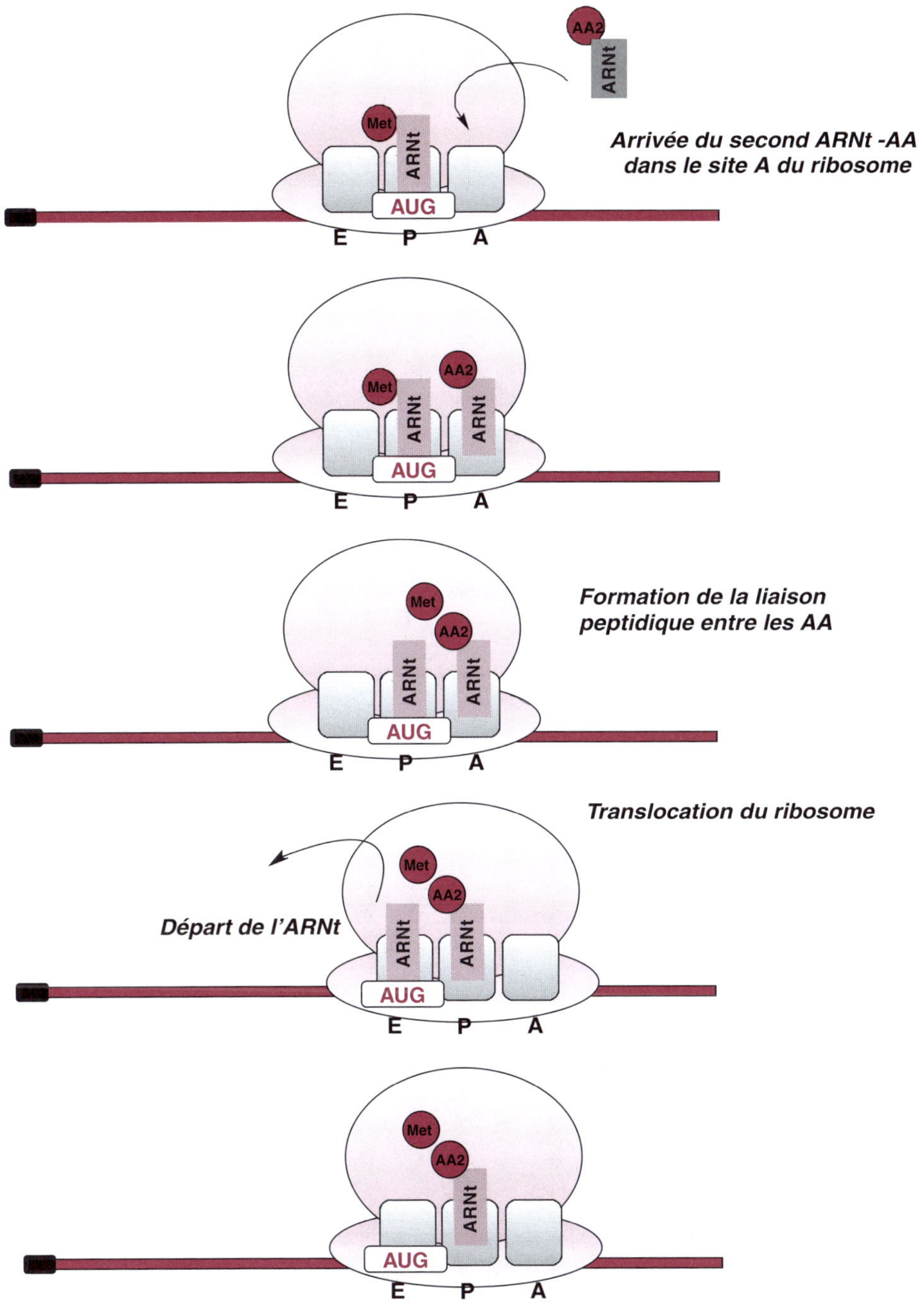

Figure 15.9 Schéma d'un cycle d'élongation de la chaîne peptidique (les molécules de GTP et les facteurs d'élongations n'ont pas été représentés).

© Dunod – La photocopie non autorisée est un délit.

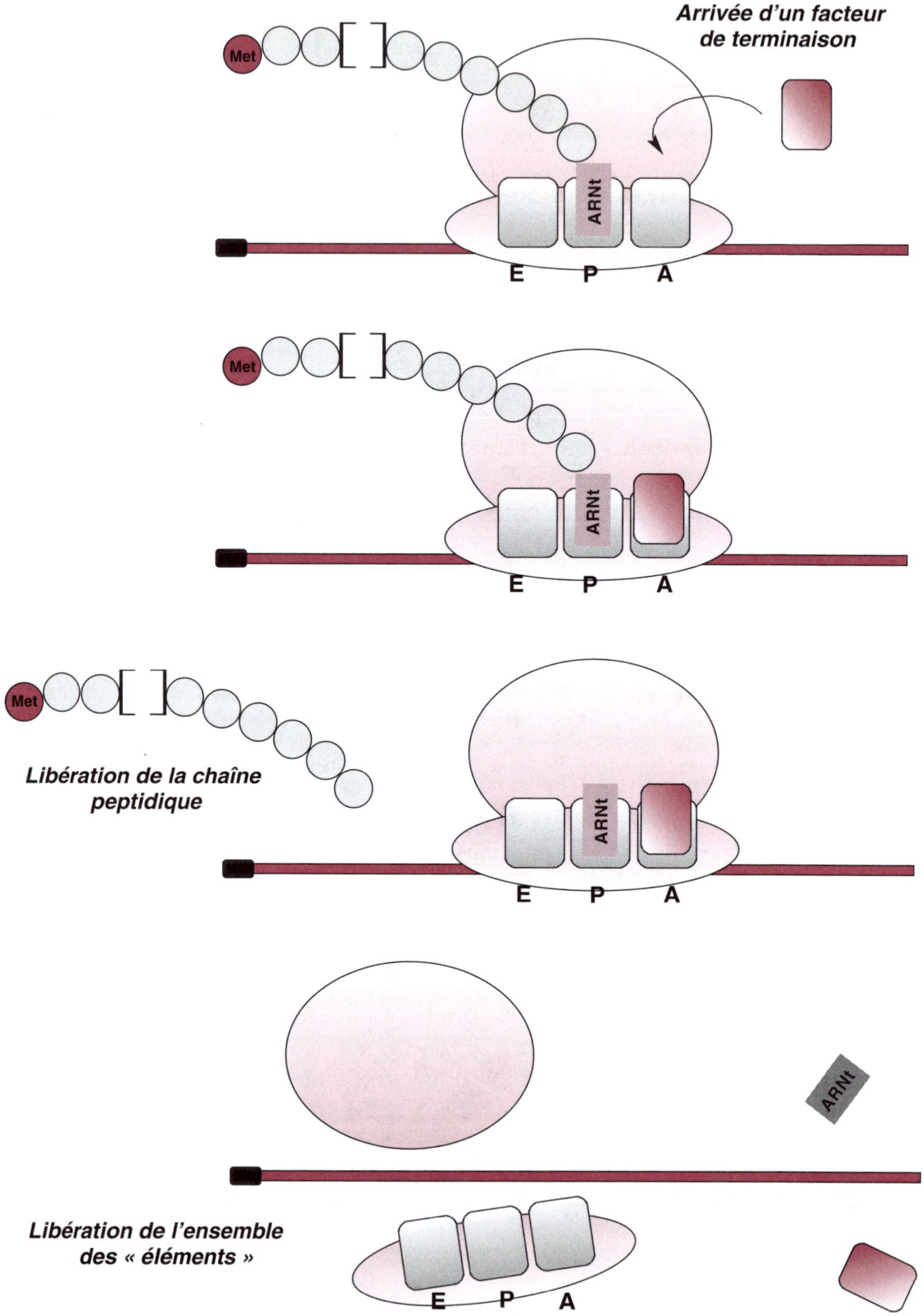

Figure 15.10 Schéma de la terminaison de la traduction.

3.4. Bilan énergétique

Le bilan énergétique de la traduction est donc le suivant :

- 1 ATP consommé lors de l'activation de l'AA ;
- 1 GTP consommé lors du placement de l'aminoacyl-ARNt dans le site A du ribosome ;
- 1 GTP consommé lors de la translocation.

Ce bilan est celui résultant de la mise en place de chaque AA, et doit donc être multiplié par le nombre d'AA que comporte la protéine.

Il faut cependant remarquer que l'étape d'initiation et celle de terminaison vont également consommer un GTP, mais que cela ne se produit qu'une seule fois pour une protéine. Ainsi, pour une protéine qui comporterait 100 AA, le bilan total serait de 100 ATP consommés, et 202 GTP (200 pour les AA, 1 pour l'initiation et 1 pour la terminaison). Comme nous l'avons déjà dit, les molécules d'ATP nécessaires au déplacement de la petite sous-unité pour se positionner au niveau du codon initiateur ne sont en général pas comptabilisées.

4. LA RÉGULATION DE LA TRADUCTION

Tout ce qui a déjà été dit concernant la régulation de la transcription peut prendre sa place dans ce chapitre, car tout ce qui concerne la régulation de l'ARNm va directement influer sur la synthèse protéique.

Il existe donc des systèmes protéiques qui pourront détecter une modification sur l'ARNm, avec pour but sa dégradation par des nucléases avant que la protéine ne soit synthétisée.

4.1. Apparition d'un codon stop dans l'ARNm

Lors de la traduction, des protéines se fixent au niveau des points de jonction des exons, et se déplacent à l'arrivée du ribosome. Dans le cas d'un « mauvais » codon stop, ces facteurs ne se déplacent plus, ce qui mobilise des protéines Upf, qui elles-mêmes recrutent une enzyme qui va hydrolyser la coiffe de l'ARNm. Une exonucléase $5' \rightarrow 3'$ va alors dégrader l'ARNm.

4.2. Disparition du codon stop

Si le codon stop n'est plus présent, la queue de polyadénosine du côté 3′ sera traduite, et on trouvera dans la protéine une séquence polylysine du côté C terminal.

© Dunod – La photocopie non autorisée est un délit.

Il faut donc des enzymes qui dégradent l'ARNm, mais également la « mauvaise » protéine :

- une exonucléase $3' \rightarrow 5'$ présente dans le cytoplasme va alors dégrader l'ARNm ;
- une protéase va dégrader la protéine qui vient d'être traduite en reconnaissant la séquence de polylysine.

4.3. Utilisation de médicaments

Un autre moyen de réguler la traduction est bien évidemment d'agir par voie médicamenteuse. Comme nous l'avons déjà dit, il existe des différences de structure entre les ribosomes des Procaryotes et celui des Eucaryotes. Les médicaments pourront alors agir spécifiquement sur les ribosomes des bactéries sans interagir avec ceux de l'Homme.

On notera chez les Procaryotes :

- la streptomycine qui inhibe la fixation de l'ARNt initiateur (la N-formyl méthionine) ;
- la gentamycine et la néomycine qui se fixent sur l'ARNr 16S des ribosomes et empêchent ainsi l'appariement codon-anticodon ;
- le chloramphénicol qui inhibe l'activité peptidyl-transférase ;
- l'acide fusidique, utilisé principalement comme antibiotique ophtalmique, se lie à l'un des facteurs d'élongation et empêche ainsi la fixation des aminoacyls-ARNt.

Synthèse

Je sais définir

- Codon ;
- Codon stop ;
- Traduction ;
- Séquence de Kozak ;
- Ribosome ;
- Unité svedberg.

Je connais

- Les caractéristiques du code génétique ;
- Le rôle dans le transport et l'activation des acides aminés par les ARNt ;
- La structure des ARNt ;
- Les différents ARNr constituant les ribosomes ;
- Les trois étapes de la traduction : initiation, élongation et terminaison ;
- Les différents modes de contrôle de la traduction.

Je sais

- Expliquer le rôle de chaque type d'ARN dans la traduction de l'ARNm ;
- Expliquer le mécanisme de chaque étape de la traduction.

Questions à choix multiples

1 Quelles sont les caractéristiques des aminoacyl-ARNt synthétases ?

❒ **a.** Présence d'un site de liaison spécifique d'un acide aminé.
❒ **b.** Présence d'un site de liaison spécifique d'un ARNt.
❒ **c.** Formation d'une liaison ester entre l'acide aminé et l'extrémité 3′- OH de l'ARNt.
❒ **d.** Formation d'un intermédiaire acide aminé adénylé.

2 La majorité des ARN messagers présents dans le cytoplasme des cellules eucaryotes possède les caractéristiques suivantes sauf :

❒ **a.** Présence d'une séquence dite de polyadénylation AAUAAA.
❒ **b.** Présence d'une structure dite de coiffe à l'extrémité 5′ de l'ARN.
❒ **c.** Présence dans chaque ARNm de plusieurs séquences codant chacune pour une chaîne polypeptidique distincte.
❒ **d.** Absence de séquences correspondant aux introns.
❒ **e.** Présence d'un codon de terminaison.

3 Parmi les séquences ou structures particulières de l'ARNm des cellules eucaryotes, quelle(s) est (sont) celle(s) qui est (sont) nécessaire(s) pour qu'il puisse s'attacher à la petite sous-unité du ribosome ?

❒ **a.** RBS.
❒ **b.** AUG.
❒ **c.** AAUAAA.
❒ **d.** poly A.
❒ **e.** AGGAGGU.

4 Dans l'initiation de la traduction chez les Eucaryotes, le (les) événement(s) suivant(s) se produit(sent). Indiquez lequel (lesquels).

❒ **a.** Attachement de la sous-unité 60S à la sous-unité 40S.
❒ **b.** Liaison de l'ARNt-met à la sous-unité 40S.
❒ **c.** Formation d'un complexe entre l'ARNt-met et eIF2-GTP.
❒ **d.** Fixation de l'ARN messager à la sous-unité 40S.
❒ **e.** Interaction entre l'ARNt-met et le codon AUG de l'ARN messager.

5 La séquence ribonucléotidique de l'anticodon d'un ARNt est 5′-GAA-3′. Quel(s) est (sont) le (les) codon(s) de l'ARNm reconnu(s) par cet anticodon ?

❒ **a.** CUU.
❒ **b.** UUU.
❒ **c.** UUC.
❒ **d.** CCU.
❒ **e.** UCU.

→

© Dunod – La photocopie non autorisée est un délit.

6 Quelle(s) est (sont) la (les) séquence(s) du (ou des) anticodon(s) complémentaires des codons UAA et UAG ?

- ❒ **a.** UUA.
- ❒ **b.** CUA.
- ❒ **c.** AUU.
- ❒ **d.** AUC.
- ❒ **e.** Aucune.

7 Parmi les nucléotides suivants contenant des liaisons riches en énergie, quel est celui (ou quels sont ceux) qui est (sont) utilisé(s) comme donneur(s) d'énergie lors de l'étape d'initiation de la biosynthèse d'une chaîne polypeptidique de cellule eucaryote ?

- ❒ **a.** ATP.
- ❒ **b.** GTP.
- ❒ **c.** UTP.
- ❒ **d.** CTP.
- ❒ **e.** AMPc.

8 Quelle(s) est (sont), parmi les molécules suivantes, celle(s) qui fait (font) partie du complexe 48S d'initiation de la traduction dans les cellules eucaryotes ?

- ❒ **a.** ARNm.
- ❒ **b.** eIF4E.
- ❒ **c.** eIF4G.
- ❒ **d.** eIF4A.
- ❒ **e.** eIF2-GTP.

9 Parmi les propositions suivantes relatives aux ARN de transfert, quelle(s) est (sont) celle(s) qui est (sont) exacte(s) ?

- ❒ **a.** La structure des ARN de transfert comporte 3 boucles séparées par des structures en hélice.
- ❒ **b.** L'extrémité 3′ de l'ARN de transfert est constituée d'une séquence de 3 nucléotides CCA, indispensable à la fixation de l'acide aminé.
- ❒ **c.** Les ARN de transfert sont composés d'une chaîne unique de 73 à 93 nucléotides.
- ❒ **d.** La reconnaissance de l'ARNt par son aminoacyl-ARNt synthétase spécifique implique en partie la boucle anticodon de l'ARNt.
- ❒ **e.** L'interaction entre la troisième base de l'anticodon (dans le sens 5′ vers 3′) et la première base du codon (également dans le sens 5′ vers 3′) peut être imprécise.

→

10 Une mutation du gène bêta de l'hémoglobine humaine, fréquente en Sardaigne, entraîne une substitution dans l'ARNm de la cytosine du codon CAA, codant pour la glutamine en position 39 de la chaîne bêta, par le codon UAA. Quelle est la conséquence ou quelles sont les conséquences observée(s) dans les cellules chez un sujet homozygote pour la mutation ?

❒ **a.** Absence de production d'ARNm cytoplasmique.

❒ **b.** Production normale d'ARNm cytoplasmique.

❒ **c.** Absence totale de production de chaîne bêta de globine.

❒ **d.** Diminution de l'ordre de 50 % de la biosynthèse de la chaîne bêta de globine.

❒ **e.** Production en quantité normale d'une chaîne bêta de globine comportant une mutation faux sens en position 39.

11 Parmi ces molécules antibiotiques, indiquez laquelle ou lesquelles perturbent les mécanismes de la traduction chez les Procaryotes.

❒ **a.** Novobiocine.

❒ **b.** Actinomycine D.

❒ **c.** Streptomycine.

❒ **d.** Gentamycine.

❒ **e.** Acide fusidique.

12 À propos des ARN de transfert, indiquez laquelle ou lesquelles de ces propositions est ou sont exacte(s) :

❒ **a.** Les ARNt sont les ARN les plus abondants de la cellule eucaryote.

❒ **b.** L'ARNt se lie à l'acide aminé qu'il transporte par une liaison ester qui fait intervenir l'hydroxyle OH du ribose du premier nucléotide en 5′ et le COOH de l'AA.

❒ **c.** L'enzyme qui crée la concordance entre l'anticodon et l'acide aminé est une aminoacyl-ARNt synthétase active sur l'ensemble des ARNt.

❒ **d.** L'appariement codon-anticodon met en jeu des liaisons ester et s'effectue de manière antiparallèle et complémentaire.

❒ **e.** Le codon 5′AUG 3′ s'apparie avec l'anticodon 5′CAU 3′.

13 Parmi les propositions suivantes concernant le concept : *1 gène, 1 ARN, 1 protéine*, laquelle ou lesquelles est (sont) exacte(s) et donc montre(nt) que ce concept n'est pas totalement vrai.

❒ **a.** Certains gènes ne codent pas de protéines.

❒ **b.** Certains gènes ne codent que des ARN.

❒ **c.** Certains gènes codent plusieurs protéines.

❒ **d.** Certaines protéines ne sont pas codées par un gène.

❒ **e.** Certaines protéines sont codées par plusieurs gènes.

→

© Dunod – La photocopie non autorisée est un délit.

14 Quel est le rôle de l'AA lié à l'ARNt dans la fidélité du processus de traduction ? Il a été répondu grâce à l'expérience suivante :

La cystéine a été attachée à son ARNt naturel pour former le cystéinyl ARNt
Le cystéinyl ARNt a été traité chimiquement par le nickel de Raney qui convertit la cystéine en alanine par élimination de l'atome de soufre sans autre modification de l'aminoacyl ARNt
L'aminoacyl ARNt chimiquement modifié a été introduit dans un système acellulaire de traduction in vitro *ne comportant pas déjà les ARNt naturels de la cystéine et de l'alanine*
Des expériences de traduction in vitro *ont été successivement réalisées avec des matrices d'ARN synthétiques.*

En utilisant vos connaissances, indiquez les résultats obtenus en sélectionnant la ou les propositions exactes sachant que UGU et UGC codent cystéine ; GCU, GCA, GCC et GCG codent alanine ; GUG, GUA, GUC, GUU codent valine et CGG, CGA, CGU, CGC codent arginine.

❐ **a.** Des résidus cystéine ont été incorporés lorsque l'ARNm contenait un polymère (UG)n comme phase de lecture ouverte après AUG.
❐ **b.** Des résidus alanine ont été incorporés lorsque l'ARNm contenait un polymère (UG)n comme phase de lecture ouverte après AUG.
❐ **c.** Des résidus cystéine ont été incorporés lorsque l'ARNm contenait un polymère (GC)n comme phase de lecture ouverte après AUG.
❐ **d.** Des résidus cystéine ont été incorporés lorsque l'ARNm contenait un polymère (GU)n comme phase de lecture ouverte après AUG.
❐ **e.** Des résidus cystéine ont été incorporés lorsque l'ARNm contenait un polymère (CG)n comme phase de lecture ouverte après AUG.

15 Indiquez la (les) proposition(s) juste(s) concernant les ARNt.

❐ **a.** On y trouve un certain nombre de bases « rares » et modifiées.
❐ **b.** L'extrémité 5′ se termine par la séquence CAA.
❐ **c.** Les aminoacyl-ARNt synthétases possèdent un site qui leur permet d'éliminer un mauvais AA qui aurait été placé sur le ARNt.
❐ **d.** On ne trouve pas d'ARNt dans le noyau.
❐ **e.** L'étape d'activation de l'AA correspond à sa fixation par l'ARNt.

16 Indiquez la (les) proposition(s) juste(s) concernant les ribosomes des Eucaryotes.

❐ **a.** Les ribosomes sont différents chez les Eucaryotes et les Procaryotes.
❐ **b.** Ils sont constitués d'ARNr et d'un grand nombre de protéines : 33 pour la petite sous-unité et 45 pour la grande.
❐ **c.** Lorsque le ribosome est positionné sur l'ARNm, l'ordre des sites de fixation est E, P et A.
❐ **d.** Tous les aminoacyls-ARNt se positionnent dans le site A, avant d'être accrochés à la chaîne peptidique.
❐ **e.** La petite sous-unité se positionne en premier sur l'ARNm, avant l'arrivée de la grande sous-unité, puis l'aminoacyl-ARNt avec la méthionine.

→

17 Indiquez la (les) proposition(s) juste(s) concernant la traduction chez les Eucaryotes.

❒ **a.** Lorsque la petite sous-unité arrive sur l'ARNt, elle se positionne sur un codon appelé codon initiateur AUG codon pour la méthionine.

❒ **b.** C'est l'ARNr 18S de la petite sous-unité qui assure la reconnaissance du ARNm.

❒ **c.** L'un des facteurs eIF4 possède une activité hélicase pour séparer les deux brins de l'ARNm afin de le rendre accessible à la machinerie de traduction.

❒ **d.** L'arrivée de la grande sous-unité s'accompagne du départ de certains facteurs eIF.

❒ **e.** La méthionine est toujours le premier AA des protéines dont le codon initiateur est AUG.

18 Indiquez la (les) proposition(s) juste(s) concernant la traduction chez les Eucaryotes.

❒ **a.** Un cycle d'élongation permet la fixation d'un acide aminé à la chaîne protéique en cours de synthèse.

❒ **b.** Le dernier AA placé sur la chaîne protéique correspond au côté C-terminal.

❒ **c.** C'est l'ARNr 28S qui possède l'activité *peptidyl transférase.*

❒ **d.** La translocation, correspondant à la dernière étape du cycle, consomme une molécule de GTP.

❒ **e.** L'ARNr 28S a une activité enzymatique, ce qui nécessite sa liaison avec une protéine qui contiendra le site actif.

19 Parmi les propositions du code génétique, relevez la (ou les) proposition(s) exacte(s).

❒ **a.** Il est « dégénéré » car certains acides aminés peuvent être codés par un seul codon.

❒ **b.** Il est « non ambigu » car un codon ne peut signifier plusieurs acides aminés différents.

❒ **c.** Le codon AUG n'est utilisé que pour l'initiation de la traduction.

❒ **d.** L'efficacité de la traduction est améliorée par la présence d'une purine en position – 3 et d'une guanine en position + 4.

❒ **e.** Les codons d'un ARNm ayant achevé sa maturation sont toujours contigus.

20 Parmi les propositions de l'étape de traduction des ARNm, retrouvez la (ou les) proposition(s) exacte(s).

❒ **a.** Les ARNm sont traduits au niveau des ribosomes.

❒ **b.** Il existe 61 codons signifiants pour 20 acides aminés.

❒ **c.** L'ARN 28S possède une activité peptidyl transférase.

❒ **d.** Les ribosomes résultent de l'assemblage de protéines et d'ARNr.

❒ **e.** La fixation des facteurs de libération active la dissociation du polypeptide.

→

© Dunod – La photocopie non autorisée est un délit.

21 Parmi les affirmations relatives au code génétique, relevez la (ou les) proposition(s) exacte(s).

- ❒ **a.** C'est un code qui permet de signifier la traduction d'un acide aminé à partir d'un message génétique constitué de trois nucléotides.
- ❒ **b.** Il implique la lecture des ARNm au niveau des ribosomes.
- ❒ **c.** Il est ambigu car un codon peut signifier plusieurs acides aminés.
- ❒ **d.** Le codon UAA correspond à un signal « stop ».
- ❒ **e.** Il permet la traduction des 20 acides aminés naturels.

22 Parmi les étapes de la traduction, relevez la (ou les) proposition(s) exacte(s).

- ❒ **a.** La traduction se déroule dans le noyau.
- ❒ **b.** L'activation des acides aminés concerne leur fonction amine.
- ❒ **c.** Le ribosome contient un site de fixation de chacun des 20 acides aminés naturels.
- ❒ **d.** L'ARNm est lu lors de la traduction depuis l'extrémité 5′ vers l'extrémité 3′.
- ❒ **e.** La translocase consomme de l'énergie apportée par l'hydrolyse du GTP.

23 Parmi les propositions suivantes, retrouvez la (ou les) réponse(s) exacte(s).

- ❒ **a.** Les ARNt sont les molécules servant d'adaptateur entre l'ARNm et chaque acide aminé.
- ❒ **b.** Le codon initiateur est toujours AUG.
- ❒ **c.** L'ARNm se fixe sur la petite sous-unité du ribosome.
- ❒ **d.** Il existe moins de codons possibles que d'acides aminés.
- ❒ **e.** L'extrémité poly A des ARNm est toujours traduite en une séquence polylysine.

Corrigés

1 ☒ **a.**
☒ **b.**
☒ **c.**
☒ **d.** Cet intermédiaire se forme avec un résidu AMP formé à partir d'ATP.

2 ☒ **a.**
☒ **b.**
❒ **c.** Chez les Eucaryotes, l'ARN est monocystronique.
☒ **d.**
☒ **e.**

3 ☒ **a.** RBS signifiant d'ailleurs *Ribosome Binding Site*.
❒ **b.** Le codon initiateur n'est pas impliqué dans la liaison avec le ribosome.
❒ **c.** Il s'agit de la séquence de polyadénylation.
❒ **d.** Cette séquence se trouve à la fin de la protéine.
❒ **e.**

4 ☒ **a.** ☒ **b.** ☒ **c.** ☒ **d.** ☒ **e.**
Toutes les propositions sont justes, mais on peut cependant donner l'ordre dans lequel ces événements ont lieu : formation du complexe avec l'ARNt-met, liaison de cet ARNt-met avec la petite sous-unité, fixation de la petite sous-unité à l'ARNm, interaction avec le codon initiateur, et enfin fixation de la grande sous-unité.

5 ❒ **a.** ☒ **b.** ☒ **c.** ❒ **d.** ❒ **e.**
L'anticodon est écrit dans le sens $5' \rightarrow 3'$, c'est-à-dire en sens inverse de la réalité, puisqu'il s'agit de la séquence complémentaire qui va donc correspondre au codon. On écrit donc cet anticodon dans le sens $3' \rightarrow 5'$, soit AAG, puis on écrit la séquence complémentaire UUC qui est donc écrite dans le sens conventionnel. La bonne proposition est donc la troisième.
Cependant, avec le phénomène de wooble sur la troisième base de l'ARNm, il ne faut pas oublier que U/G et G/U correspondant à un wooble possible. Une autre proposition est donc UUU.

6 ❒ **a.** ❒ **b.** ❒ **c.** ❒ **d.** ☒ **e.**
On a ici la séquence de deux codons écrits dans le sens 5′-3′. On écrit donc la séquence complémentaire qui correspond à l'anticodon qui est donc dans le sens 3′-5′, puis on l'inverse pour l'écrire dans le sens conventionnel.
Seulement, ces séquences correspondant à des codons stop, elles ne correspondent à aucun anticodon, et il fallait donc choisir la dernière proposition !

7 ☒ **a.** ☒ **b.** ❒ **c.** ❒ **d.** ❒ **e.**
Les seules molécules « énergétiques » engagées dans la traduction sont l'ATP et le GTP.

© Dunod – La photocopie non autorisée est un délit.

8 ☒ **a.** Ce complexe se forme avec l'ARNm et avec toute la famille des facteurs eIF-4.
☒ **b.** Toutes les propositions sont donc exactes.
☒ **c.**
☒ **d.**
☒ **e.**

9 ☒ **a.**
☒ **b.**
❒ **c.** Les ARNt sont constitués de 75 à 95 nucléotides.
☒ **d.** On pense que la reconnaissance dépend à la fois de l'anticodon porté par l'ARNt et de la forme de l'AA.
❒ **e.** Le phénomène de Wooble concerne la troisième base du codon et donc la première de l'anticodon.

10 ❒ **a.** Un ARN sera bien produit, mais qui « reproduira » la mutation présente sur l'ADN.
☒ **b.** La production sera normale, mais l'ARN ne le sera pas…
☒ **c.** La protéine qui sera produite ne sera pas une chaîne bêta de globine mais une autre protéine.
❒ **d.** Puisque cette chaîne n'est pas du tout produite.
❒ **e.** La mutation entraînant la formation d'un codon stop, il s'agit dans l'ADN d'une mutation non sens.

11 ❒ **a.** Les trois dernières substances sont spécifiques de l'inhibition de la traduction
❒ **b.** chez les Procaryotes.
☒ **c.**
☒ **d.**
☒ **e.**

12 ❒ **a.** Ce sont les ARNr qui sont les plus nombreux.
❒ **b.** L'hydroxyle du dernier nucléotide de l'ARNt peut être celui en 2′ ou en 3′.
❒ **c.** Il existe 20 de ces enzymes qui sont spécifiques de chaque AA.
❒ **d.** Comme tout appariement, ce sont des liaisons hydrogènes qui sont mises en jeu.
☒ **e.**

13 ☒ **a.**
☒ **b.**
☒ **c.**
❒ **d.** Cela est totalement impossible.
☒ **e.**

14 ❒ **a.** Il s'agit d'un énoncé bien long, de même pour les propositions, alors que la
☒ **b.** réponse est très simple. En effet, comme on a introduit l'aminoacyl-ARNt modifié
❒ **c.** qui porte donc de l'alanine dans une cellule ne comportant pas de cystéine,
❒ **d.** toutes les propositions parlant de l'incorporation de cystéine sont fausses. La
❒ **e.** seule proposition correcte est donc la deuxième.

15 ☒ **a.**
❒ **b.** Cette séquence se trouve du côté 3′.
☒ **c.**
☒ **d.** La traduction ayant lieu dans le cytoplasme.
❒ **e.** Cette étape correspond à la fixation de l'AMP sur l'AA avant sa fixation sur l'ARNt.

16 ☒ **a.**
☒ **b.**
☒ **c.**
❒ **d.** Tous sauf un, l'aminoacyl-ARNt correspondant au premier AA (la méthionine), qui se positionne exceptionnellement dans le site P.
❒ **e.** L'aminoacyl-ARNt avec la méthionine se positionne dans la petite sous-unité avant l'arrivée de la grande sous-unité.

17 ❒ **a.** La petite sous-unité ne se positionne pas directement sur le codon initiateur, mais parcourt l'ARNm jusqu'à ce qu'elle arrive au niveau de ce dernier.
☒ **b.**
❒ **c.** Un des facteurs eIF a bien une activité hélicase, mais l'ARNm n'est pas formé de deux brins (il ne s'agit pas d'ADN).
☒ **d.**
❒ **e.** Ce codon code bien pour la méthionine, mais celle-ci sera le plus souvent éliminée dans la protéine finale.

18 ☒ **a.**
☒ **b.**
☒ **c.**
☒ **d.**
❒ **e.** L'ARNr 28S a bien une activité enzymatique, mais elle lui est propre ; on parle d'ailleurs de ribozyme.

19 ❒ **a.** Il est au contraire dégénéré car un AA peut être codé par plusieurs codons.
☒ **b.** Un même codon ne peut engendrer deux AA différents.

> ⚠ Cette proposition est un classique des QCM qu'il faut donc bien maîtriser.

❒ **c.** On trouve bien évidemment des méthionines dans la chaîne protéique.
☒ **d.** La question décrit la séquence de Kozak nécessaire à une bonne traduction.
☒ **e.**

> ⚠ Nous avions déjà signalé qu'un des modes d'épissage alternatif pouvait, dans des cas rares, engendrer le maintien d'un petit intron au sein des exons, ce qui rendrait cette proposition 5 fausse. Mais ce cas rare ne doit pas être pris en compte.

© Dunod – La photocopie non autorisée est un délit.

20 ☒ **a.**

☒ **b.** Avec quatre bases différentes et l'organisation en triplet (codon), la cellule peut engendrer 64 codons, mais trois de ces codons étant des codons stop et n'engendrant donc pas d'AA, il n'en reste que 61 codant pour 20 AA.

> ⚠ Le nombre de 20 AA exclut le cas de la sélénocystéine, qui constitue pour certains auteurs le 21e AA. Il ne fallait donc pas dans cette question inclure le cas du codon stop UGA qui peut coder pour la sélénocystéine.

☒ **c.** Nous avons déjà dit qu'il s'agit de la seule enzyme de nature non protéique (ribozyme).

☒ **d.**

☒ **e.**

21 ☒ **a.**

☒ **b.**

❒ **c.** Il est non ambigu car un même codon ne peut coder que pour un seul acide aminé.

☒ **d.**

☒ **e.**

22 ❒ **a.** Dans le cytoplasme.

❒ **b.** L'activation se fait au niveau de la fonction acide carboxylique.

❒ **c.** Ce sont les aminoacyls-ARNt qui se fixent sur le ribosome, et non pas directement les acides aminés.

☒ **d.**

☒ **e.**

23 ☒ **a.**

❒ **b.** Très souvent, mais pas toujours.

☒ **c.** Même si certains auteurs préfèrent dire que c'est la petite sous unité qui se fixe sur l'ARNm.

❒ **d.** Il y a plus de codons que d'acides aminés.

❒ **e.** La queue de polyadénine n'est traduite que lors de la disparition éventuelle du codon stop.

Contrôle post-transcriptionnel 16

Plan

Cours

1. Contrôle de la durée de vie des ARNm
2. Protéines répresseurs
3. Contrôle des facteurs eIF 2
4. Cadres de lecture en amont

Synthèse

QCM

Corrigés des QCM

Objectifs

- Comprendre que tous les phénomènes touchant l'ARNm régulent la synthèse des protéines
- Connaître d'autres modes de régulation que le phénomène d'excision épissage de l'ARNm

Cours

Nous avons déjà abordé toutes les étapes de maturation de l'ARNm avec notamment le phénomène d'excision-épissage. Il existe cependant d'autres manières de contrôler la synthèse des protéines en agissant sur l'ARNm.

1. CONTRÔLE DE LA DURÉE DE VIE DES ARNm

Une autre voie de contrôle post-transcriptionnelle est de contrôler la durée de vie des ARNm, donc de contrôler leur dégradation qui peut se faire suivant deux modes :

- Reconnaissance de séquences dans l'extrémité de l'ARNm par des endonucléases qui enlèveront la queue poly A, entraînant la dégradation.
- Raccourcissement de la queue poly A (par une *poly A désadénylase*) qui en se bouclant avec la coiffe entraîne l'hydrolyse de cette dernière, puis une dégradation par des exonucléases $5' \rightarrow 3'$.

2. PROTÉINES RÉPRESSEURS

Les Eucaryotes utilisent une autre voie de contrôle des protéines en contrôlant la traduction. Des molécules répresseurs se fixeront en amont du côté 5′ de la séquence AUG pour inhiber la traduction de la protéine, et d'autres du côté 3′ en interférant avec la formation de la boucle entre la coiffe et la queue poly A nécessaire à une bonne traduction.

Synthèse de la ferritine

L'organisme humain contient en moyenne de 2 à 4 g de fer, indispensable notamment à la synthèse de l'hémoglobine.

L'ARNm qui est traduit en **ferritine**, protéine servant de réserve de fer, est inhibé par la présence de l'**aconitase** sur une séquence de 30 nucléotides située près de l'extrémité 5′. Cette séquence forme une structure particulière appelée **IRE** (*Iron Response Element*) du côté 5′ qui forme une boucle reconnue par l'aconitase.

Si le taux de fer cytosolique augmente, l'aconitase fixe les ions fer et se détache alors de l'ARNm, entraînant ainsi la traduction et la production de la ferritine.

On a remarqué que cette même aconitase contrôle de manière inverse une protéine de transport du fer, la **transferrine**. En l'absence de fer, elle se fixe sur l'ARNm du côté 3′ qui est traduit en transferrine, ce qui le stabilise et augmente donc la production de la protéine. N'ayant pas beaucoup de fer, il faut pouvoir capter le peu de fer présent.

Il s'agit donc cette fois d'un contrôle par instabilité.

3. CONTRÔLE DES FACTEURS EIF2

Ce facteur eIF2 est impliqué dans la fixation du premier ARNt-met dans la petite sous-unité du ribosome. On sait que cette fixation lors de l'étape d'initiation nécessite une molécule de GTP qui est en fait fixée à ce facteur eIF2.

Lorsque la molécule de GTP est hydrolysée en GDP, une protéine d'échange (en fait le facteur eIF-2B) permet de régénérer le complexe eIF2-GTP. Si une phosphorylation de eIF2 se produit, la liaison devient irréversible avec eIF-2B, qui n'est donc plus disponible pour intervenir dans l'initiation de la traduction avec un autre ribosome.

Synthèse de l'hémoglobine

L'hémoglobine est constituée par l'assemblage de quatre chaînes latérales protéiques et d'un noyau hème. Si le taux d'hèmes libres diminue dans l'organisme, une protéine kinase est mobilisée pour phosphoryler eIF2, ce qui bloque la traduction des chaînes latérales de l'hémoglobine. L'organisme synthétise donc moins de chaînes latérales, puisque disposant de moins d'hème, pour diminuer la synthèse de l'hémoglobine. On peut donc considérer que la baisse du taux d'hèmes libres est un signal d'arrêt de la synthèse des chaînes de l'hémoglobine.

4. CADRES DE LECTURE EN AMONT

Dans certains ARNm, il existerait des zones en amont du côté 5′ correspondant à des ORF différents de celui qui code la protéine normale. Ces ORF vont alors piéger les molécules de l'initiation puisque celles-ci vont se lier au niveau de ces ORF. Une petite traduction aura alors lieu, puis à la fin, la dissociation du ribosome se fera avant le véritable codon d'initiation AUG.

Synthèse

Je sais définir

- Protéines répresseurs.

Je connais

- Les phénomènes qui contrôlent la durée de vie des ARNm.

Je sais

- Lier les phénomènes de contrôle post-transcriptionnel aux contrôles de la traduction des ARNm.

Questions à choix multiples

1 Indiquez la (les) proposition(s) juste(s) concernant les ARNm des Eucaryotes.

❐ **a.** Les ARNm doivent sortir du noyau pour être traduits.

❐ **b.** La traduction se déroule donc dans le cytoplasme où les ribosomes sont toujours à l'état dissocié de petites et grandes sous-unités.

❐ **c.** Les signaux qui dirigent les protéines vers les différents compartiments cellulaires sont situés dans la zone entre le codon stop et la queue poly A.

❐ **d.** Une cellule humaine exprime en même temps un nombre réduit de gènes.

❐ **e.** Une cellule humaine exprime en même temps environ 50 % de ses gènes.

2 Indiquez la (les) proposition(s) juste(s) concernant les ARNm des Eucaryotes.

❐ **a.** Les ARNm ont des durées de vie variant de quelques heures à quelques minutes.

❐ **b.** Le réticulum endoplasmique permet la synthèse des protéines destinées à rester dans la cellule.

❐ **c.** La destruction d'un ARNm fait uniquement appel à des exonucléases $3' \rightarrow 5'$ ou $5' \rightarrow 3'$.

❐ **d.** Les ARNm codant pour des protéines de structure ont des durées de vie supérieures à celles des ARNm codant pour des protéines régulatrices.

❐ **e.** Des protéines répresseurs peuvent se fixer aux ARNm.

→

© Dunod – La photocopie non autorisée est un délit.

3 Indiquez la (les) proposition(s) juste(s) concernant le contrôle post-transcriptionnel des Eucaryotes.

❒ **a.** Les protéines répresseurs se fixent uniquement du côté 5′, en amont du codon AUG.
❒ **b.** Le fer en trop grande quantité peut se fixer sur l'ARNm codant pour la ferritine et ainsi bloquer la synthèse de cette protéine.
❒ **c.** Le facteur eIF2 possède une activité GTPasique.
❒ **d.** Une protéine d'échange permet la régénération de ce facteur eIF2 ainsi disponible pour une nouvelle traduction.
❒ **e.** Une phosphorylation du facteur eIF2 empêche la fixation de la protéine d'échange, ce qui empêche la régénération.

4 Parmi les affirmations relatives au contrôle post-transcriptionnel, relevez la (les) proposition(s) exacte(s).

❒ **a.** Les ARNm à demi-vie courte correspondent souvent à des protéines régulatrices.
❒ **b.** Le raccourcissement de la séquence PolyA est souvent l'une des voies de dégradation des ARNm.
❒ **c.** L'initiation de la traduction est généralement couplée au contrôle de la dégradation des ARNm.
❒ **d.** Les régions 5′UTR et 3′UTR des ARNm peuvent être reconnues par des répresseurs de la traduction.
❒ **e.** La baisse du taux d'hème disponible active la traduction des ARNm des chaînes de l'hémoglobine.

5 Parmi les propositions suivantes, retrouvez la (ou les) réponse(s) exacte(s).

❒ **a.** Tous les ARNm ont une demi-vie identique.
❒ **b.** Lorsque le taux de fer cytosolique est faible, l'aconitase bloque la traduction du gène de la ferritine.
❒ **c.** Les modifications post-traductionnelles modifient la structure des ARNm.
❒ **d.** Un cadre de lecture en amont correspond à un ORF « anormal ».
❒ **e.** Le contrôle de la transcription est également un contrôle de la traduction.

Corrigés

1 ☒ **a.** La machinerie de traduction se situant hors du noyau.
❐ **b.** Même si les ribosomes sont bien toujours dissociés, certaines protéines seront synthétisées dans le réticulum endoplasmique.
❐ **c.** Les signaux qui dirigent les protéines ne peuvent être dans l'ARNm, mais dans la protéine elle-même (du côté N-terminal).
❐ **d.** On considère qu'une cellule exprime en même temps de l'ordre de 10 000 gènes.
☒ **e.** Puisqu'on compte environ 25 000 gènes chez l'Homme.

2 ☒ **a.**
❐ **b.** Le réticulum synthétise au contraire les protéines destinées à être exprimées à la surface externe de la cellule, ou encore à être sécrétées.
❐ **c.** Il peut également y avoir des endonucléases pour hydrolyser la queue poly A, et permettre ainsi l'action des exonucléases.
☒ **d.**
☒ **e.**

3 ❐ **a.** Certains répresseurs se fixent du côté 3′.
❐ **b.** Le fer n'a aucun moyen de se fixer sur cet ARN, et de plus, lorsque sa concentration est importante, la synthèse de la ferritine doit être activée.
☒ **c.**
☒ **d.**
❐ **e.** La phosphorylation du facteur eIF-2 fixe de manière presque irréversible la protéine d'échange à ce facteur. Elle ne l'empêche pas de se fixer.

4 ☒ **a.**
☒ **b.**
☒ **c.**
☒ **d.**
❐ **e.** C'est le contraire.

5 ❐ **a.** Ceux correspondants à des protéines régulatrices ont des demi-vies faibles, ceux correspondants à des protéines de structure ont des demi-vies longues.
☒ **b.**
❐ **c.** Ces modifications touchent les protéines.
☒ **d.**
☒ **e.** Puisque la transcription précède la traduction.

© Dunod – La photocopie non autorisée est un délit.

17 Contrôle post-traductionnel des protéines

Plan

Cours

1. Clivage de la chaîne peptidique :
   - Élimination de la méthionine
   - Clivage d'un précurseur
2. Modifications chimiques permanentes :
   - Addition de lipides
   - Addition de sucres
3. Modifications chimiques réversibles :
   - Phosphorylation
   - Acétylation
   - Méthylation
4. Dégradation des protéines :
   - Les lysosomes
   - Voie calcium dépendante
   - Voie de l'ubiquitine

Synthèse

QCM

Corrigés des QCM

Objectifs

- Comprendre qu'une protéine subit toute une série de modifications à l'issue de sa traduction
- Connaître les différentes modifications possibles
- Savoir qu'une protéine a une durée de vie limitée
- Connaître les processus de dégradation des protéines

Cours

Après la traduction, un certain nombre de modifications toucheront la protéine, notamment chez les Eucaryotes.

Ces modifications vont toucher la structure primaire de la protéine, c'est-à-dire l'enchaînement de ses acides aminés, en les modifiant chimiquement *in situ*.

Un autre aspect du contrôle post-traductionnel est bien évidemment le contrôle de la dégradation, donc de la durée de vie, des protéines.

1. CLIVAGE DE LA CHAÎNE PEPTIDIQUE

1.1. Élimination de la méthionine

Nous avions vu que le codon initiateur AUG code une méthionine, qui devrait donc être le premier acide aminé du côté N-terminal pour les protéines. Or, très peu de protéines commencent par la méthionine. Celle-ci doit donc être éliminée.

Cas des Procaryotes

Chez les Procaryotes, le codon initiateur code une N-formyl méthionine, qui n'est en général pas éliminée mais déformylée. La plupart des protéines bactériennes commencent ainsi par une méthionine.

Cette différence entre Procaryotes et Eucaryotes est délicate car elle peut entraîner des confusions. En effet, il ne faut pas confondre les protéines procaryotiques qui commencent pour la plupart par une méthionine, et celles des Eucaryotes qui n'ont pas cette méthionine, sauf pendant une période assez courte avant son élimination.

1.2. Clivage d'un précurseur

Il existe de nombreux exemples de protéines synthétisées sous la forme d'un précurseur inactif de grande taille qui doit donc être clivé pour libérer une protéine active. Ce processus permet à la cellule de ne pas être activée (voire détruite) par la protéine qui vient d'être traduite puisque cette dernière est inactive.

Exemple : synthèse de l'insuline

L'insuline constituée de deux chaînes A et B reliées par des ponts disulfure (Fig. 17.1), est d'abord synthétisée sous la forme de pré-pro-insuline (chaîne unique avec 33 AA représentant le peptide de connexion, entre l'extrémité Ct de B et l'extrémité Nt de A) qui commence par l'extrémité N-terminale de B. Cette pré-pro-insuline est alors sécrétée à l'extérieur de la cellule sous la forme de la pro-insuline après un premier clivage, puis l'action de peptidases spécifiques qui reconnaissent les AA basiques va entraîner la libération de trois chaînes A, B et C ; A et B sont oxydées, et C n'a pas de rôle physiologique dans la régulation de la glycémie.

© Dunod – La photocopie non autorisée est un délit.

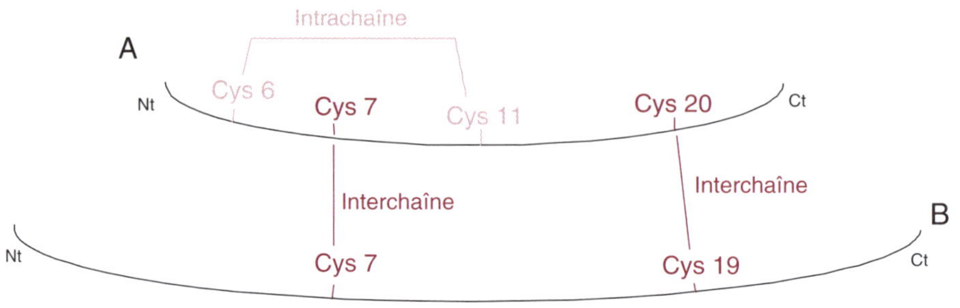

Figure 17.1 Structure de l'insuline.

2. MODIFICATIONS CHIMIQUES PERMANENTES

2.1. Addition de lipides

Il va y avoir rattachement de la protéine à un lipide. Le type de liaison va dépendre de la protéine, du résidu d'acide aminé engagé dans la liaison et du lipide.

On peut ainsi citer quelques cas :

- L'acide myristique, pour les protéines SRC, qui est lié par une liaison amide avec le résidu amine du côté N-terminal de la protéine (Fig. 17.2).

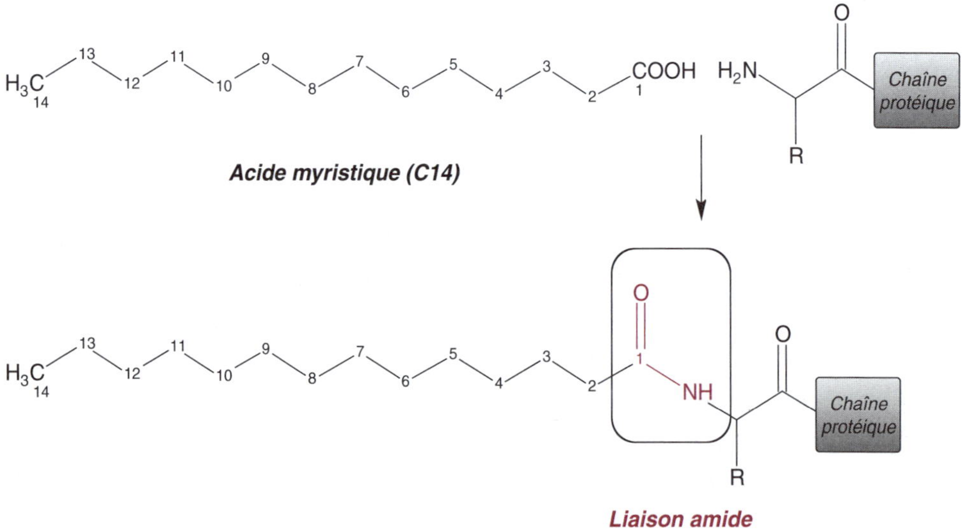

Figure 17.2 Formation de la liaison amide entre la fonction acide carboxylique de l'acide myristique et la fonction amine de la protéine.

- L'acide palmitique, pour la protéine RAS, avec la formation d'une liaison thioester avec un résidu de cystéine (Fig. 17.3).

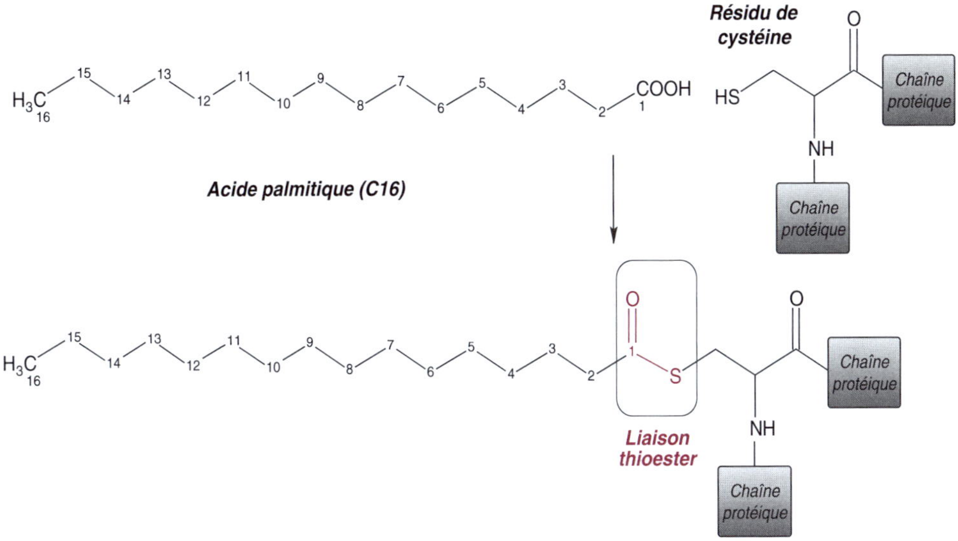

Figure 17.3 Formation de la liaison thioester entre la fonction acide carboxylique de l'acide palmitique et la fonction thiol d'un résidu de cystéine de la chaîne protéique.

Ces modifications permettent à ces protéines d'être fixées sur la membrane interne de la cellule (protéines intramembranaires).

Ces protéines sont codées par des proto-oncogènes, gènes qui peuvent donc engendrer, après des modifications, des protéines oncogènes comme le sont les protéines RAS et SRC.

Une protéine oncogène correspond à une protéine impliquée dans le développement et la différenciation cellulaire.

2.2. Addition de sucres

L'addition de sucres peut se faire suivant une N ou une O-glycosilation. Les composés formés seront donc des glycoprotéines qui jouent des rôles très importants pour l'organisme. Elles sont en effet responsables de la reconnaissance antigène-anticorps, donc de la détermination du soi et du non-soi, en étant les marqueurs cellulaires de surface.

- N-glycosilation entre des résidus d'asparagine (porteur d'une fonction amine libre) de la protéine et des fonctions alcools du sucre (Fig. 17.4).

© Dunod – La photocopie non autorisée est un délit.

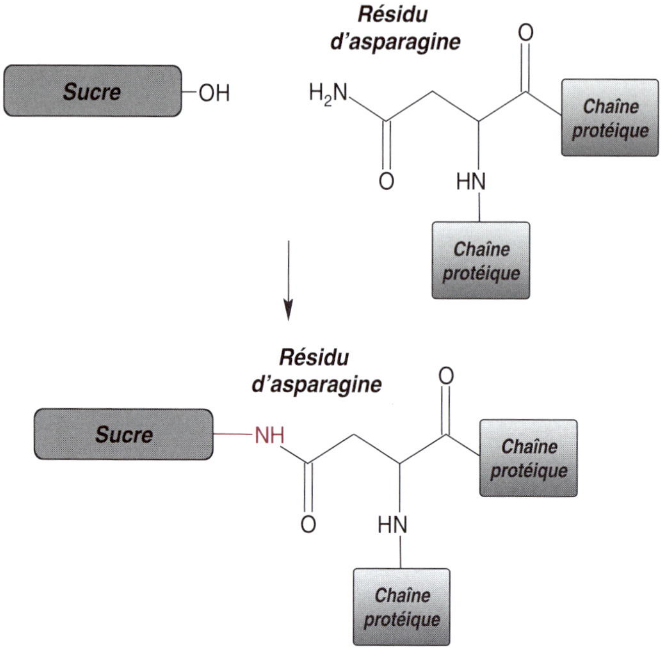

Figure 17.4 Formation de la liaison N-glycosidique entre un polysaccharide et un résidu d'asparagine de la chaîne peptidique.

- O-glycosilation entre la fonction hydroxyle OH d'un résidu de sérine ou de thréonine et une des fonctions alcools du sucre (Fig. 17.5).

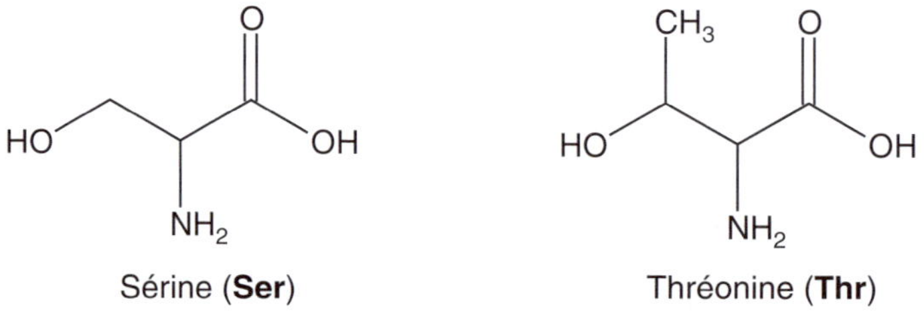

Figure 17.5 Structure de la sérine et de la thréonine.

3. MODIFICATIONS CHIMIQUES RÉVERSIBLES

3.1. Phosphorylation

Cette phosphorylation se produit principalement avec une fonction hydroxyle d'un résidu de sérine, thréonine ou tyrosine sous l'action d'une kinase qui transfère le groupe phosphate d'une molécule d'ATP, qui elle se transforme en ADP.

3.2. Acétylation

Cette modification touche des fonctions amine. Il faut donc des fonctions libres, alors que la plupart de ces fonctions sont engagées dans la liaison peptidique avec les autres acides aminés. C'est donc soit le groupe N-terminal qui est touché, soit la chaîne latérale d'un résidu d'acide aminé porteur de cette fonction dans sa chaîne latérale (lysine, arginine…). Le donneur de groupement acétique sera l'acétyl-CoA.

3.3. Méthylation

La méthylation est beaucoup moins sélective et peut s'opérer sur des résidus divers.

Toutes ces modifications ont été rencontrées au niveau des protéines histones. Il faudra donc faire le lien entre ce chapitre, celui sur les histones et celui sur le contrôle de la compaction de la chromatine.

4. DÉGRADATION DES PROTÉINES

Les protéines ont des durées de vie très variables (de quelques minutes à plusieurs semaines) ce qui permet à la cellule de réguler le nombre de protéines en fonction de leur utilité et de leur nature. On peut ainsi passer de l'hémoglobine dont la durée de vie est de plusieurs semaines à des enzymes dont les durées de vie sont beaucoup plus courtes. L'intérêt est ainsi de contrôler de manière simple l'action de ces protéines, puisque l'on remarque que les enzymes à but de régulation sont les moins stables dans le temps, au contraire des protéines structurelles qui ont les durées de vie les plus grandes.

L'autre intérêt de cette protéolyse est de fournir un grand nombre d'acides aminés pour les futures synthèses.

N'oubliez pas que cette remarque relie ce chapitre à celui concernant la voie de synthèse des nucléotides par récupération.

La cellule dispose ainsi de systèmes de dégradation différents :

4.1. Les lysosomes

Il s'agit d'organites cellulaires remplis d'enzymes (les hydrolases) capables d'hydrolyser toutes sortes de composés, dont les liaisons peptidiques des protéines. Ces enzymes sont aussi appelées cathepsines. Il s'agit de véritables organites de destruction dans la cellule impliqués dans des phénomènes très variés. Le pH de fonctionnement de ces enzymes (4-5) les rend inactives au pH cytoplasmique (proche de 7,5). Ceci permet d'éviter, en cas d'expulsion accidentelle de ces enzymes dans le cytoplasme,

© Dunod – La photocopie non autorisée est un délit.

qu'elles ne dégradent les structures internes de la cellule, ce qui aurait des conséquences désastreuses pour cette dernière (Fig. 17.6).

Les lysosomes dégradent tous les types de protéines sans distinction, et on parle donc de système de dégradation non spécifique, mais dans des cas particuliers, la dégradation effectuée par les lysosomes peut être spécifique. C'est notamment le cas lors d'une carence nutritionnelle, ou lors de la reconnaissance de la séquence protéique KFERQ (Gly-Phe-Glu-Arg-Gln).

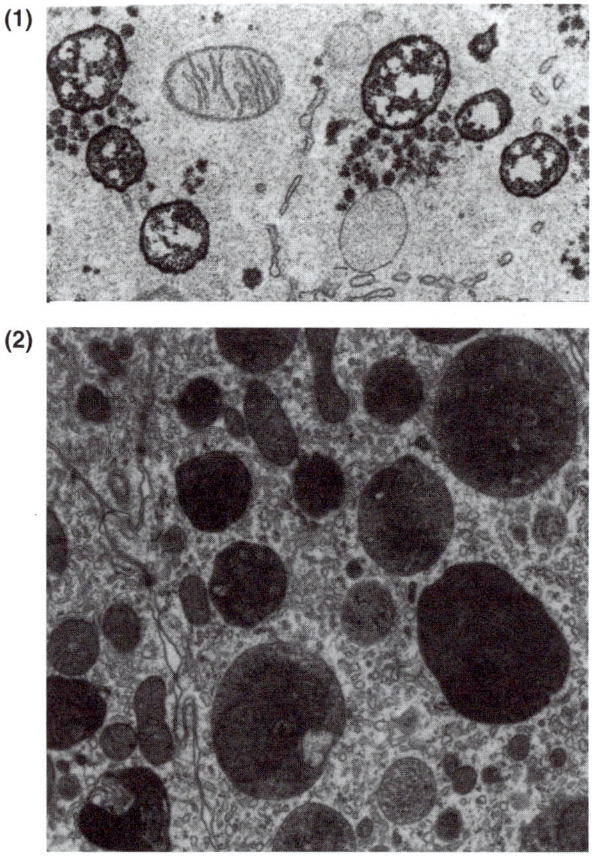

Figure 17.6 Lysosomes observés en microscopie électronique.

(1) Détection cytoenzymologique de la phosphatase acide dans un filament de Champignon (× 18 000). **(2)** Lysosomes présents dans les entérocytes des larves d'Amphibien en cours de métamorphose (× 12 000). (Clichés Labo BV et J. Hourdry, Orsay).
Avec l'aimable autorisation de J.-C. Callen, « Biologie cellulaire », Dunod, 2005.

4.2. Voie calcium dépendante

Cette voie implique des enzymes appelées calpaïnes dont l'activité est fonction de la concentration en ions calcium. Ces enzymes fonctionnent à un pH neutre, et sont spécialisées dans la dégradation des protéines du cytosquelette porteuses des séquences PEST (Pro-Glu-Ser-Thr).

4.3. Voie de l'ubiquitine

L'ubiquitine est une petite protéine de 76 acides aminés qui va servir à marquer les protéines en s'y fixant de manière covalente, ce qui nécessite plusieurs enzymes :

- Enzyme E1 qui active l'ubiquitine grâce à l'ATP (Fig. 17.7)

$$Ub - COOH + E1 - SH + ATP \rightarrow Ub - CO - S - E1 + AMP + PPi$$

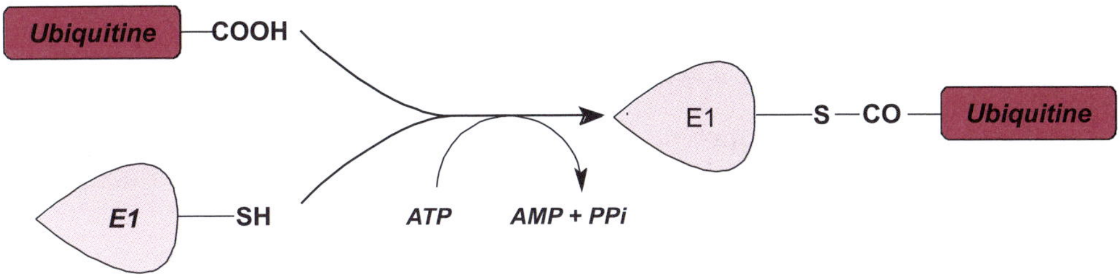

Figure 17.7 Action de l'enzyme E1 sur l'ubiquitine.

- Enzyme E2 qui catalyse la liaison avec la protéine substrat et sur laquelle l'ubiquitine va être transférée (Fig. 17.8)

$$Ub - CO - S - E1 + E2 \rightarrow Ub - CO - S - E2 + E1 - SH$$

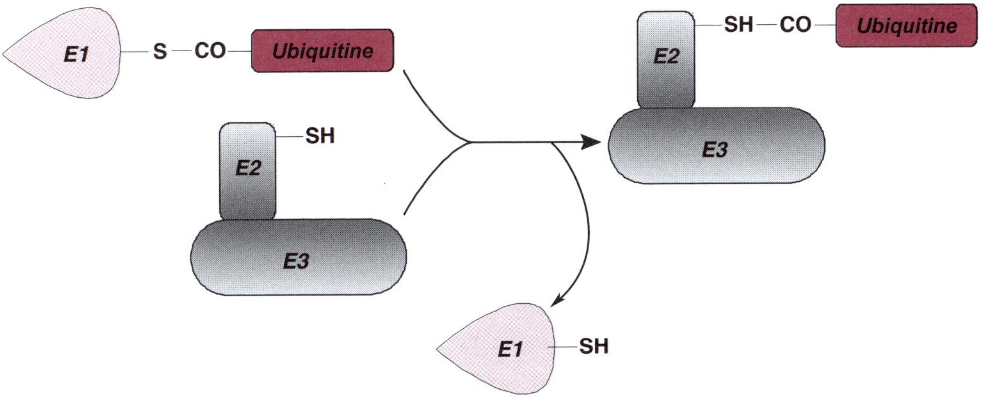

Figure 17.8 Transfert de l'ubiquitine sur le complexe E2-E3.

- Enzyme E3 qui permet le transfert de l'ubiquitine sur la protéine substrat (Fig. 17.9)

$$Ub - CO - S - E2 + \mathrm{Pr}ot - Lys - NH_2 \rightarrow E2 - SH + \mathrm{Pr}ot - Lys - NH - CO - Ub$$

© Dunod – La photocopie non autorisée est un délit.

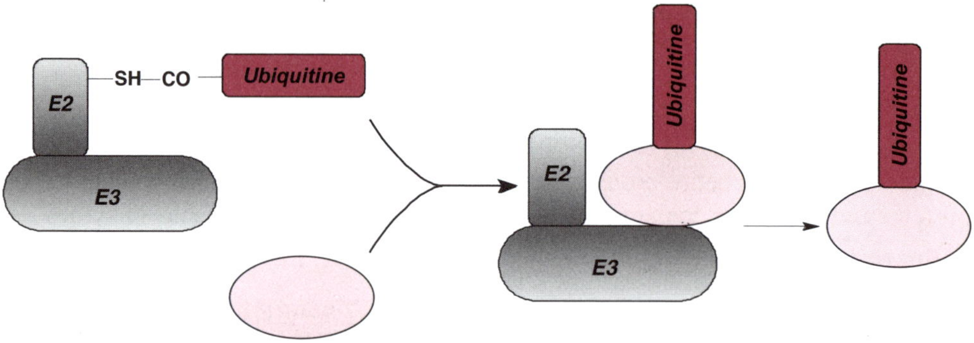

Figure 17.9 Marquage de la protéine par l'ubiquitine.

Il peut donc y avoir la formation de complexes multi-ubiquitinés grâce aux différents résidus de lysine présents, mais également par la formation de chaînes d'ubiquitine liées entre elles.

La protéine ainsi marquée va interagir avec un complexe multicatalytique protéique appelé protéasome (20S) constitué d'une vingtaine de sous-unités arrangées en un cylindre creux renfermant cinq activités peptidasiques. La dégradation aura alors lieu au sein du cylindre.

On peut cependant se demander quels seront les signaux présents dans la protéine pour entraîner son ubiquitination et donc sa dégradation.

Il semble que ce soit l'acide aminé en position N-terminale qui donne ce signal (règle dite du N-terminal) :

- présence d'acides aminés déstabilisants (FLDKRYQ) pour les protéines de courte demi-vie (inférieure à 10 minutes) ;
- présence d'acides aminés stabilisants (MSATVG) pour les protéines de longue demi-vie.

Synthèse

Je sais définir	Je connais
• Lysosome ; • Ubiquitine.	• Les modifications subies par les protéines ; • Le rôle de ces modifications pour les protéines ; • Les voies de dégradation des protéines dans la cellule.

Je sais

- Analyser le but et les mécanismes des modifications chimiques subies par les protéines ;
- Lier ces modifications à celles déjà rencontrées concernant les histones.

Questions à choix multiples

1 Indiquez la (les) proposition(s) juste(s) concernant le contrôle post-traductionnel.

❒ **a.** La plupart des protéines humaines commencent par une méthionine du côté N-terminal.
❒ **b.** La plupart des protéines des Procaryotes commencent par une N-formyl méthionine.
❒ **c.** Certaines protéines sont synthétisées sous la forme d'un précurseur.
❒ **d.** Quelques protéines ont besoin d'être hydrolysées pour devenir actives.
❒ **e.** Les acides aminés des protéines peuvent subir l'action d'autres protéines pour être modifiés.

2 Indiquez la (les) proposition(s) juste(s) concernant le contrôle post-traductionnel.

❒ **a.** La liaison de protéines à des lipides leur permet de traverser la membrane plasmique.
❒ **b.** L'acide myristique se lie avec le groupement thiol d'une cystéine pour former une liaison thioéther.
❒ **c.** La liaison avec les sucres est une O ou une N-glycosylation.
❒ **d.** L'acétylation peut toucher la fonction amine de la plupart des acides aminés de la protéine.
❒ **e.** La méthylation est peu spécifique.

3 Indiquez la (les) proposition(s) juste(s) parmi les suivantes.

❒ **a.** Les modifications chimiques des protéines peuvent avoir un effet sur la compaction de l'ADN.
❒ **b.** Certaines modifications chimiques sont irréversibles.
❒ **c.** Certaines modifications chimiques sont réversibles.
❒ **d.** La protéolyse peut se faire suivant plusieurs modes.
❒ **e.** Les enzymes contenues dans les lysosomes ne peuvent hydrolyser que les protéines.

4 Indiquez la (les) proposition(s) juste(s) concernant la dégradation des protéines.

❒ **a.** Les enzymes des lysosomes sont actives au pH cytoplasmique.
❒ **b.** La dégradation par les lysosomes est toujours non spécifique.
❒ **c.** Certaines séquences présentes dans les protéines orientent vers une voie de dégradation plutôt qu'une autre.
❒ **d.** La protéolyse permet de réguler le taux de protéines intracellulaires.
❒ **e.** La durée de vie d'une protéine dépend de sa nature.

5 Indiquez la (les) proposition(s) juste(s) concernant le système de l'ubiquitine.

❒ **a.** L'ubiquitine est une protéine qui contient 76 AA.
❒ **b.** La fixation de l'ubiquitine à une protéine la protège de l'attaque des enzymes.

→

© Dunod – La photocopie non autorisée est un délit.

❐ **c.** Trois enzymes successives sont nécessaires à la fixation de cette ubiquitine sur une protéine.
❐ **d.** Des séquences d'AA réparties dans la protéine donnent le signal de l'ubiquitination.
❐ **e.** Le protéasome permet la fixation de l'ubiquitine à la protéine qui doit être dégradée.

6 Parmi les mécanismes du contrôle post-traductionnel, relevez la (ou les) proposition(s) exacte(s).

❐ **a.** Les lysosomes participent aux mécanismes non sélectifs de dégradation des protéines.
❐ **b.** La phosphorylation affecte exclusivement l'hydroxyle de la chaîne latérale de la sérine.
❐ **c.** La voie de l'ubiquitine est un mécanisme de dégradation cytosolique des protéines.
❐ **d.** Une protéine ubiquitinylée est dégradée selon un processus ATP-dépendant.
❐ **e.** Les protéines possédant une alanine en N-ter ont une demi-vie longue.

7 Parmi les différentes possibilités d'activation des protéines, relevez la (les) proposition(s) exacte(s).

❐ **a.** Liaison d'un récepteur à son ligand.
❐ **b.** Dimérisation.
❐ **c.** Clivage protéolytique d'un précurseur.
❐ **d.** Hydrolyse lysosomiale totale.
❐ **e.** Phosphorylation.

8 Parmi les propositions suivantes, laquelle (ou lesquelles) est (sont) exacte(s).

❐ **a.** La myristoylation des protéines est une modification post-traductionnelle.
❐ **b.** La voie de l'ubiquitine-protéasome est un système de dégradation des protéines.
❐ **c.** Les cathepsines sont des hydrolases lysosomiales.
❐ **d.** Les protéines dont l'acide aminé N-terminal est une sérine ont généralement une demi-vie longue.

Corrigés

1 ❐ **a.** La plupart des protéines vont perdre leur méthionine.
❐ **b.** La plupart des protéines des Procaryotes ont vu leur N-formyl méthionine être déformylée, et donc commencent par une méthionine.
☒ **c.**
☒ **d.** C'est le cas justement des précurseurs qui en étant clivés donnent des protéines actives.
☒ **e.** Certains AA vont être modifiés chimiquement par des enzymes, qui sont elles-mêmes des protéines.

2 ❐ **a.** Cette liaison leur permet au contraire de s'ancrer dans cette membrane.
❐ **b.** Cette liaison s'opère avec l'acide palmitique.
☒ **c.**
❐ **d.** La plupart des AA ont engagé leur seule fonction amine dans la liaison peptidique avec les autres AA de la chaîne protéique.
☒ **e.** Elle peut toucher un grand nombre d'AA différents.

3 ☒ **a.** Si les protéines qui subissent ces modifications sont des histones.
☒ **b.**
☒ **c.**
☒ **d.**
❐ **e.** Les enzymes sont des hydrolases qui peuvent attaquer toutes sortes de composés, dont des protéines.

4 ❐ **a.** Leur pH d'activité est de 4 à 5.
❐ **b.** Dans certains cas rares, cette dégradation peut devenir spécifique.
☒ **c.**
☒ **d.**
☒ **e.**

5 ☒ **a.**
❐ **b.** Au contraire, la fixation de l'ubiquitine est un signal de dégradation de la protéine.
☒ **c.**
❐ **d.** Le signal est donné par l'AA en position N-terminale.
❐ **e.** Le protéasome reconnaît la protéine ubiquitinilée pour la dégrader.

6 ☒ **a.** Même si on sait que dans des cas particuliers, cette dégradation peut être sélective, la majorité du temps elle ne l'est pas.
❐ **b.** Tout AA possédant un hydroxyle OH dans sa chaîne latérale peut subir cette phosphorylation.
☒ **c.** Le protéasome se situe exclusivement dans le cytoplasme de la cellule.
☒ **d.**
☒ **e.** Les protéines possédant un AA de la série SAMTGV ont une durée de vie longue.

7 ☒ **a.**
☒ **b.** Lorsque la protéine interagit avec une autre protéine.
☒ **c.**
❐ **d.** L'hydrolyse va détruire la protéine, donc l'inactiver.
☒ **e.**

8 ☒ **a.**
☒ **b.**
☒ **c.**
☒ **d.**

© Dunod – La photocopie non autorisée est un délit.

18 Pathologies lors de l'expression des gènes

Plan

Objectifs

- Connaître les principales pathologies d'origine génétique
- Savoir lier ces pathologies aux différents chapitres précédemment étudiés

Cours

Les différentes pathologies présentées ci-après vont permettre d'illustrer les désordres causés par des « problèmes » dans les systèmes d'expression des gènes. La liste de ces pathologies n'est évidemment pas exhaustive.

1. SYNDROME DE RETT

Ce syndrome décrit pour la première fois en 1966 par le professeur Rett, n'est bien connu que depuis les années 1980. Il n'affecte que les filles (1/15 000) en provoquant de graves désordres neurologiques entraînant un lourd handicap mental, mais également une infirmité motrice évolutive.

Le gène muté se situe sur le chromosome X, le gène *mecp2 (Méthyl CpG binding protein 2)*, qui code une protéine reconnaissant les zones méthylées de l'ADN avec le recrutement d'histones désacétylases. Lorsque les histones vont être désacétylées, la chromatine va se condenser et entraîner la diminution de la transcription des gènes et donc de la traduction en protéines. Une mutation de cette protéine perturbe donc ce système de répression de l'expression des gènes.

Cette mutation entraîne donc une surexpression des gènes perturbant notamment le système nerveux central.

2. SYNDROME HNPCC

Nous avons déjà parlé de ce syndrome dans le cadre des pathologies liées aux déficiences des gènes impliqués dans les systèmes de réparation de l'ADN *(cf. chap. 8, Lésions et corrections de l'ADN)*.

3. DYSTROPHIE MYOTONIQUE CONGÉNITALE (DITE DE STEINERT)

Il s'agit d'une maladie autosomique dominante qui associe une dystrophie musculaire avec une myotonie et des anomalies d'organes (œil, système cardio-vasculaire, muscles…).

Le gène impliqué situé sur le chromosome 19 et appelé CMPK codant pour la protéine MPK *(Myotonin protein kinase)* possède une répétition anormale d'un triplet CTG. Ce triplet entraîne la formation d'un ARNm mutant possédant la répétition d'un triplet CUG, ce qui inhiberait l'action de protéines impliquées dans les phénomènes de maturation de l'ARNm et de son épissage. De plus, cette anomalie entraînerait la non-migration de cet ARNm vers le cytoplasme, et donc son accumulation anormale dans le noyau.

4. PHÉNYLCÉTONURIE (PCU)

Cette maladie autosomique récessive touche environ un individu sur 15 000. Elle est due au déficit enzymatique de la *phénylalanine hydroxylase* (PAH), enzyme qui permet la transformation de la phénylalanine en tyrosine. L'accumulation de cette phénylalanine entraîne alors des troubles comportementaux, des retards mentaux, des psychoses, des spasmes…

Les mutations très nombreuses (plus de 200 cas) affectent donc le gène qui code la structure de l'enzyme, ou dans des cas plus rares de son cofacteur (la BH4). Le nombre très différent de conséquences de cette maladie en fonction des individus, y compris dans une même fratrie, fait penser que plusieurs gènes peuvent être impliqués.

© Dunod – La photocopie non autorisée est un délit.

5. DRÉPANOCYTOSE

Cette maladie est une anémie falciforme touchant les globules rouges par formation d'une hémoglobine anormale (dite hémoglobine S, *cf. Biochimie, chap. 21, Dunod, 2005*). Elle est autosomique récessive, et touche notamment les populations africaines et sud-américaines.

La maladie est due à une mutation dans le gène codant pour la chaîne bêta de la globine, où une adénine est remplacée par une thymine, ce qui entraîne la substitution dans la chaîne protéique d'une valine par un acide glutamique. L'hémoglobine conserve ainsi toutes ses propriétés de fixation et de transport du dioxygène, mais elle acquiert malheureusement en plus celle de former des agrégats qui déformeront le globule rouge en faucille.

6. MYOPATHIE DE DUCHENNE

Il s'agit d'une forme de dystrophie musculaire progressive et généralisée, dont la transmission est récessive. Elle se caractérise par une atrophie des muscles, une faiblesse musculaire, un retard à la marche… Le gène muté étant situé sur le chromosome X, seuls les garçons seront atteints (1 garçon sur 3 500), et les femmes seront porteuses saines.

Le gène concerné appelé DMD code une protéine, la dystrophine, impliquée dans le cytosquelette de la fibre musculaire. Sans cette protéine, les fibres musculaires ne peuvent plus résister aux forces exercées lors de la contraction, et elles finissent par dégénérer.

L'ARNm transcrit à partir du gène muté est très instable, et ne permet apparemment pas la traduction en une protéine fonctionnelle.

7. MALADIE DE PARKINSON

Cette maladie peut être due à un grand nombre de causes ; nous nous concentrerons ici sur une forme particulière de cette maladie due à une transmission autosomique récessive.

Le gène identifié se situe sur le chromosome 6 et code une protéine, la parkine. Une analyse séquentielle de cette protéine a montré que l'un de ses domaines possède une séquence très proche de celle de E3-ubiquitine ligase qui intervient dans le processus d'ubiquitinylation. Il y aura donc un défaut dans la dégradation de certaines protéines qui auraient été dégradées par le système ubiquitine/protéasome.

Synthèse

Je sais définir

- Syndrome de Rett
- Syndrome HNPCC
- Dystrophie myotonique congénitale
- Phénylcétonurie
- Drépanocytose
- Myopathie de Duchenne
- Maladie de Parkinson

Je connais

- Différentes pathologies et maladies génétiques ;
- Les causes de ces pathologies et leurs conséquences.

Je sais

- Lier certaines pathologies à l'ensemble des notions rencontrées en biologie moléculaire, tant pour les causes que pour les diagnostics.

Questions à choix multiples

Dans la liste suivante, retrouvez la (ou les) proposition(s) exacte(s).

❐ **a.** Le syndrome de Rett se caractérise par une anomalie de répression de la transcription.

❐ **b.** Une anomalie de trafic des ARNm est observée dans la dystrophie myotonique.

❐ **c.** La phénylcétonurie est un exemple de maladie génétique due à un gain de fonction d'une enzyme, la phénylalanine hydroxylase.

❐ **d.** Des cancers du colon héréditaires sans polypose (syndrome HNPCC) sont dus à des mutations de gènes impliqués dans le système de correction des mésappariements (système MMR).

❐ **e.** La myopathie de Duchenne se caractérise le plus souvent par une absence d'une protéine, la dystrophine, dans le muscle.

© Dunod – La photocopie non autorisée est un délit.

Corrigés

- ☒ **a.** La mutation touche une protéine qui est impliquée dans la régulation de l'expression des gènes.
- ☒ **b.**
- ☐ **c.** Il s'agit au contraire d'une maladie due au déficit de cette enzyme.
- ☒ **d.** *Cf. chap. 8, Lésions et corrections.*
- ☒ **e.** Cette question est problématique car certains auteurs disent que la protéine n'est pas présente, d'autres que cette protéine est présente mais non fonctionnelle.

Annexes

Les phages 1

Les **phages**, ou **bactériophages**, sont des virus bactériens, c'est-à-dire des entités capables d'injecter leur matériel génétique dans une cellule procaryote pour s'y développer à ses dépens. Les phages les plus connus, et surtout les plus utilisés comme vecteurs de clonage, sont les phages lambda et M13.

A1.1 LE PHAGE LAMBDA λ

Morphologiquement, le phage observé en microscopie électronique laisse apparaître deux parties distinctes (Fig. A1.1) :

- La tête, formée de protéines et renfermant le matériel génétique du phage.
- La queue, formée elle aussi de protéines qui sert à la fixation du phage sur la membrane de la bactérie.

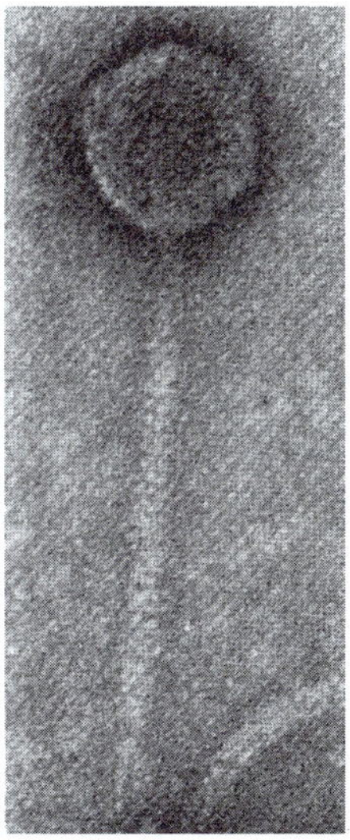

Figure A1.1 Photographie du phage lambda (cliché C. Gordon).
Avec l'aimable autorisation de J.-C. Callen, « Biologie cellulaire », Dunod, 2005.

Génome

L'ADN du phage lambda est linéaire et bicaténaire, et représente 48,5 kb.

Les extrémités 5′ des deux brins sont plus longues d'environ 12 nucléotides, et sont complémentaires l'une avec l'autre. On les nomme donc extrémités cohésives, et on les annote cos L et cos R *(Left et Right)* (Fig. A1.2).

Il est donc tout à fait possible à ces deux extrémités de s'apparier et de former ainsi un ADN circulaire bicaténaire.

cos L

5′ GGGCGGCGACCT ———————————————— 3′

3′ ————————————————AGGTCGCCGCCC 5′

cos R

Figure A1.2 Extrémités cohésives du génome du phage λ.

Infection de la cellule bactérienne

Lorsque l'infection se produit sur *Escherichia coli*, le phage utilise pour se fixer des récepteurs membranaires qui servent au transport du maltose de l'extérieur vers l'intérieur de la bactérie (récepteurs de la famille des maltoporines, codés par le gène bactérien *lamB*). Ces récepteurs étant induit par la présence de maltose (et réprimés par le glucose) dans le milieu extérieur, il suffit de cultiver la colonie bactérienne dans un milieu riche en maltose et en ions Mg^{2+}. Une fois le phage fixé sur la membrane bactérienne, celui-ci injecte son matériel génétique dans le cytoplasme (Fig. A1.3).

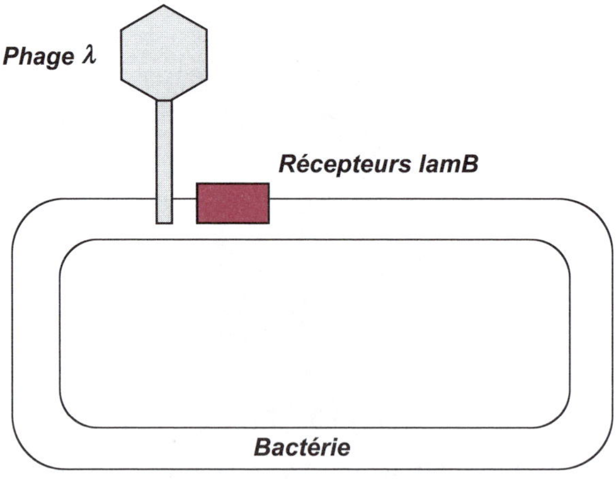

Figure A1.3 Infection de la bactérie par le phage.

Il se produit alors une cyclisation de l'ADN du phage qui nécessite l'intervention d'une ligase bactérienne. Le phage peut alors choisir entre deux modes : la multiplication lytique ou lysogénique.

Cycle lytique

Lorsque le phage lambda est utilisé comme vecteur de clonage, c'est ce cycle qui nous intéresse car il entraîne la production d'un grand nombre de nouveaux phages qui vont à leur tour infecter d'autres bactéries, et ainsi de suite.

La réplication commence comme pour tout ADN circulaire par une fourche de réplication classique, puis il y a assemblage bout à bout de plusieurs ADN linéaires, formant une structure appelée concatémères.

On trouve dans le génome du phage des gènes codant pour les protéines de la tête et de la queue, mais également pour une protéine A qui va cliver les concatémères en unités uniques de génome en reconnaissant les extrémités cos. Ceci permettra à chaque ADN linéaire d'être encapsulé dans la tête de chaque phage, ce qui formera des phages matures.

Lorsque le cytoplasme contient environ 200 phages lambda, il y a lyse de la cellule bactérienne et libération de ces phages.

Cycle lysogénique

Il ne s'agit plus ici de lyser la cellule hôte, mais d'intégrer l'ADN viral à celui de la bactérie. Il semble que dans ce cycle lysogénique, des protéines répresseurs codées par le gène *cI* soient impliquées, et bloque la transcription des gènes du cycle lytique qui codent notamment pour les protéines de la tête et de la queue.

Il existe dans l'ADN de la bactérie et dans celui du phage lambda une courte séquence commune appelée *att* qui permet l'intégration de l'ADN phagique. Cet ADN sera alors répliqué en même temps que l'ADN bactérien, et sera donc transmis aux cellules filles.

Modifications du phage λ

L'utilisation du phage λ non modifié (sauvage) présenterait des problèmes puisque ce phage possède plusieurs sites de restriction pour des enzymes identiques. L'insertion de l'ADN d'intérêt se ferait alors de manière aléatoire, ce qui n'est pas possible. De plus, cet ADN contient près de 60 gènes, ce qui le rend trop complexe pour une utilisation comme vecteur de clonage, et trop grand pour y insérer l'ADN d'intérêt.

© Dunod – La photocopie non autorisée est un délit.

On va donc procéder à une modification du génome du phage λ pour le rendre compatible avec un ADN étranger. Il faut en effet savoir que près d'un tiers du génome du phage n'est pas utile pour le cycle lytique, et peut donc être enlevé (Fig. A1.4).

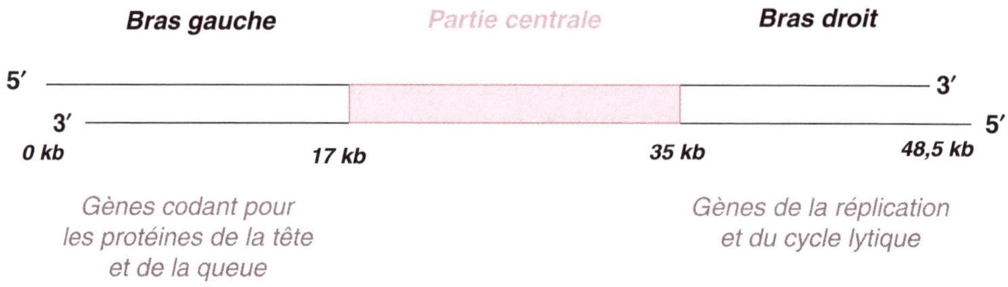

Figure A1.4 Schéma simplifié du génome du phage λ.

Sélection des phages recombinés

Lors de l'opération de recombinaison, le rendement étant loin de 100 %, une bonne partie des phages n'a pas intégré l'ADN d'intérêt, et n'est donc pas utile en tant que vecteur de clonage. Il faut donc pouvoir sélectionner les bons vecteurs. C'est pourquoi l'on insère souvent dans l'ADN du phage un gène codant pour la β-galactosidase. Si ce vecteur intègre un ADN d'intérêt, la β-galactosidase ne sera donc plus fonctionnelle.

En résumé, on infecte des bactéries de souche *lac*(–), donc incapables naturellement de synthétiser la β-galactosidase, par des vecteurs. Si le vecteur a intégré un ADN d'intérêt, le développement sur un milieu adapté donne des plages de lyse blanches, bleues si il n'y a pas eu d'intégration d'ADN étranger.

Le principe est le suivant : on cultive la bactérie dans un milieu contenant de l'IPTG et du X-Gal. Ce X-Gal est un β-galactoside qui peut être hydrolysé par la β-galactosidase, mais au lieu de libérer du galactose et du glucose, comme dans le cas de l'hydrolyse du lactose, il libère du galactose et une substance X (5-bromo-4-chloro-3-hydroxyindole) qui est colorée en bleu (Fig. A1.5). La présence de plages bleues indique donc une β-galactosidase active, donc une cellule ayant intégré un vecteur dépourvu d'ADN d'intérêt. Au contraire, la présence de plages blanches indiquera des bactéries ayant intégré un vecteur contenant l'ADN d'intérêt. La sélection se fait donc simplement par coloration adéquate du milieu de culture.

L'IPTG n'est là que pour induire la formation de β-galactosidase, sans être pour autant hydrolysé par cette dernière.

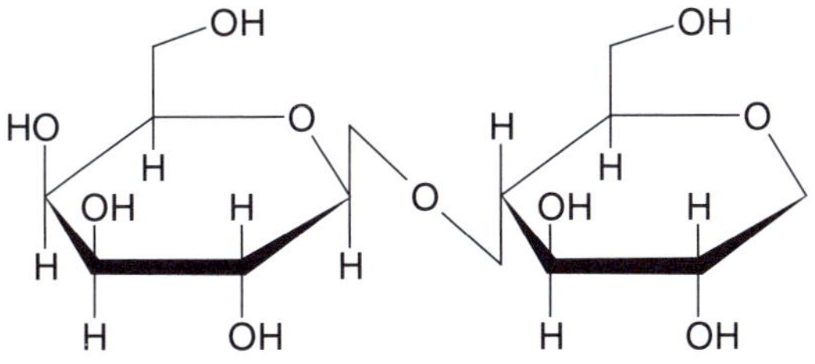

Lactose (galactose et glucose)

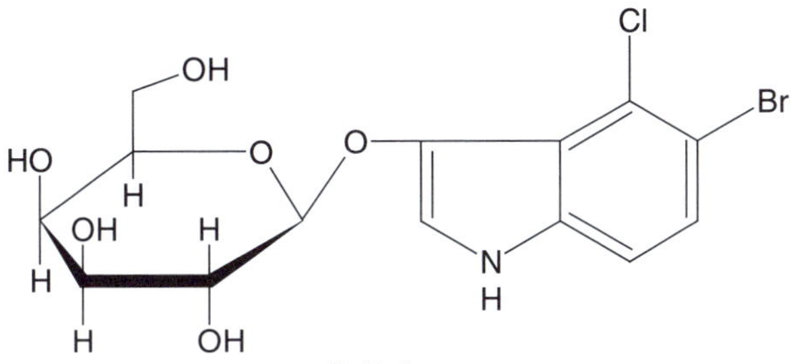

X-Gal
(5-bromo-4-chloro-3-hydroxyindole)

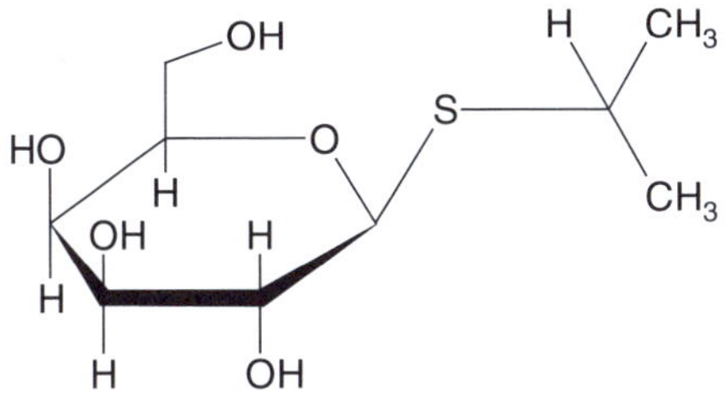

IPTG
(isopropylthio-b-Dgalactoside)

Figure A1.5 Structure du lactose, du X-galactose et de l'IPTG.

Phages λ modifiés

Comme nous l'avons vu, il faut supprimer une partie du génome du phage pour le rendre opérationnel, mais également introduire un gène codant une β-galactosidase dans le but de sélectionner les bactéries ayant intégré un ADN étranger. Il faut également que le phage sélectionné ne possède qu'un seul site de restriction pour que l'insertion de l'ADN étranger se fasse à un endroit précis du génome du vecteur.

On a donc créé des phages modifiés qui tentent de réunir toutes les conditions pour en faire de bon vecteur de clonage, le plus utilisé étant λgt11.

Le phage λgt11 possède un génome de 43,7 kb dans lequel a été placée une partie de l'opéron lactose codant une β-galactosidase et possédant un seul site de restriction *EcoRI*.

Le fait que le site de restriction soit situé dans l'opéron lactose (codant pour la β-galactosidase) permet, lorsqu'un fragment d'ADN étranger est inséré dans le phage, la production d'une β-galactosidase « anormale » (du côté C terminal) qui ne possède plus les caractéristiques nécessaires pour hydrolyser X-Gal présent dans le milieu de culture des bactéries. Les plages de lyse seront donc de couleur blanche, bleue pour les phages qui n'avaient pas intégré l'ADN étranger.

Une fois le génome du phage modifié, puis l'insertion de l'ADN étranger effectué, il faut encore réussir à fabriquer un phage fonctionnel, c'est-à-dire à empaqueter cet ADN dans la tête du virus et de lui adjoindre une queue. Il faut en effet se souvenir que la formation d'un ADN recombinant se fait sur l'ADN « nu ».

Cette opération paraît difficile, alors qu'il n'en est rien. Il suffit en effet de placer en incubateur l'ADN recombiné et des protéines de la tête et de la queue pour obtenir un phage.

A1.2 LE PHAGE M13

Ce phage possède un ADN circulaire beaucoup plus petit que celui de λgt11 puisqu'il n'est que de 6,4 kb et ne contient que 10 gènes. Il ne pourra donc servir qu'au clonage de petits fragments d'ADN, et il est de plus spécifique d'*E. coli*.

Comme pour le phage λgt11, des modifications ont été apportées à M13 pour en faire un vecteur de clonage efficace :

Insertion d'une partie de l'opéron lactose

Comme pour λgt11, on introduit une partie de l'opéron lactose correspondant à la β-galactosidase, ce qui permettra une sélection des phages recombinants par la présence de plages de lyses blanches. Le phénomène est cependant différent de celui de λgt11, et est appelé phénomène d'α-complémentation.

On introduit en fait dans M13 une petite partie de l'opéron lactose qui ne code que pour la partie N-terminale de la β-galactosidase, ce qui donne une protéine inactive appelée peptide α. On utilise une souche bactérienne mutante possédant un plasmide codant lui aussi pour une β-galactosidase inactive, mais possédant la partie C-terminale de la protéine. Il est donc possible que ces deux protéines se complémentent et donnent une β-galactosidase active. Lors de l'insertion d'un ADN étranger dans l'opéron *lac*, ce phénomène d'α-complémentation ne peut plus avoir lieu et on obtiendra alors dans le milieu de culture des plages blanches.

Insertion d'un polylinker

Un polylinker correspond à un petit fragment d'ADN synthétisé artificiellement et possédant toute une série de sites de restriction en exemplaire unique. Il faut évidemment s'arranger pour que ces sites de restriction ne soient pas présents dans le génome du phage M13.

Il suffira pour fabriquer un ADN recombinant de sélectionner un fragment d'ADN préparé à l'aide d'une enzyme de restriction dont le site est présent dans le polylinker.

Le polylinker n'est pas directement placé dans le génome du phage M13, mais au niveau de la partie de l'opéron lactose, lui-même inséré dans le génome du phage.

2 Plasmides et cosmides

Les plasmides et les cosmides sont des vecteurs de clonage également très utilisés en plus des phages. Nous allons étudier successivement ces deux types de structure pour comprendre leur intérêt.

A2.1 LES PLASMIDES

On trouve dans les bactéries, en plus de l'ADN chromosomique, de petits ADN circulaires appelés plasmides. Ces ADN se répliquent le plus souvent indépendamment de la réplication de l'ADN chromosomique, ce qui entraîne la présence de ces plasmides en plusieurs exemplaires dans une même bactérie.

Ces plasmides sont donc des vecteurs de clonage très intéressants, car de petite taille, se répliquant éventuellement de manière importante, et facilement modifiables.

L'une des séries les plus utilisées correspond à la série des plasmides pUC (pour *plasmid of University of California*) qui contiennent un fragment de l'opéron lactose, un site polylinker et un gène de résistance à l'amplicilline

A2.2 LES COSMIDES

Il s'agit de vecteurs synthétisés par la combinaison de plasmides et de phages qui présentent les avantages des deux entités, à savoir :

- la possibilité de pénétrer dans la cellule comme un phage ;
- la possibilité de se multiplier dans la cellule hôte comme un plasmide.

Enzymes de restriction 3

Nous avons déjà abordé ces enzymes dans l'étude des techniques de la biologie moléculaire. Nous ne donnerons donc ici que quelques compléments.

Le tableau A3.1 résume les sites de restriction de quelques enzymes type, ainsi que les bactéries dont elles sont issues.

Tableau A3.1 Étude de quelques enzymes de restriction.
Le site de coupure est représenté par une barre de fraction / dans la séquence. Seule la séquence d'un brin a été représentée, mais il faut évidemment se rappeler que l'autre brin est également coupé.

Nom de l'enzyme	Bactérie d'origine	Séquence de coupure
AluI	*Athrobacter luteus*	AG/CT
BamHI	*Bacillus amyloliquefaciens*	G/GATCC
BglII	*Bacillus globiggi*	A/GATCT
EcoRI	*Escherichia coli*	G/AATTC
HindIII	*Haemophilus influenzae*	A/AGCTT
HaeIII	*Haemophilus aegyptus*	GG/CC
HpaII	*Haemophilus parainfluenzae*	C/CGG
MboI	*Moraxella bovis*	GA/TC
PstI	*Providentia stuartii*	CTGCA/G
TaqI	*Thermophilus aquaticus*	T/CGA
XbaI	*Xanthomonas badrii*	T/CTAGA

Cette liste n'est évidemment pas exhaustive, et on trouvera, notamment sur internet, des moteurs de recherche qui permettent par des entrées multiples, de connaître exactement le site de restriction de chaque enzyme avec ses caractéristiques ; le plus connu reste le logiciel REBASE disponible sur www.rebase.neb.com.

Les isoschizomères

Ces enzymes de restriction provenant de bactéries différentes vont provoquer une coupure de l'ADN sur des sites identiques à ceux des enzymes de restriction, mais leur intérêt réside dans le fait que certaines d'entre elles sont capables de se comporter différemment suivant que certaines bases de l'ADN sont ou non méthylées. L'utilisation de ces isoschizomères va donc permettre de savoir si une séquence est méthylée, donc d'avoir une information sur la non-expression du gène (puisque nous avons vu qu'une méthylation de l'ADN entraîne une non-expression du gène concerné).

On pense que dans la bactérie, la méthylation de certains sites de restriction protégerait l'ADN bactérien contre ses propres enzymes.

Les enzymes compatibles

Lors de l'étude de la synthèse de vecteurs de clonage, nous avons dit qu'il fallait que la même enzyme de restriction soit employée pour découper le fragment d'ADN d'intérêt et l'ADN du vecteur, de manière à disposer d'extrémités cohésives qui puissent s'apparier. Ce n'est pas toujours obligatoire, car certaines enzymes de restriction différentes qui reconnaissent donc des extrémités différentes, génèrent tout de même des extrémités cohésives complémentaires. On parle alors d'enzymes compatibles ou complémentaires.

Régulation de la synthèse des protéines procaryotiques. Opérons lactose et tryptophane

4

L'organisation des gènes chez les Procaryotes se fait suivant des opérons. C'est sur ce type de structure que les premières études de la régulation ont été menées.

A4.1 L'OPÉRON LACTOSE

L'utilisation du lactose par certaines bactéries a été étudiée depuis longtemps, et a d'ailleurs valu le prix Nobel à Jacob et Monod en 1965. On avait en effet remarqué que des bactéries qui se développaient en présence de glucose ne pouvaient se développer si on remplaçait ce glucose par du lactose. Sauf qu'au bout d'un certain temps, ces bactéries devenaient capables d'hydrolyser ce lactose en galactose et glucose de manière à utiliser ce glucose, et pouvaient donc de nouveau se développer. Il apparaissait donc évident que la présence de lactose entraînait l'expression d'un ou de plusieurs gènes qui codaient une β-galactosidase.

Le lactose induit donc la production de cette enzyme, mais restait à comprendre comment cette induction agissait.

Structure de l'opéron lactose

On observe sur cet opéron lactose (Fig. A4.1) :

- un gène promoteur P ;
- un gène opérateur O ;
- trois gènes de structure *lac* Z, Y et A codant chacun une enzyme nécessaire à l'utilisation du lactose :
  - *lac* Z code une β-galactosidase qui hydrolyse le lactose en galactose et en glucose,
  - *lac* Y code une perméase permettant au lactose de pénétrer dans la cellule en traversant la membrane,
  - *lac* A code une acétylase ;
- le gène régulateur I ne fait pas à proprement parti de l'opéron lactose et se situe en amont du promoteur.

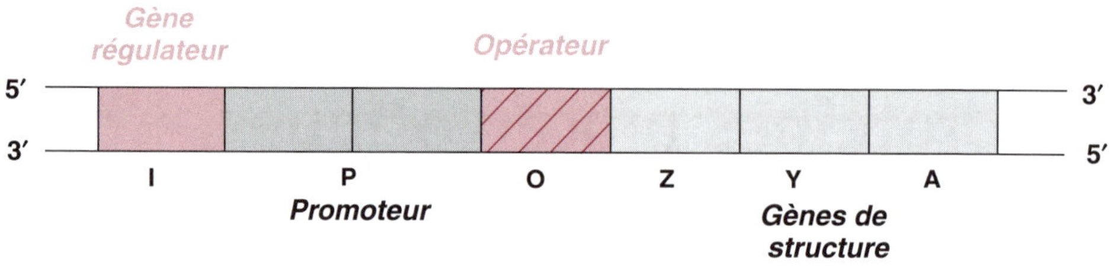

Figure A4.1 Représentation simplifiée de l'opéron lactose.

Fonctionnement de l'opéron en présence de glucose

En présence de glucose, le gène régulateur I code une protéine répresseur qui va venir se fixer sur l'opérateur O et empêcher ainsi la fixation de l'ARN polymérase au niveau du promoteur P. Les trois gènes de structure ne seront donc pas transcrits, et les trois enzymes ne seront pas synthétisées. Il y a donc répression des gènes de structure.

La bactérie ne pourra donc pas utiliser le lactose, ce qui est normal puisque du glucose est présent dans le milieu (Fig. A4.2).

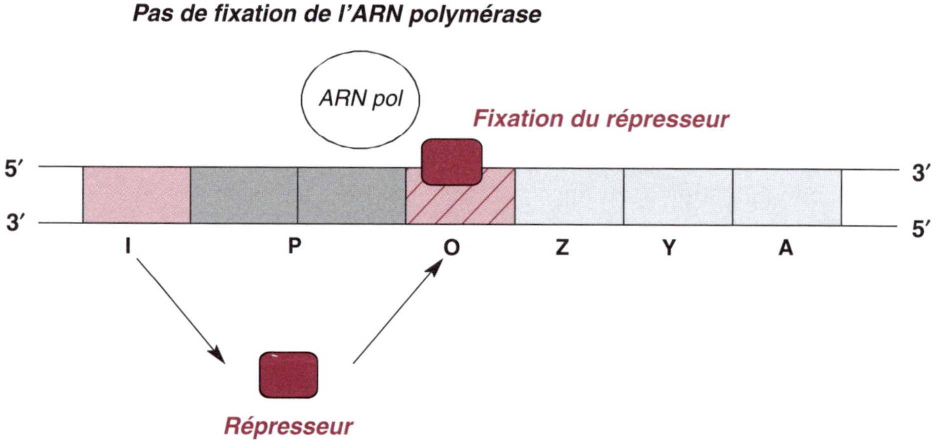

Figure A4.2 Fonctionnement de l'opéron lactose en présence de glucose.

Fonctionnement de l'opéron en présence de lactose

Le gène régulateur continue de synthétiser la protéine répresseur, mais ce répresseur va s'associer au lactose présent dans le milieu. Ce faisant, le répresseur n'est plus capable de se fixer à l'opérateur, l'ARN polymérase peut alors se fixer sur le promoteur et transcrire les trois gènes de structure qui donneront les trois enzymes nécessaires à l'utilisation du lactose par la bactérie (Fig. A4.3).

Remarque

Il semble que même si le répresseur est déjà fixé sur l'opérateur, le lactose peut se lier à ce répresseur et le détacher de l'opéron.

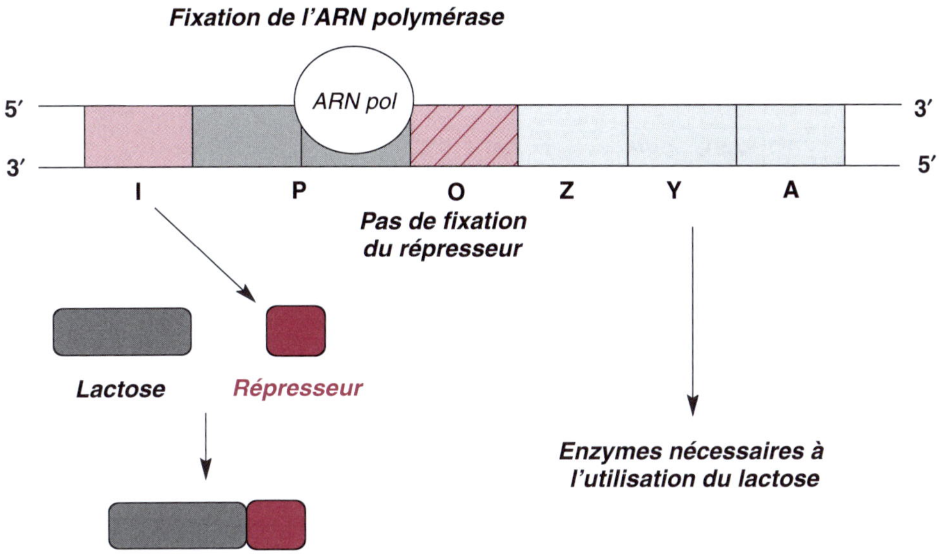

Figure A4.3 Fonctionnement de l'opéron lactose en présence de lactose.

On dit que le lactose est un inducteur, puisque sa présence permet la synthèse des trois enzymes. Il s'agit donc d'un mécanisme par suppression de la répression appelé également régulation négative.

On connaît cependant un autre mode de régulation de cet opéron lorsque l'on trouve dans le milieu à la fois du glucose et du lactose appelé régulation positive.

Fonctionnement de l'opéron en présence de glucose et de lactose

Lorsque la bactérie trouve les deux substrats dans le même milieu, elle utilise d'abord le glucose. Mais grâce à la présence de lactose, elle est également capable d'hydrolyser ce dernier pour récupérer le glucose, même si ce deuxième substrat est beaucoup moins utilisé.

Dès que le taux de glucose va chuter (puisque ce dernier est consommé par la cellule), un signal métabolique va permettre d'augmenter la transcription des trois gènes de structure pour augmenter la production des enzymes nécessaires à l'hydrolyse du lactose. Le lactose va ainsi prendre le relais du glucose qui vient à manquer.

© Dunod – La photocopie non autorisée est un délit.

Le signal métabolique qui génère cette augmentation de transcription est l'AMPc, déjà rencontré comme messager secondaire chez les Eucaryotes. La baisse du taux de glucose entraîne l'augmentation du taux d'AMPc qui va se fixer sur une protéine CRP *(cAMP Receptor Protein)*. Le complexe ainsi formé va se fixer sur le promoteur, en amont de la zone de fixation de l'ARN polymérase, et ainsi augmenter l'affinité de cette polymérase pour son promoteur : la transcription est donc accélérée (Fig. A4.4).

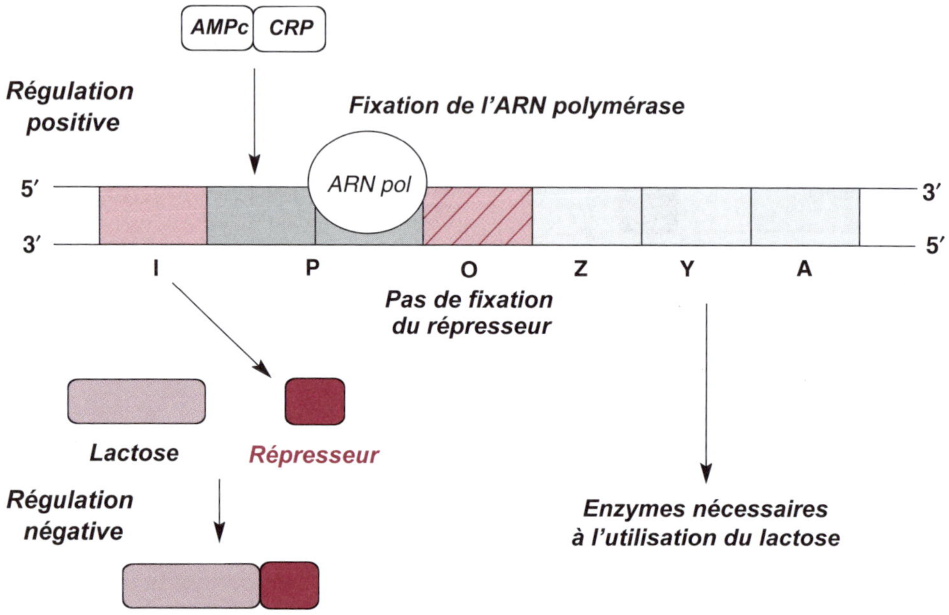

Figure A4.4 Fonctionnement de l'opéron lactose en présence simultanée de glucose et de fructose.

A4.2 L'OPÉRON TRYPTOPHANE

Le tryptophane est un acide aminé nécessaire à la synthèse des protéines que les bactéries sont capables de synthétiser, au contraire de l'Homme pour lequel cet acide aminé est essentiel.

En absence de tryptophane, le répresseur synthétisé est inactif et ne peut pas se fixer sur le promoteur. L'ARN polymérase peut donc se fixer et transcrire les gènes de structure qui codent les enzymes nécessaires à la synthèse du tryptophane (Fig. A4.5).

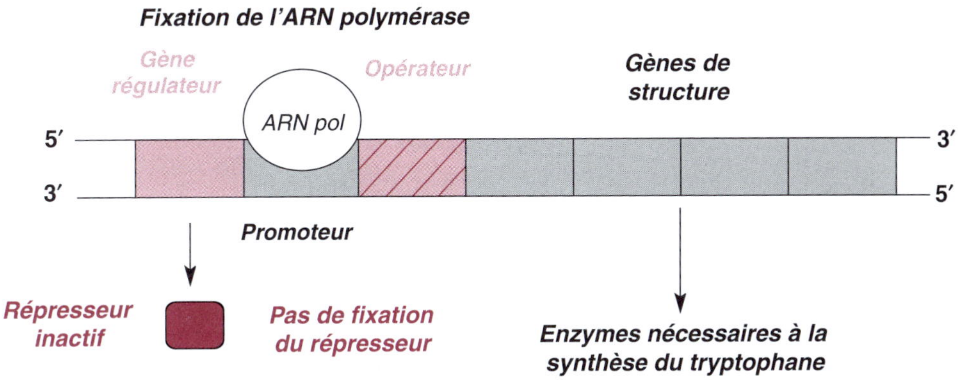

Figure A4.5 Fonctionnement de l'opéron tryptophane en absence de tryptophane.

En présence de tryptophane, ce dernier se lie au répresseur qui devient alors actif, pouvant se fixer au promoteur et empêchant ainsi la fixation de l'ARN polymérase. Les enzymes nécessaires pour la synthèse du tryptophane ne sont plus produites, et la production de tryptophane est donc stoppée. Celle-ci ne reprendra que lorsque tout le tryptophane du milieu aura été consommé (Fig. A4.6).

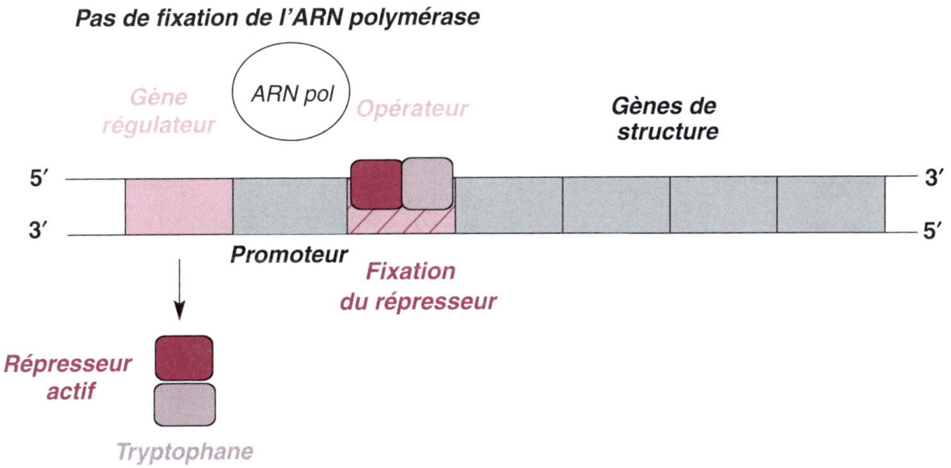

Figure A4.6 Fonctionnement de l'opéron tryptophane en présence de tryptophane.

© Dunod – La photocopie non autorisée est un délit.

5 Code génétique

Comme nous l'avons déjà dit, le code génétique, bien qu'universel, présente quelques exceptions. Nous allons ici donner les tableaux qui permettent de transposer le code contenu dans l'ARNm (et donc dans l'ADN) en acides aminés, donc en protéines (Tab. A5.1 et A5.2).

Tableau A5.1 Acides aminés en fonction des codons.
En rose les exceptions au code génétique découvertes dans les mitochondries humaines.

Noms des acides aminés	Code à trois lettres	Code à une lettre	Codons					
Glycine	Gly	G	GGA	GGC	GGG	GGU		
Alanine	Ala	A	GCA	GCC	GCG	GCU		
Valine	Val	V	GUA	GUC	GUG	GUU		
Leucine	Leu	L	UUA	UUG	CUA	CUC	CUG	CUU
Isoleucine	Ile	I	AUA	AUC	AUU			
Proline	Pro	P	CCA	CCC	CCG	CCU		
Phénylalanine	Phe	F	UUC	UUU				
Tyrosine	Tyr	Y	UAC	UAU				
Tryptophane	Trp	W	UGG	**UGA**				
Sérine	Ser	S	AGC	AGU	UCA	UCC	UCU	UCG
Thréonine	Thr	T	ACA	ACC	ACG	ACU		
Cystéine	Cys	C	UGC	UGU				
Méthionine	Met	M	AUG	**AUA**				
Asparagine	Asn	N	AAC	AAU				
Glutamine	Gln	Q	CAA	CAG				
Aspartate	Asp	D	GAC	GAU				
Glutamate	Glu	E	GAA	GAG				
Lysine	Lys	K	AAA	AAG				
Arginine	Arg	R	AGA	AGG	CGA	CGC	CGU	CGG
Histidine	His	H	CAC	CAU				

On peut également présenter ce code génétique en fonction de chaque nucléotide composant le codon :

Tableau A5.2 Code génétique en fonction de la position des nucléotides (dans le sens 5′ → 3′).

En rose apparaissent les codons stop et en italique gras les exceptions au code génétique découvertes dans les mitochondries humaines.

Premier nucléotide	Second nucléotide				Troisième nucléotide
	U	C	A	G	
U	Phe Phe Leu Leu	Ser Ser Ser Ser	Tyr Tyr Stop Stop	Cys Cys Stop ***Trp*** Trp	U C A G
C	Leu Leu Leu Leu	Pro Pro Pro Pro	His His Gln Gln	Arg Arg Arg Arg	U C A G
A	Ile Ile Ile ***Met*** Met	Thr Thr Thr Thr	Asn Asn Lys Lys	Ser Ser Arg ***Stop*** Arg ***Stop***	U C A G
G	Val Val Val Val	Ala Ala Ala Ala	Asp Asp Glu Glu	Gly Gly Gly Gly	U C A G

6 Bref historique de la biologie moléculaire

1959	***Kornberg***	Découverte de l'ADN polymérase I.
1962	***Watson et Crick***	Découverte de la structure de l'ADN en double hélice.
1965	***Jacob et Monod***	Découverte de l'ARN messager.
1968	***Khorana et Nirenberg***	Découverte du code génétique.
1978	***Arber, Smith et Nathans***	Découverte des enzymes de restriction.
1993	***Roberts et Sharp***	Découverte des introns et des exons chez les Eucaryotes.
1994	***Gilman et Robbell***	Mode d'action des protéines G.
1995	***Lewis et Wieschaus***	Découverte des gènes à homéobox.

7 Représentations tridimensionnelles des sucres

Les sucres étant porteurs de différents types de fonction chimique, il se produit une réaction entre la fonction réductrice et une des fonctions alcool. La création de cette nouvelle liaison entraîne donc la formation d'un cycle.

Toutes les cyclisations sont possibles, mais pour des problèmes de contrainte de cycle notamment, la cyclisation se fait préférentiellement avec une fonction alcool plutôt qu'avec une autre (différente suivant les aldoses et les cétoses).

Le fait que les sucres se cyclisent entraîne la création d'une nouvelle représentation dite représentation de Haworth. Nous verrons sur la cyclisation du glucose le principe de passage de la représentation de Fischer à celle de Haworth, puis nous verrons le cas qui nous intéresse pour l'étude des acides nucléiques, à savoir le ribose et le désoxyribose.

A7.1 CYCLISATION DU GLUCOSE

Il se forme un hémiacétal intramoléculaire (fonction pseudo-aldéhydique) suite à la réaction entre la fonction aldéhyde et une des fonctions alcools.

Les aldohexoses se cyclisent le plus souvent entre le C_1 et le C_5.

$$\textit{Aldéhyde} + \textit{Alcool} \rightarrow \textit{Hémiacétal}$$

Le C_1 devient asymétrique ; il est alors appelé carbone anomérique. Le carbone anomérique porte la fonction hémiacétalique qui conserve le caractère réducteur ; Il y a donc deux isomères supplémentaires en solution aqueuse, α et β, qui sont dits anomères, soit au total 2^5 isomères (Fig. A7.1).[1]

Les formes spatiales de ces cyclisations montrent des contraintes stériques au niveau des cycles, et font apparaître des formes plus stables que les autres.

1. Le décompte des isomères ne s'arrête théoriquement pas là, puisqu'il faudrait aussi tenir compte des différentes cyclisations possibles (furaniques ou pyraniques).

Pour les cycles à six atomes par exemple, la conformation la plus stable est celle dite « en chaise », car c'est sous cette forme que les interactions entre groupements sont les plus faibles, donc que l'énergie de la molécule est minimale.

α-D-Glucopyranose β-D-Glucopyranose

Figure A7.1 Structure spatiale des deux anomères du glucose sous forme pyranique.

Nous allons voir le passage d'une représentation de Fischer pour un sucre linéaire, à celle pour un sucre cyclisé, puis la représentation de Haworth associée.

Suivant la fonction alcool qui permet la cyclisation, les sucres forment des cycles à six ou à cinq atomes qui sont dénommés par référence à deux molécules, le pyranne et le furanne ; on aura donc des cycles pyraniques ou furaniques, donc des pyranoses ou des furanoses (Fig. A7.2).

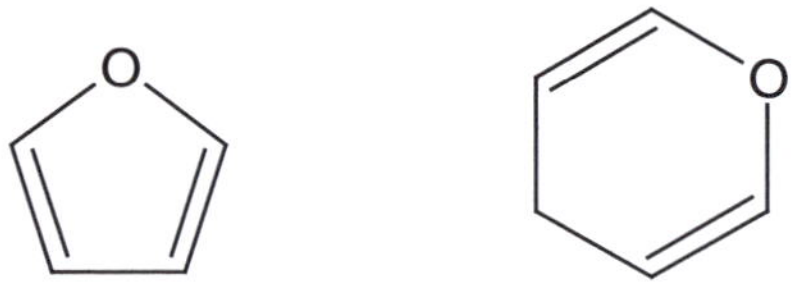

Furanne Pyranne

Figure A7.2 Représentations topologiques des molécules de furanne et de pyranne.

> On peut utiliser le moyen mnémotechnique suivant : les fonctions à droite en Fischer sont en dessous du cycle de Haworth, les fonctions à gauche sont au-dessus.

L'anomère a en représentation de Haworth se repère par la position en opposé par rapport au plan du cycle de l'hydroxyle du carbone anomérique et de l'hydroxyle du carbone 6. Pour l'anomère β, ces deux groupements sont du même coté du plan du cycle (Fig. A7.3).

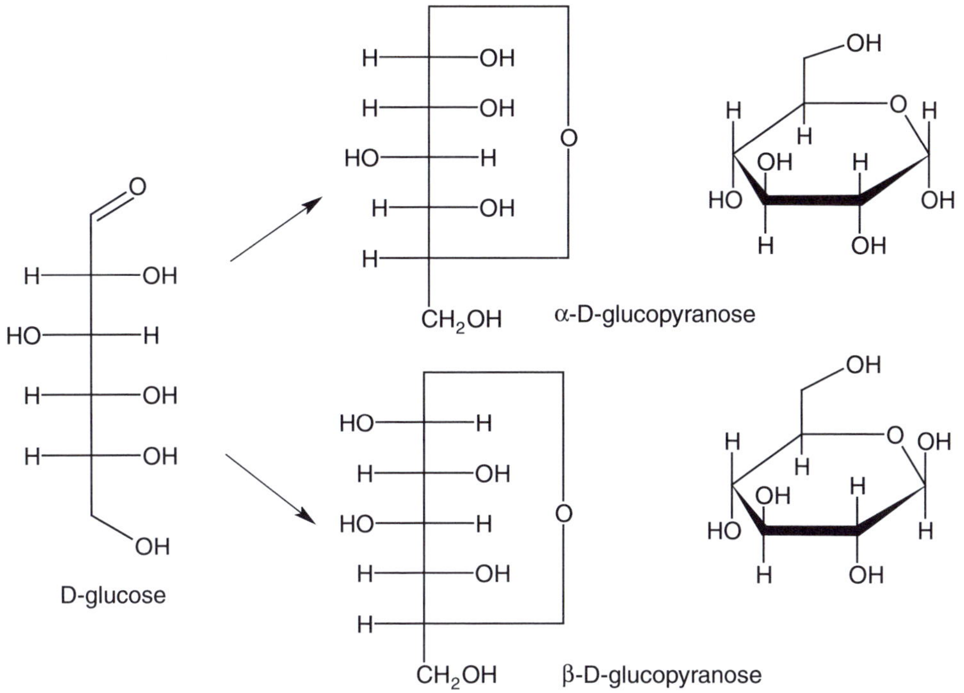

Figure A7.3 Passage d'une molécule de D-glucose linéaire en Fischer à une molécule cyclisée d'α ou de β D-glucopyranose.

A7.2 CYCLISATION DU RIBOSE

Le principe est le même qu'avec l'exemple du glucose, mais le ribose étant un pentose, la cyclisation se fera entre les carbones 1 et 4 (donc suivant un cycle furanique). Par contre, la cyclisation entraîne toujours, comme avec le glucose, la création d'un hémiacétal puisque le ribose est lui aussi un aldose (Fig. A7.4).

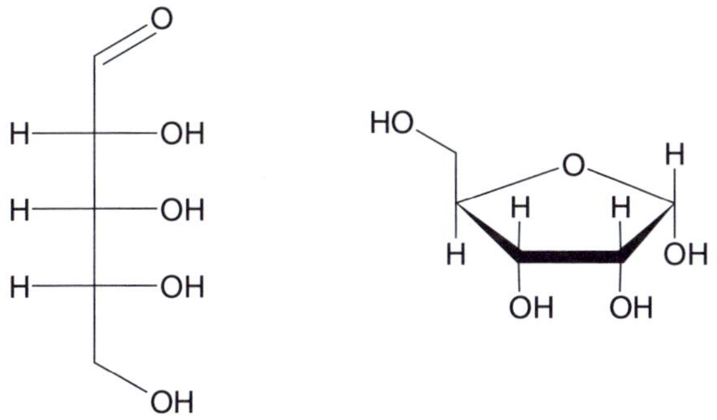

Figure A7.4 Représentation du D-ribose en représentation de Fischer (à gauche) et de Haworth pour l'anomère α (à droite).

© Dunod – La photocopie non autorisée est un délit.

Index

B

C

D

E

F

G

H

I

© Dunod – La photocopie non autorisée est un délit.

Q

R

S

© Dunod – La photocopie non autorisée est un délit.

ANNULÉ
BIBLIOTHEQUE COMMUNAUTAIRE ET INTERUNIVERSITAIRE
MEDECINE - PHARMACIE - ODONTOLOGIE
16 OCT. 2013
CLERMONT-FERRAND

054503 - (II) - (1,5) - OSB 80° - 215 - TYP - MLN

Achevé d'imprimer sur les presses de SNEL – Z. I. des Hauts Sarts - Zone 3 – Rue Fond des Fourches 21
B-4041 Vottem (Herstal) – Tél +32 (0)4 344 65 60 - Fax +32 (0)4 286 99 61 – octobre 2010 – 52046

Dépôt légal : juin 2010 – Dépôt légal de la 1re édition : janvier 2006 – Suite du tirage : octobre 2010 – *Imprimé en Belgique*